新・標準
プログラマーズ
ライブラリ

C言語
プログラミングの初歩の初歩

西村広光
Hiromitsu Nishimura

技術評論社

JN212770

はじめに

　本書は、C言語のプログラミング入門書です。決して文法だけを解説したり、辞書のように利用したりするものではありません。最近のプログラミングの流行はPythonだからC言語はもういらないという考えもあるかもしれません。しかし、コンピュータの中身とプログラミングの仕組みの理解をゼロから積上げるにはC言語プログラミングの学びは非常に有効と考えます。

- コンピュータやスマートフォンを使っているけれど、
  - 自在に使えていない／何が起きているのかよくわからない
- プログラミングをやってみようとしても、
  - 意味がわからず3日であきらめた／先が見えなく学びが続かない
- プログラミングを習ったけど、
  - 何の役に立つのかわからない／どう使っていいのか全然イメージできない
- 目的はわからないけど、
  - 授業で学ぶことになった／研修を受けることになった

といった方を対象と考えました。

　書店には多くの入門書が並んでいます。しかし、私はいままで「わかりやすくて」、「具体的で」、「のちのち困らない」入門書に出会ったことがありません。「プログラムは習うより、慣れろ」という声を耳にすることがあります。ですが、なにごともはじめが大切！　きちんと習わないと覚えられるわけがありません。納得できて、将来プログラムを作るときに役に立つように覚えていけば、はるかに簡単にマスターできるはずです。

　そこで本書では、「基本をしっかりおさえる」ことはもちろん、「**どう考えればプログラムを作ることができるのか?**」や「**ひとつひとつの基礎をどのように組み合わせてプログラムを作っていくのか?**」ということに重点をおいて構成しました。

　「**この1冊を読めば、プログラムを作るときの考え方がみえてくる**」

　「**コンピュータの論理的な仕組み・動きが理解できるようになる**」

　そんなことを目指して執筆しました。

　本書は、C言語の命令（関数）などをたくさん取り上げるのではなく、「長く使っていくであろう基本的な命令（関数）をちゃんと使いこなしていこう」という考え方で解説を進めています。そのため他の入門書よりも取り上げた命令（関数）は少なくなっていますが、本書の理解で作ることができるプログラムの種類は、決して他の入門書に劣るものではないはずです。コンピュータの大切な考え方を理解すれば、基本的な関数だけでも十分利用価値のあるプログラムを作ることができます。多くを知っていればよいこともありますが、「船頭多くて船進まず」とならないように、しっかり基本を覚えていきましょう。

本書の解説は、次のような順番で進めています。

1. まずはプログラムを動かす
2. 全体の流れを理解する
3. 個々の処理を理解する
4. 要点を確認する
5. 「なぜ、その処理が必要なのか？」を理解する
6. 「どんな場面で利用すればよいのか」を理解する
7. 「ここまでの理解で何ができるか」をはっきりさせる
8. 具体的な利用につながる例題や練習問題

　プログラムは座学だけで動作させないで学んでも楽しくありませんし、身につきません。動作させてどうなるのかを体験し、思った通りに動かないものを修正していく過程が最大の学びの時間であり、達成感をもって学びを続けられます。本書では、ただ動作させるだけでなく、そこから全体の流れや個々の処理について理解を深める解説を心がけています。

　次に、多くのプログラミングの書籍ではあまり扱われていない「**なぜ、その処理が必要なのか？**」ということを解説しています。これは、必要性を感じなければ理解は難しいと考えたためです。「プログラミングの技術として必要になるから」というのではなく、「**ある目的をプログラムで実現するにはこんな処理が必要になるから**」という視点で必要性を説き、具体的な利用場面の解説をしています。

　次に、各処理の要点を押さえる構成にしています。プログラミングの書き方は、極めて単純かつ明確なルールでできています。ひらがなの完全な習得なしに、文章の書き方の理解はできません。そのため、ひらがなに当たる「書き方の規則」を確認してから全体の流れの理解を深めていきます。

　そして次に、プログラミングを勉強していくときにつまらなくなる原因のひとつ「これを覚えて何の役に立つの？」という感覚をなくすため、新しい記述を覚えるごとに「**ここまでの理解で何ができるかをはっきりさせる**」ような解説を試みました。

　そして最後に、具体的な利用につなげていける例題を紹介し、練習問題をあげています。練習問題は、基本問題と応用問題を設け、基本問題については「解答プログラムと解説」を、応用問題については「考え方のヒント」を紹介しています。これは、受身な姿勢でプログラミングを学んでいくのではなく、自分で解かなければ解答がない問題も必要だと考えたためです。

　加えて、解答がひとつではないものも多くあります。正しい結果を導き出すいろいろなパターンを考えることが、さまざまな問題への対応力を高めます。ひとつの道筋だけを考えて満足しないで、ぜひ複数選択できる作り方を考えながらプログラムを作っていく習慣を身につけましょう。

　コンピュータにとってのプログラミングを理解し、自分でプログラムを作っていくことができるようにと考えて、2部構成で章の構成を行いました。大学等で活用する際には、クォータ制の場合は1部・2部をクォータに分けて進められるように、セメスター制の場合は全14章を順に進めら

れるように構成しています。

　第一部は、C言語を題材にしていますが、プログラミング言語共通の考え方を身に着けていくことを優先に構成しています。そのため、他の入門書ではあまりない「C言語にまったくふれないでコンピュータの考え方を理解する」という内容から構成しました。1章の内容は読み飛ばさず、必ずはじめに一度読み、先の章を進めたあとにもう一度読み返してください。プログラムがより深く理解できるようになると思います。

　各章では、「文法書ではなく、理解のための入門書」となるように命令（関数）の意味解説で終わることのないように構成しました。また、「陥りやすい間違い」や「どうすればエラーが直せるか？」などを取り上げ、関連知識も得られるような解説を心がけました。

　第二部は、C言語特有の性質を活かした考え方を学びます。しかし、歴史の長いC言語では同じことを行う場合でも複数の手段が用意されていることが多くあります。本書では、理解が複雑になり過ぎず、さまざまな目的にあわせて大規模システム構築にもつながる例示を強く意識して構成しています。入門書である本書で学び、さらに応用的な資料や公開されているプログラムで深い学びに繋げてほしいと考えています。

　そして、さらなる学びにスムーズに繋げていけるよう、最後の章では、これから先どのようにして中・上級者になるための勉強をしていけばよいのかの指針をあげ、本書だけで完結にせず、将来につなげていけるような構成にしています。

　他の入門書にない試みを多く取り入れてみましたが、これらが皆さんにとって良い効果をあげることを信じるとともに、心から祈っています。

　本書の執筆にあたり、多くのご協力やご助言をいただきました。私のプログラミング教育の考えは、神奈川工科大学の学生たちと一緒に養ってきました。神奈川工科大学の教職員、卒業生、在学生の皆さまとの研鑽が本書に繋がりました。心から感謝します。

　本書出版にあたって、技術評論社熊谷裕美子様の甚大なご助言ご支援を頂きました。この場をお借りして深く深く感謝致します。

2024年7月

著者　西村 広光

●本本書に登場する製品名などは、一般に各社の登録商標、または商標です。本文中に ™、® マークなどは特に明記しておりません。

●本書は情報の提供のみを目的としています。本書の運用は、お客様ご自身の責任と判断によって行ってください。本書に掲載されているサンプルプログラムの実行によって万一損害等が発生した場合でも、筆者および技術評論社は一切の責任を負いかねます。

CONTENTS

第1部 C言語プログラミングの基本構造

第1章 プログラムってなんだろう？ プログラミング言語とは 13

1.1 コンピュータにとってプログラムってどんなもの？ 14
- 1.1.1 コンピュータ、プログラム、人間の関係 15
- 1.1.2 融通のきかないコンピュータ 16
- 1.1.3 コンピュータがわかる言葉ってどんなもの？ 18
- 1.1.4 より簡単にコンピュータに指示を伝えるための方法とは？ 19
- 1.1.5 やさしく巧妙なプログラム 20

1.2 プログラミングに必要なこと 21
- 1.2.1 プログラミングの考えに慣れること 21
- 1.2.2 プログラミングに必要な3つの知識 22

1.3 プログラムの考え方 23
- 1.3.1 問題の曖昧なところをはっきりさせる 24
- 1.3.2 問題を細かく分解して整理する 26
- 1.3.3 柔軟な発想で考える 29

1.4 プログラムの作り方 32
- 1.4.1 いろいろなプログラミング言語 32
- 1.4.2 プログラムを書く（コーディング） 34
- 1.4.3 プログラムを翻訳する（コンパイルとリンク） 35
- 1.4.4 プログラムを実行し、正しく動いているか調べる（動作確認） 38
- 1.4.5 プログラムの誤りを修正する（デバッグ） 39

第2章 はじめの一歩 記述規則を実践理解 47

2.1 最も単純な構造のプログラムを入力して実行する 48
- 2.1.1 プログラムを入力して実行してみる 48
- 2.1.2 プログラムを書き換えてみる 49
- 2.1.3 プログラムを読みやすい形にするとは 50

2.2 エラーメッセージと警告メッセージの初歩の初歩 52
- 2.2.1 エラーなのか、警告なのかを読み取る 52
- 2.2.2 いろいろな警告表示 53
- 2.2.3 スペルミスが原因であることが多いエラー表示 56
- 2.2.4 うっかり書き忘れが原因であることが多いエラー表示 59
- 2.2.5 ほんとうに怖い「表示されないエラー」 61

第3章 データを入力して、結果を表示してみよう 入出力処理 65

3.1 結果を表示するということ 66

3.2 プログラムの詳細 67
- 3.2.1 C言語の構成と記述規則 67
- 3.2.2 プログラムを見やすくするために 71
- 3.2.3 結果を表示する関数 printf() の詳細 71

| 3.3 | 値を記憶しておく箱を利用して結果を求めて、表示する | 75 |

3.3.1 変数という箱を用意する 76　　3.3.2 データ型の種類と詳細 80

| 3.4 | プログラムを実行しながら、さまざまな結果を得るには？ | 83 |

3.4.1 プログラムを実行中に、値を入力する 84　　3.4.2 入力を受ける関数 scanf() の詳細 65

| 3.5 | ここまでの知識でどんなことができるのか？ | 86 |

■第4章　プログラムの処理の流れを理解し、使いこなす① 分岐処理　93

| 4.1 | プログラムの処理の流れの重要要素「分岐処理」とは？ | 94 |
| 4.2 | 条件判断を行って、分岐する処理を行う（if else 文と if 文） | 95 |

4.2.1 処理の流れをあらわすと… 95　　4.2.3 もし○○ならば○○の処理を行う（if 文） 98

4.2.2 もし○○ならば処理 1 を行い、そうでなけれ　　4.2.4 入れ子の分岐処理 101
ば処理 2 を行う（if else 文） 96

4.3	複雑な分岐処理を見やすく記述する（switch case）	104
4.4	分岐処理の詳細	110
4.5	どんなときにどの分岐処理を使えばよいのか？	113

■第5章　プログラムの処理の流れを理解し、使いこなす② 繰り返し処理　123

| 5.1 | プログラムの処理の流れの重要要素「繰り返し処理」とは？ | 124 |
| 5.2 | 同じ処理を繰り返す①（for 文） | 125 |

5.2.1 同じ処理を繰り返したい場合とは？ 125　　5.2.2 決まった回数繰り返す（for 文） 127

| 5.3 | 同じ処理を繰り返す②（while 文と do while 文） | 131 |

5.3.1 ○○となるまで何度でも繰り返す（while 文） 131　　5.3.2 次のことを繰り返す、ただし、○○となった
ら終了する（do while 文） 134

| 5.4 | 繰り返し処理の詳細 | 131 |

5.4.1 どんなときにどの繰り返し処理を使えばよいのか？ 139

| 5.5 | ここまでの知識でどんなことができるのか？ | 140 |

■第6章　たくさんの値を記憶する 配列の利用　151

| 6.1 | たくさんの値を記憶する必要性 | 152 |

6.1.1 実用的なプログラムを作るために必要なこと 152　　6.1.2 ここまでの記述方法での限界 153

| 6.2 | 配列とは値を入れる箱（変数）をまとめて棚を作ること | 155 |

| 6.3 | いろいろな棚（配列）の作り方 | 156 |

6.3.1 一列に並べて、何番目として管理する（1 次元配列） 156 　6.3.3 棚を作り、何段目の何番目として管理する
6.3.2 処理を簡単化するための発想の流れ 161 　　　　　　　　（2 次元配列） 164

| 6.4 | 配列の使用方法の詳細 | 170 |

6.4.1 変数の復習 170 　6.4.3 配列の扱い方 172
6.4.2 配列の宣言の記述方法 171

6.5	どんなときに配列を使えばよいのか？	172
6.6	配列を「繰り返し処理」と組み合わせて何倍も便利に！	174
6.7	ここまでの知識でどんなことができるのか？	175

第7章 データを保存する・保存したデータを読み込む　ファイルの利用　183

| 7.1 | データを保存すること、保存したデータを読み込むこと | 184 |
| 7.2 | ファイルを利用してデータを入力するにはどのようにすればよいのか？ | 186 |

7.2.1 大量のデータを入力して結果を表示させる 186 　7.2.2 入力するデータをテキストファイルにしてお
　　　　　　　　　　　　　　　　　　　　　　　　　　く…… 188

| 7.3 | ファイルを利用してデータを出力するにはどのようにすればよいのか？ | 191 |

7.3.1 結果を画面に表示するプログラム 192 　7.3.2 結果をファイルに書き込むプログラム 194

| 7.4 | 結果を保存しておき、次回プログラムを実行したときに保存データを読み込む | 196 |
| 7.5 | ファイルを利用するときにはエラー処理も必須 | 201 |

7.5.1 実用的なファイルのオープン方法 202

| 7.6 | ファイルの利用方法の詳細 | 204 |

7.6.1 ファイルを操作できる状態にする、操作を終える（fopen、fclose） 204
7.6.2 ファイルから読み込む、ファイルに書き込む（fscanf、fprintf） 205

第2部　アルゴリズムを組み立てる

第8章 プログラムで文字を扱うには？　文字と文字列の取り扱い　211

| 8.1 | プログラムで文字を扱うということ | 212 |
| 8.2 | C言語で文字列を扱うにはどうしたらよいのか？ | 213 |

8.2.1 文字列を扱うには配列を使う 213 　8.2.2 文字列の代入方法 214

| 8.3 | コンピュータでは文字をどのように扱っているの？ | 219 |

8.3.1 すべての文字は番号で管理されている !? 220 　8.3.2 文字型の 1 次元配列の中身 223

8.3.3 文字を比較する？ 226

8.4 文字の基本的取り扱い方の整理 229

8.5 基本的な文字の取り扱い方の詳細 232

8.5.1 文字列の読み込み・ファイル入力方法の詳細 232 8.5.2 文字列の表示・ファイル出力方法の詳細 235

第9章 文字列をもっと自在に扱うには？ 文字列処理の関数利用 243

9.1 文字列を操作する便利な関数 244

9.1.1 C言語の標準にはない関数を利用する方法 244

9.1.2 文字列をコピーする 246

9.1.3 文字列をつなぎ合わせる 248

9.1.4 文字列を比較する 250

9.1.5 何文字あるか調べる 252

9.2 便利な文字列操作関数の詳細 254

9.3 文字列を利用する応用場面 256

9.4 ファイルの中身をすべて読み出す 259

9.5 さらに自在に文字列をコントロールする応用テクニック 262

9.5.1 文字列からの読み込み・文字列への書き出し 232

第10章 新しい機能を設計する 独自に関数を作る 271

10.1 標準で用意されている関数と自分で作る関数 272

10.1.1 C言語は、関数で成り立っている 272

10.1.2 用意されている関数がなければ自分で作る!? 273

10.1.3 便利な関数は誰かが作ってくれている!? 274

10.2 自分で関数を作って、利用してみよう 275

10.2.1 関数を作る場面1：何度も使う記述は1回だけにまとめる 275

10.2.2 関数を作る場面2：プログラムを機能別に見

やすくまとめる 282

10.2.3 関数を作る場面3：他のプログラムでも利用できる資源を作る 288

10.3 さまざまな関数を作ってみよう 289

10.3.1 変数を渡さない関数 290

10.3.2 変数を渡すが、変数の値は変更しない関数 291

10.3.3 変数を渡し、変数の値を変更する関数 292

10.3.4 配列を関数に渡して利用する 295

10.3.5 関数の名前を事前登録しておく
～関数のプロトタイプ宣言 297

第11章 関数を呼び出して活用する 標準ライブラリの利用 305

11.1 関数を活用する意義 306

CONTENTS

11.2 ちょっと便利な関数を使う〜stdlib.hの活用　　306

11.3 数学知識を活用する〜math.hの活用　　310

11.4 文字の取り扱いツールを活用する〜ctype.hの活用　　312

11.5 時間をコントロールする〜time.hの活用　　315

11.6 再帰関数に触れてみる　　317

第12章 データをまとめて管理する　構造体　　323

12.1 どんなふうにデータをまとめて扱うと便利か?　　324

12.2 実際にデータをまとめてプログラミングをしてみよう　　325

12.2.1 単純にデータをまとめる　325　　**12.2.2** 構造体×配列で効果絶大!　330

第13章 アドレスとポインタを活用し中級プログラミングに挑戦　　343

13.1 変数とコンピュータのメモリの関係　　344

13.1.1 動作しているプログラムがメモリをどのように利用しているのか調べてみる　344

13.1.2 変数のアドレスを表示させる方法　347

13.1.3 変数のアドレスを確認する　348

13.2 配列とコンピュータのメモリの関係　　349

13.3 scanf()や関数の利用を振り返る　　352

13.3.1 アドレス演算子「&」と間接演算子「*」　353　　**13.3.2** 配列の場合の関数受け渡し　353

13.4 基本的なポインタの使用例　　354

13.5 構造体とポインタの共演　　357

13.6 メモリの動的確保と利用　　359

第14章 プログラミングの道はまだまだ続く　その他の記述方法　　367

14.1 ここまでに紹介しなかった「実際に使えるプログラミング技法」　　368

14.1.1 何度も記述する定数をあらかじめ定義しておく　368

14.1.2 定義に名前をつける　369

14.1.3 ファイルの名前を与えて読み込む・書き出す　371

14.1.4 何行書いてあるかわからないファイルを全部読み込みたい　372

14.2 デバッグに役立つ小技!　　373

14.2.1 コンパイラのエラーがどこを指すのかを特定する小技　374

14.2.2 コンパイルは正常終了し、実行結果がおかしくなるときのエラー箇所を見つける小技　375

| 14.2.3 | エラーの場所がわかったあと、どうする？ 376 | 14.2.4 | 便利な道具「デバッガ」を使う 378 |

14.3 共同作業の第一歩 ～分割コンパイル　378

| 14.3.1 | 4つのプログラムのファイルを同じプロジェクトに追加する 379 | 14.3.2 | 4つのファイルについて 382 |

14.4 これからどのようなことを学んでいけばよいのか？　382

| 14.4.1 | 次に学びたいことは 383 | 14.4.2 | さらにプログラミング技術を高めるために 383 |

■ 章末練習問題の解説編　385

More Information

なぜさまざまな種類のコンパイラがあるのか？	36
どうしてC言語	42
歴史あるアルゴリズム － Tower of Hanoi	45
生成AIとプログラミング	46
日本語文字の文字コードの呪い	62
時代とともに変化するC言語	64
C言語で関数というのはどういうものなの？	70
論理演算子について	111
無駄をなくして効率のよいプログラムを作るには？①	119
無駄をなくして効率のよいプログラムを作るには？②	149
大きなプログラムを作るときの心得	181
コンピュータにおけるファイルの種類	185
エラー処理にはどんなことが求められるの？	201
日本語の文字列を扱うためのヒント	264
一歩進んだ関数の使い方	298
標準ライブラリを調べてみよう	320
巨大データの並び替え	356
必要なときに必要なだけ記憶する場所を作って管理する	362

第1部

C言語プログラミングの
基本構造

,,,,,,,,,,,,,,,,,,,,,,,,,,,,,,,,,

第1章　プログラムってなんだろう?─プログラミング言語とは
第2章　はじめの一歩─記述規則を実践理解
第3章　データを入力して、結果を表示してみよう─入出力処理
第4章　プログラムの処理の流れを理解し、使いこなす①─分岐処理
第5章　プログラムの処理の流れを理解し、使いこなす②─繰り返し処理
第6章　たくさんの値を記憶する─配列の利用
第7章　データを保存する・保存したデータを読み込む─ファイルの利用

　第1部は、C言語を題材にしていますが、プログラミング言語共通の考え方を身につけていくことを優先に構成しています。そのため、はじめの1章では、他の入門書ではあまりない「C言語にまったくふれないでコンピュータの考え方を理解する」という構成にしました。はじめに1章を一度読んで、章を進めていったあとにもう一度読み返してください。プログラムがより深く理解できるようになると思います。

　各章では、「文法書ではなく、理解のための入門書」となるように命令（関数）の意味解説で終わることのないように構成しています。また、「陥りやすい間違い」や「どうすればエラーが直せるか？」などを取り上げ、関連知識も得られるような解説を心がけました。

第 1 部　C言語プログラミングの基本構造

第 1 章

プログラムってなんだろう？
―プログラミング言語とは―

　プログラミングは、今や小学生から始まる学びの一つに組み込まれました。もはや学ぶ理由を考えるまでもなく、学びが始まるといっても過言ではありません。読み書き、計算……のひとつとして「プログラミング」の学習が始まっています。
　学ぶ目的をしっかり見据えて学習を進めましょう。

この章で学ぶこと
- ▶ コンピュータってどんなもの？
- ▶ プログラムってどんなもの？
- ▶ プログラムをするにはどんな知識がいるの？
- ▶ どうやって考えたらプログラムを作ることができるの？
- ▶ どんなときにプログラムが役に立つの？
- ▶ 生成AIがあるのにプログラミングを学ぶことは必要？

第 **1** 章 プログラムってなんだろう？ ―プログラミング言語とは

1.1 コンピュータにとってプログラムってどんなもの？

* 「パソコン」といえば、もっと身近に感じるでしょうか。パソコンはパーソナル・コンピュータの略、個人用コンピュータという意味です。昔は個人がコンピュータを所有するなんて考えられなかったので、個人用コンピュータが登場したとき、わざわざこの名称が付けられ今に至っています。というわけでパソコンももちろん、コンピュータです。

* 計算を得意とするソフト。Microsoft Excel という商品が有名。

コンピュータ*を使っていると聞いたとき、どんなイメージが浮びますか？ 画面を見つめて、キーボードをカタカタさせて…マウスでカチカチ操作して…というイメージが浮ぶ方が多いのではないでしょうか。では、画面を見つめて、キーボードをカタカタさせて、何をしているのでしょう？ ワープロで文章を書いたり、表計算ソフト*で伝票を整理したり、インターネットにつないでメールを読んだり……、いろいろなイメージが浮びます。

なかにはスマートフォンをイメージした方もいるのではないでしょうか。多くの人にとって、現在最も身近なコンピュータはスマートフォンだといっても過言ではありません。そうしたスマートフォンでも、インターネットにつないでSNSを利用したり、メールを書いたり、Webで情報収集したり、動画・映画を視聴したり……いろいろな操作イメージがあると思います。スマートフォンとノートパソコンやデスクトップパソコンとの間に、本質的な違いはありません。

デスクトップパソコン、ノートパソコン、タブレット端末、スマートフォン……それら全部をまとめてコンピュータだと理解してください。

コンピュータ操作イメージの中の「文章を書く」「計算をする」「メールを読む」「動画を見る」という行為は、コンピュータだけがあればできるものではありません。「文書を書く」ためのワープロソフト、「計算をする」ための表計算ソフト、「メールを読む」ためのメールソフトといった、**ソフトウェア** (software) がコンピュータに入っていてはじめて使えるようになります。スマートフォンでは、こうしたソフトウェアを「アプリ」という言葉で耳にすることが多いですが、アプリケーションソフトウェアを略した言葉ですので、本書ではすべて「ソフトウェア」と記載します。

これらの**ワープロソフトや表計算ソフトなどのソフトウェアは、すべてプログラム**でできています。「そんなプログラムなんて作ったことはない」と思うかもしれませんが、それは誰かが作ったプログラムを使っているからです。プログラムを作ったことはなくても、**コンピュータを使っていればプログラムを利用していないことはありえません。**ワープロソフトだけでなく、いつもお世話になっているWindowsなどのオペレーティングシステム (OS) やスマートフォンのAndroid OSやiOSも誰かが書いたプログラムなのです。

とすると、プログラムがないとコンピュータって何ができるの？ と疑問に思うでしょう。そのとおり、プログラムがなければ、コンピュータは電気をむだに使ってい

るだけ、暖房器具ぐらい（電源を入れると熱を持つから）にしかなりません。
　このように、**プログラムがなければ、コンピュータはなにもできない「ただの箱」**です。コンピュータとプログラムには、親密な関係が成り立っているのです。

1.1.1　コンピュータ、プログラム、人間の関係

　コンピュータを使うときには、何か目的があるはずです。たとえば、ワープロで年賀状を作りたい、デジタルカメラで撮影した自分の写真をもっときれいに加工したい、など。そのようなときに、プログラムとコンピュータはそれぞれどんな役割を持っているのでしょうか？

　ワープロで文章を書くときも写真の加工をするときも、コンピュータ自体には何もオプションをつけたり、変形させたり、合体させたりはしていません。ということは、わたしたちがコンピュータを使って行うことが変わっても、コンピュータ自身は何も変わっていないのですね。では何が変わったのでしょう？　そう、使うソフトウェア（プログラム）と、それを使う人間にとっての操作方法が変わったわけです。コンピュータ、プログラム、人間の間には、次の図のような関係があります。

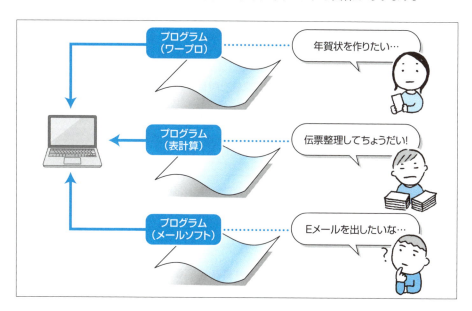

Fig. 1-1　コンピュータ、プログラム、人間の関係

　すなわち、人間が行いたいことはプログラムを通してコンピュータに伝えられるのです。このような、**コンピュータに何をどのようにさせるかを記述したものをプログラム**（program）と呼びます

第 1 章　プログラムってなんだろう？ ―プログラミング言語とは

memo ソフトウェア、プログラム、アプリケーション ……………………………

　実際に目で見て触って実体を確かめることができるコンピュータ機材を「ハードウェア」と呼ぶのに対して、そのコンピュータに仕事をさせるためのプログラムを指して「ソフトウェア」と呼んでいます。プログラムはコンピュータをどう動かすかを記述したもの。広義ではソフトウェアと同じに使われます。このソフトウェア＝プログラムの中でも、ワープロやメールの送受信などの特定の目的のために使用するソフトウェアのことを、「アプリケーション・ソフトウェア」とか「アプリケーション・プログラム」、または単に「アプリケーション」や「アプリ」といいます。でも、ワープロアプリ、メールアプリとは呼ばず、通常はワープロソフト、メールソフトと呼んでいます。

1.1.2　融通のきかないコンピュータ

　人間同士では「この書類を見やすくまとめておいてね」といえば、やってほしい仕事の内容が伝わります。では、コンピュータにやってほしい仕事を伝えるにはどうしたらよいのでしょうか？ 人間同士でも、母国語しか知らない外国人には日本語で指示しても伝わりません。相手がわかる言葉で伝える必要があります。また、習慣や文化が違えば、「見やすく」といっても、まったく違うイメージで伝わることもあります。コンピュータと人間では習慣も文化も違うので、コンピュータに仕事を伝えるには懇切丁寧に具体的な指示を与えなくてはわかってもらえません。

　コンピュータにわかるような指示というのを身近な例で考えてみましょう。

　　「3つの英単語の意味を順番に調べてください。［apple, pen, telephone］」

という指示を与えるとします。相手が人間であればこの指示で十分ですが、**コンピュータはものすごく融通の利かない頑固者**なので次のようになります。

Fig. 1-2
コンピュータに指示を
与える

- 「3つの英単語の意味を順番に調べてください。［apple, pen, telephone］」
  ➡ 「意味を調べろ」って言われても、どうやって調べろってんだ！　そんなわからねぇ指示は無視だ。

- 「3つの英単語の意味を順番に辞書を使って調べてください。［apple, pen, telephone］」
  ➡ 「辞書を使って調べろ」って言われても、どの辞書をどうやって使えってんだ！ そんなわからねぇ指示は無視だ。

- 「3つの英単語の意味を順番に辞書を使って調べてください。［apple, pen, telephone］辞書は、○○を使って、××のようにすると調べることができます。」

1-1 コンピュータにとってプログラムってどんなもの？

➡ おぅ、だいぶやり方わかってきたぜ。んっ、待てよ、「順番に調べろ」だって？順番ていったいどんな順番だ！ そんなわからねぇ指示は無視だ。

- 「3つの英単語の意味を順番に辞書を使って調べてください。[apple, pen, telephone] 辞書は、○○を使って、××のようにすると調べることができます。なお、調べる順番は、はじめにapple、次にpen、最後にtelephoneです。」
  ➡ おぅ、大体仕事の内容はつかめた。ところで、まとめていっぱい言われても困るんでぇ。どんな手順で仕事すればいいか、順を追って説明してくれなきゃ無視だ。

- 「はじめに、appleを○○辞書から××のようにして調べて、結果を出します。次に、penを○○辞書から××のようにして調べて、結果を出します。最後に、telephoneを○○辞書から××のようにして調べて、結果を出します。」
  ➡ おぅ、OK、OK。はじめからそう言ってくれりゃあ、いいんだ。おぅ仕事するぜ。……よし、終わったぜ。けど、どうなったか結果が知りたいのなら、「こうやって結果を知らせてくれ」と言ってくれなきゃ教えてやんねぇよ。

- 「はじめに、appleを○○辞書から××のようにして調べて、結果を出します。次に、penを○○辞書から××のようにして調べて、結果を出します。最後に、telephoneを○○辞書から××のようにして調べて、結果を出します。調べた結果は、△△として知らせてください。」
  ➡ はじめっから、そう言ってくれりゃあ仕事するのによぉ。よしよし、じゃあ、仕事して結果知らせてやらぁ。

第1章 プログラムってなんだろう？ —プログラミング言語とは

そんなこんなでやっとコンピュータに仕事をさせることができました。表現はやや違いますが、コンピュータに何かをさせたいときには、このように懇切丁寧な指示を与えなくてはなりません。かなりの頑固者で融通がきかないうえ、細かい作業手順まで決めてあげなくてはならない面倒なやつですね。さらに、曖昧な仕事の指示があったときには何もしないと決めこんでいます。つまり、**コンピュータは、自分で考えて仕事をすることはできないのです**。そのため、コンピュータには、コンピュータがわかるような細かな具体的な指示を与えなくてはならないのです。

「こんな面倒な指示をするくらいなら、自分でやったほうがいいや」と思うかもしれません。しかし、コンピュータのよいところは「**仕事は高速で正確、文句も言わず何度でも繰り返し同じ仕事を続けてくれる**」ということです。たとえば「英語の辞書に出ているすべての英単語をリストアップする」という仕事は、人間が行う場合は膨大な時間がかかってしまいます。が、コンピュータならば、リストアップの方法さえ伝えてあげれば、速く、正確に休まず作業を続けてくれて、ときには人間の100分の1以上の速さで作業を終わらせてくれます

1.1.3 コンピュータがわかる言葉ってどんなもの？

コンピュータになにかをしてもらうには、懇切丁寧な指示を与えなくてはならないと説明しましたが、どんな言葉で伝えたらよいのでしょうか？ 日本語？ 英語？ フランス語？ いえいえ、どれでもないのです。プログラミング言語？ 確かにそうです。

しかし、プログラミング言語にもC言語、Java、C++、C#、Pythonなど数多くあります。いったいどんな言葉ならコンピュータに指示を伝えることができるのでしょうか？

実は、コンピュータがわかる言葉はただひとつの言葉で、人間が考えているような言葉ではありません。どんな言葉かというと、「101110011010001……」といった0と1との数字の連続でしかないものです。これを**機械語**または**マシン語**と呼びます。こんなのは言葉じゃないと思うかもしれませんが、これがコンピュータにとっては、とてもわかりやすい言葉なのです。それは、コンピュータの仕組みに関係しています。

それでは、コンピュータの仕組み、すなわち中身はどうなっているのでしょうか？

コンピュータは電気で動いています。電気で動いているものを操作するときには、どうしますか？ そう、電化製品はスイッチを入れて動かし、スイッチを切って止めます。コンピュータも電化製品と同じで、スイッチを入れる／スイッチを切るということだけで操作しているのです。

え？ コンピュータの電源は使っている間は入れっぱなし？——そうですね。しか

1-1 コンピュータにとってプログラムってどんなもの？

し実は、コンピュータの内部にもスイッチがたくさんあるのです。たとえば、最近のコンピュータの中には、数十億個のスイッチが入っているのです。コンピュータはそれらの内部のスイッチを複雑に切り替えていろいろな仕事をします。つまり、**0と1によってスイッチのオン／オフを指示することがコンピュータにとっていちばんわかりやすい表現**なのです。

たとえば、下図のように、コンピュータへの指示として「110101」が与えられれば、その指示に従ってスイッチがオン／オフされます。すると、そのスイッチの組み合わせによってさまざまな処理が動き出すのです。

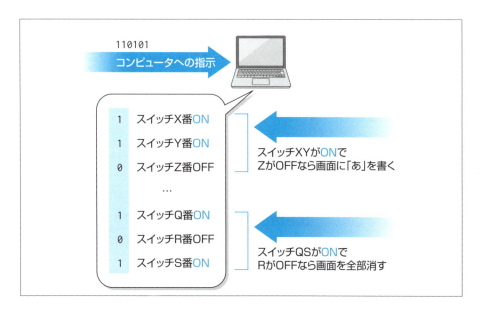

Fig. 1-3
コンピュータに0と1で指示を与える

1.1.4　より簡単にコンピュータに指示を伝えるための方法とは？

人間がコンピュータの指示を考えるときに、コンピュータ内部の数十億個以上あるすべてのスイッチを考えて指示を出すことは、不可能です。そこで、人間がよりわかりやすくコンピュータに指示を与える記述方法＝プログラミング言語がさまざま作り出されてきました。

それは、次の図のように、人間がわかりやすいように命令を書いて、それをコンピュータの言葉である**機械語**に翻訳して渡し、コンピュータに仕事をさせようという方法です。

19

第 1 章　プログラムってなんだろう？ —プログラミング言語とは

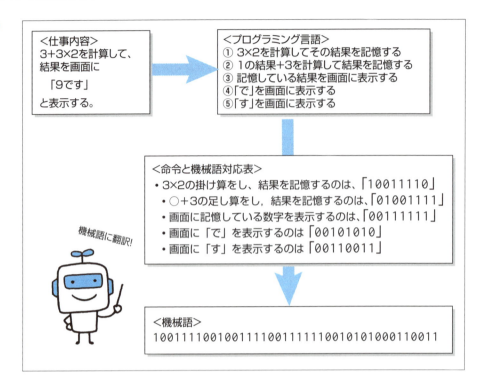

Fig. 1-4
人間にとってわかりやすい命令を書いて機械語に翻訳する

memo コンピュータは足し算しか理解できない！？

　コンピュータが理解できる計算の指示は、足し算しかありません。え？　引き算や掛け算もできる？　それは、コンピュータでは、

・引き算＝マイナスの数の足し算
・掛け算＝足し算の繰り返し

と置き換えて処理をしているので、四則演算ができるように感じているのです。そして、四則演算を応用して、「連立方程式の解を求める方法」をコンピュータに伝えれば連立方程式も解くことができます。さらに、連立法的式を応用して、「ボール衝突後の動きの求め方」をコンピュータに伝えれば、ボールが衝突したあとどのように動くのかを解くこともできます。そしてさらに、ボール衝突後の動き方がわかれば、それが数多くある場合はどうしたらよいかをコンピュータに伝えて、ビリヤードゲームを作ることもできます。
　コンピュータは足し算という単純な仕事しかできなくても、膨大な数のそれらの組み合わせで、いろいろなことができるようになります。

1.1.5　やさしく巧妙なプログラム

　頑固で単純な仕事しかしてくれないコンピュータに何か処理をさせるたびに、人間がいつも単純で細かい指示を与えなくてはならないのでは、コンピュータは何の利用

価値のないものになってしまいます。どんなにコンピュータが速く仕事をこなしてくれても、そのたびにいちいち指示を与えるのは時間のむだです。

　そこで、コンピュータに与える指示を書いたもの（＝プログラム）を準備しておき、書いてある指示どおりに仕事をしなさいと命令すれば、何度でも同じ仕事をこなしてくれるようになります。プログラムはワープロで作った文章と同じように、保存しておくことができるので、いったん作れば何度でも利用できます。

　さて、ここまでの説明では、プログラミング言語は一種類だけあればよいように思えます。ではどうしてC言語、Java、C++、C#、Pythonなどさまざまな言語があるのでしょうか？　それは、これらのプログラミング言語には、それぞれ表現の違いがあるからです。

　日本語にも東北弁、江戸弁、関西弁、名古屋弁、広島弁、博多弁などいろいろな方言があります。仁侠映画では、広島弁・関西弁などがよく使われますね。あれがもし、東北弁だったとすると、意図する「仁侠」のイメージを伝えることは難しくなるでしょう。それと同じように、ほとんどの場合、どのプログラミング言語を使っても同様の仕事をコンピュータにさせることはできるのですが、同じ仕事を簡単に記述できるものと簡単に記述できないものとがあります。そこで、仕事の用途に合わせていろいろなプログラミング言語が生まれたのです。それぞれ特徴がありますが、共通していえるのは、**どのプログラミング言語でも**、**曖昧な表現は使えない**ということです。

　コンピュータという頑固なわからず屋に仕事を伝えるときには、コンピュータにとって仕事内容や手順がはっきりわかるような表現を考えてプログラムにしなくてはいけません。この、プログラムの中身をどのように書くかが、プログラミングで最も大切で難しいところです。コンピュータにとってやさしく、巧妙に考えられたプログラムを作るにはどうしたらよいのかは本書で学んでいきましょう。

1.2 プログラミングに必要なこと

1.2.1 プログラミングの考えに慣れること

　さまざまな用途にコンピュータを使うには、その用途に合わせたプログラムが必要です。プログラムは、人間が試行錯誤して作るしかありません。プログラムを作り、自由にコンピュータを使いこなすには、どんなことが必要なのでしょうか？

　利用するプログラミング言語の文法規則などを覚えることはもちろんですが、**プログラミングの考え方に慣れること**が大切です。多くのプログラミング入門書では、プ

ログラム言語の書き方（文法）解説に重点をおいて説明していますが、それらの本を読んでも、自分でプログラムを作り、コンピュータを自分の用途に合わせて使いこなすことは難しいと思います。それは、**どうやってやりたいことをプログラムにするのか**のイメージがつかめないためです。プログラミングをはじめたばかりの頃は、必要な文法知識やプログラミングの考え方が難しいと感じられるかもしれませんが、**訓練すれば必ず身につけることのできる**ことです。

　本書では、プログラムを作るときの書き方の知識だけでなく、どのように考えればプログラムを組み立てることができるのかをトレーニングできる構成を目指しました。本書を読み飛ばすことなく、順番に学んでください。本書をマスターしたあとは、プログラミングの知識や考え方が身近に感じられるはずです。そのうえで、次のステップを学ぶ本に進んでください。

　ひとつのプログラミング言語をマスターするには、かなり集中した時間が必要になります。だらだらと「暇をみつけて……」とかまえていると、ほとんど何も身についていきません。**本書のすべての内容を、半年以内（各部を3か月以内）でマスターする**つもりで取り組んでください。C言語がどういうものか見えてくるはずです。

　「プログラミングの道は一日にして成らず、されど年月をかけても実らず」

です。

1.2.2　プログラミングに必要な3つの知識

　プログラミングに必要となる知識は、

- プログラミング言語の記述知識、文法
- 数学の知識
- 問題の考え方（論理的思考力）

の3つといえます。

　プログラミング言語の記述知識とは、プログラミング言語にはどのような命令があるかを知り、どのような規則に従って書くのかを指します。本書では、C言語の書き方を紹介しますが、「C言語でなくてはならない」ということはありません。プログラミングのひとつの例として、C言語を扱っていきます。プログラミング言語は、必要や用途があって作られているので、コンピュータにさせたい仕事の種類によっていちばん適した言語を使えばよいのです。そして、ひとつのプログラミング言語をマスターすれば、短期間で2つめ、3つめのプログラミング言語を覚えることができるよ

うになります。

　数学の知識というのは、それほど難しい知識が絶対に必要なわけではありませんが、プログラムを考えていくには、最低限中学卒業程度の数学の知識は必要不可欠でしょう。**よりよいプログラムを作るためには、高校やそれ以上の数学知識が必要になる**こともあります。

　問題の考え方は、プログラミングをするうえで最も大切な知識です。**論理的思考力**と表現されることもある知識・能力です。どのように伝えればコンピュータが目的の仕事をすることができるのかを考えるのは、コンピュータでもプログラムでもなく、「人間の作業」です。すなわち、目的をコンピュータに伝えるための考え方をマスターしなくては、プログラムを作ることはできません。目的を正しく伝えないと、頑固なコンピュータは仕事を正しくこなしてくれず、効率よい手順を伝えないと、頑固なコンピュータは指示されているとおりの効率の悪い仕事をしてしまいます。

　この「コンピュータに目的をどのように伝えるか」という考え方（＝プログラムの考え方）が、**プログラミングに最も必要な知識**といえます。さらにこの考える力＝論理的思考力は、**プログラミングだけでなく、社会のさまざまな問題に取り組むときにも非常に大切な力**になります。そのため義務教育の段階からプログラミングを通して論理的思考力を養う取り組みが進められているのです。

1.3　プログラムの考え方

　プログラミングにとって最も大切な、プログラムの考え方とはどういうものなのでしょうか？ コンピュータは単純な仕事しか理解できないので、**目的達成までの方法や道筋を細かく表現して**、指示を与える必要があります。しかも、正確に伝えなければ、コンピュータは正しく仕事をしてくれません。どのように考えてプログラミングを行えばよいかは、訓練すれば自然にできる作業なのですが、プログラミング初心者にとっては、とてつもない大きなハードルのように感じられるかもしれません。そこで、プログラミングをするときに絶対に欠かせない、次のふたつの考え方を覚えておいてください。

- 問題の曖昧なところをなくす
- 問題を細かく分解して整理する

　さらに、もうひとつ。優れたプログラムを作るための大切なスパイスがあります。それは、**優れたプログラムを作るためには、柔軟な発想が大切**なのです。ある仕事をする方法は決して一通りだけではありません。

第 1 章 プログラムってなんだろう？ —プログラミング言語とは

たとえば、「$x=5$のとき、$(2x+3)+4x+5$は？」という計算をするときに、

> 1：xに5を代入して、$2×5$を計算して、答えは10
> 2：$10+3$を計算して、答えは13
> 3：xに5を代入して、$4×5$を計算して、答えは20
> 4：$13+20$を計算して、答えは33
> 5：$33+5$を計算して、答えは38

とすることもできますが、

> 1：式を簡単にして、$6x+8$にする
> 2：xに5を代入して、$6×5$を計算して、答えは30
> 3：$30+8$を計算して、答えは38

として、より手順を少なく計算することもできます。人間相手に同じ計算をしてもらうときにでも、上の方法を伝えるよりは、下の方法を伝えたほうが相手は簡単に計算してくれるでしょう。このように、相手が計算した答えだけがほしいのならば、**問題をそのまま伝える必要はない**のです。同じことが、コンピュータに仕事を与えるとき＝プログラムを作るときにもいえます。一通りの考え方だけにこだわらず、いろいろな視点で問題を考える柔軟な発想を心がけてみましょう。この心がけがあれば、プログラミングはどんどん上達していきます。

1.3.1 問題の曖昧なところをはっきりさせる

「問題の曖昧なところをはっきりさせる」とは、どういうことなのでしょうか？ 次の例題1、2を考えてみましょう。

> **例題1** 次の4つの中で、一番得をしたのはどれですか？
>
> ① 100万円で仕入れた機械を、150万円で売った
> ② 100万円で仕入れた機械を、80万円で売った
> ③ 10円で仕入れたお菓子を、100円で売った
> ④ 10円で仕入れたお菓子を、12円で売った

1-3 プログラムの考え方

例題2　次の4つの図形を大きいものと小さいものに分類しなさい

A　　B　　C　　D

【例題1の解説】

答えを①としたならばそれは、

①の儲け：50万円　　②の儲け：－20万円
③の儲け：90円　　　④の儲け：2円

と考えたからではないでしょうか。

しかし、次のようにも考えることができます。元手の資金を100%として、

①の儲け：元手の50%　　②の儲け：元手の－20%
③の儲け：元手の900%　　④の儲け：元手の20%

と考えると、③が元手に対して一番得をしたともいえます。

【例題2の解説】

大きいものはAとD、小さいものはB、Cと考えたと思います。それは、「AとCは同じ図形、Aが大きくCが小さい。BとDも同じ図形で大小になっている。だから大きいのはAとDだと考えたからではないでしょうか。しかし、大きい・小さいというのは、「どれに比べて」ということを定義しないと、決めることができない事柄です。

意地悪問題のようですが、この2つの例題は、「正解を決めることはできない」問題です。なぜならば「得をした」という言葉では問題の意味が正確に伝わらないため、「大きい小さい」ではその比較のための基準がないためです。このように、普段意識せずに使っている言葉では、問題の意味を正確にしないと答えが求められなくなることがあります。

プログラムは、問題解決までの細かな指示をコンピュータに伝えるためのものです。そのためにはまず**問題をはっきりさせないと、コンピュータに伝えることができない（＝プログラムにすることができない）**のです。

25

第 **1** 章 プログラムってなんだろう？ —プログラミング言語とは

1.3.2 問題を細かく分解して整理する

問題が明確になったら、次はどのような手順をふめばその問題の答えにたどり着けるかを考えていきます。これは、コンピュータに細かく仕事を伝える手順を決めるということにつながります*。このようにして決めた**問題解決にたどり着くまでの方法**が、**プログラムの根幹**になり、問題解決にたどり着く道筋がプログラムの「よい・悪い」を決める大切な部分になります。

*コンピュータは単純な命令でしか仕事をしてくれない、ということを思い出しましょう。

■ 問題を分解する

次の例題で、問題を解くまでの手順を考えてみましょう。

例題3

サッカー3チーム（A、M、J）で総当たり戦（引き分けなし）を行った結果、次のような得点結果になった。

A vs. M　　3-0
M vs. J　　2-1
J vs. A　　3-1

勝率の高いものから順位を決めなさい。勝率が同率の場合は得失点差で高いものから、それも同じならば同順とする。

まずは、問題を分解してみます。最後の順位を決めるためには、どんな手順をとればよいかをあげてみます。

---

1. チームAの勝率、得失点差を求める
2. チームMの勝率、得失点差を求める
3. チームJの勝率、得失点差を求める
4. 3チームの勝率、得失点差から順位を決める

このように問題を分解することができましたが、さらに問題を分解することができます。

■ 問題をさらに細かく分解すると

「勝率を求めるにはどうしたよいのか？」

勝ち負けは、その試合の得点が多いほうが勝ちである。勝率は、「勝った試合数÷

26

全試合数」で求めることができる。

「得失点差を求めるにはどうしたらよいのか？」
　得失点差は、「全試合で入れた総得点数－全試合で入れられた総得点数」で求めることができる。

「順位を決めるにはどうしたらよいのか？」（図を参照）
　次の手順で順位を決めることができる。
1. 3チームの勝率を大きいものから順に並び替える（同率のチーム同士は、先に勝率を調べた順に並べてよい）。
2. 勝率が同じでものがあれば、得失点差で比較して大きいものから並び替える（同点のチーム同士は、先に得失点差を調べた順に並べてよい）。
3. 並べた順に、1位、2位、3位とする。
4. もし勝率・得失点差が同じものが存在すれば、そのなかで一番小さい順位をすべての順位に振りなおす。

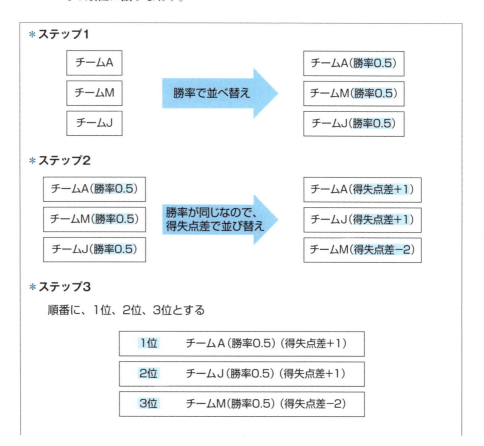

Fig. 1-5
順位を決める手順

第1章 プログラムってなんだろう？ —プログラミング言語とは

*ステップ4

勝率・得失点差が同じものがあれば、今ついている順位の一番小さい順位でそれらすべての順位を置き換える

1位　チームA（勝率0.5）（得失点差＋1）	➡ 1位
2位　チームJ（勝率0.5）（得失点差＋1）	➡ 1位
3位　チームM（勝率0.5）（得失点差−2）	

1位、2位が同勝率・得失点差なので、小さい順位1位を両方の順位にする

■ 問題解決までの道筋をまとめる

　ここまでの手順で、問題をかなり細かく分解することができました。それぞれの手法をばらばらに分解してきましたが、それらの順番をふまえて、ひとつの作業手順にしてみます。わかりやすいように、順番に番号をつけて手順を書いていきます。

　ここでひとつ注意してください。**問題を解くための作業手順は、決して一通りの答えだけが正しいことはありません。さまざまな手順や方法が考えられます。**ここにあげるものは、あくまでひとつの解法例としてみてください。

総試合数・2試合
勝　ち　数・1試合
勝　　率・0.5

1. チームAの勝率を求める
    1.1　チームAの勝ち数を、各試合の得点を比較することで求める
    1.2　チームAの勝ち数÷チームAの総試合数で勝率を求める

2. チームMの勝率を求める
    2.1　チームMの勝ち数を、各試合の得点を比較することで求める
    2.2　チームMの勝ち数÷チームMの総試合数で勝率を求める

3. チームJの勝率を求める
    3.1　チームJの勝ち数を、各試合の得点を比較することで求める
    3.2　チームJの勝ち数÷チームJの総試合数で勝率を求める

4. チームAの得失点差を求める
    4.1　チームAの総得点−チームAの総失点で得失点差を求める

5. チームMの得失点差を求める
    5.1　チームMの総得点−チームMの総失点で得失点差を求める

> 6. チームJの得失点差を求める
>   6.1 チームJの総得点ーチームJの総失点で得失点差を求める
>
> 7. チームA, M, Jを勝率・得失点差の高いものから順位をつける
>   7.1 3チームの勝率を大きいものから順番をつけて並べる（同率のチーム同士は、先に勝率を調べたチームから順に並べる）
>   7.2 勝率が同じチームがあれば、得失点差の順に並べなおす（同点のチーム同士は、先に得失点差を調べたチームから順に並べる）
>   7.3 今の段階で並んでいる順に、1位、2位、3位とする
>   7.4 もし、同じ勝率・得失点差のチームが存在すれば、それらのチームの中でもっとも小さい順位を、それらすべての順位に置き換える

どうですか？ひとつひとつの手順がはっきりして、どのようにして問題を解き進めていくかがはっきりしました。このようにして作ってきた、**問題解決までの道筋のことを**アルゴリズム (*algorithm*) といいます。

プログラムを作る作業の80％以上が、このアルゴリズムを決める作業といっても過言ではありません。いかにして簡単明瞭で、むだのないアルゴリズムを作るかがプログラマーの技能なのです。はじめは、ひとつのアルゴリズムを考えるだけでも、かなり時間がかかると思いますが、多くの経験を積めばさまざまなアルゴリズムが浮かび、そのなかで最良のものを選択できるようになってきます。

よいアルゴリズムを作るためには、さまざまなことが必要になりますが、とりわけ「経験」、「数学をはじめとする**さまざまな知識**」、「**柔軟な発想**」が大切になります。

1.3.3 柔軟な発想で考える

よいアルゴリズムを考え、よいプログラムを作るための大切な要素、**柔軟な発想とは「問題をいろいろな視点で考えること」**と言い換えられます。複雑に見える問題であっても、視点を変えると実は非常に簡単な問題に見えることがあります。また、多くの手順が必要に見える問題であっても、実は非常に少ない手順で問題を解くことができることもあります。

次の例題で考えてみましょう。

> **例題4**
>
> 　1〜13の札が各2枚あるトランプを2人で2枚ずつ引き、一番大きい数字のカードを引いたものが勝ちとなるゲームを考える。ただし、引き分けの場合は、2枚目のカードの大小で勝ち・負け・引き分けを決める。
> 　A君とB君の2人の引いたトランプの数字を与えて、勝負の判定を出すまでの手順を説明しなさい。

例題4の手順をそのままアルゴリズムにしてみると、次のようになります。

A君

B君

> **アルゴリズム1** ●●●
> 1. A君の引いた2枚のカードの数字を与える
> 2. B君の引いた2枚のカードの数字を与える
> 3. A君の引いたカードの大きい方の数字を調べる（これをxとします）
> 4. B君の引いたカードの大きい方の数字を調べる（これをyとします）
> 5. xとyを比べ、xが大きければ、「A君の勝ち」と判定する
> 6. xとyを比べ、yが大きければ、「B君の勝ち」と判定する
> 7. xとyが同じ数であったら、2人の残ったカードを比べ、A君のカードのほうが大きい数字であれば、「A君の勝ち」と判定する
> 8. xとyが同じ数であったら、2人の残ったカードを比べ、B君のカードのほうが大きい数字であれば、「B君の勝ち」と判定する
> 9. xとyが同じ数であったら、2人の残ったカードを比べ、2人とも同じ数字であれば、「引き分け」と判定する

　ここで、少し問題の見方を変えてみます。この問題は「勝負の判定は2枚のカードで行い、手持ちの大きい数字、小さい数字の順に判定する。引き分けもある。」というものですが、判定方法に注目してみます。

　すなわち、この判定は、手持ちのカード2枚を大きいものから並べて4桁の数字を作り、その4桁の数字の大小で判定することと同じです。これに気づけば、違う手のアルゴリズムを考えることができます。

Fig. 1-6
4桁の数字の大小で判定することを考える

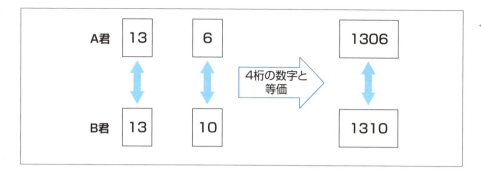

この考え方をアルゴリズムにすると次のようになります。

> **アルゴリズム2**
> 1. A君の引いた2枚のカードの数を与える
> 2. B君の引いた2枚のカードの数を与える
> 3. A君の引いた2枚のカードのうち、「数字の大きい方の数字×100＋小さいほうの数字」を求める（これをxとします）
> 4. B君の引いた2枚のカードのうち、「数字の大きい方の数字×100＋小さいほうの数字」を求める（これをyとします）
> 5. xがyより大きければ、「A君の勝ち」と判定する
> 6. xがyより小さければ、「B君の勝ち」と判定する
> 7. xとyが同じならば、「引き分け」と判定する

以上のアルゴリズムによって、より少ない手順で簡単に明瞭に判定できるようになりました。

このゲームでは2枚のカードを使っていますが、カードを引く枚数がもっと増えた場合、アルゴリズム1ではとても複雑な判定をしなくてはなりません。しかし、アルゴリズム2を利用すればカードの枚数が増えたときにでも、簡単に判定することができます。

これは一例にすぎませんが、問題の捉え方を変えると、非常に簡単で明瞭な解き方が考えられることが多いです。問題の解決方法の手順、**アルゴリズムを構築するときには、さまざまな視点で問題を見直し簡単な道を模索することが、むだや間違いの少ないプログラムを作る近道**になります。

第 1 章　プログラムってなんだろう？ —プログラミング言語とは

1.4 ▶ プログラムの作り方

　ここまでで説明したことは、プログラミング言語に関係なく、問題を解決するまでの道筋を詳細化するための考え方でした。ここからは、問題を解決するまでの道筋＝アルゴリズムを構築したあと、どのようにしてプログラムを作っていくのかを説明していきます。

1.4.1　いろいろなプログラミング言語

　プログラムを作るための言語にはさまざまなものがあります。よく知られているものだけをあげても、機械語、アセンブラ言語、Basic（ベーシック）、C言語、C++（シープラスプラス）、C#（シーシャープ）、Java（ジャバ）、JavaScript（ジャバスクリプト）、Python（パイソン）、R（アール）などがあります。基本的には**コンピュータに目的の仕事をさせることができれば、プログラミング言語はどれを使ってもよい**のです。

　また最近は、ノーコードやローコードといったシステム開発技術も注目されています。プログラミングの記述をまったくしない、または記述する量を限りなく少なく抑えてアプリケーションを開発する方法です。DX（デジタルトランスフォーメーション）に注目が集まるなか、多彩なシステム用途を利用者が少ない手間で最適に構築することができる可能性が高まり、注目されている技術です。とはいえ、まだ作ることができるシステムには制限が多くありますので、本書ではこれ以上の詳細説明はしません。

　どうしてこんなに多くのプログラミング言語があるのでしょうか？　それは、「**コンピュータにさせたい仕事を少しでも簡単にプログラムで書きあらわしたい**」ということが最も大きな理由です。コンピュータにさせたい仕事はさまざまですから、それらの仕事を簡単に記述できるようにと考え、さまざまな特徴がある**プログラミング言語**が生まれたわけです。ですので、どのプログラミング言語にもそれぞれの良さがあります。ただ、時代のニーズが変化することや、新しいものはより時代のニーズに合った便利さがあると考えてよいでしょう。

　先にも説明したようにコンピュータに理解できるのは、0と1の連続でしかありません。では、プログラミング言語でどのようにしてコンピュータを動かしているのでしょうか？　実は、多くのプログラミング言語では、記述したプログラムは0と1からなる機械語に翻訳され、コンピュータが理解できるようになります。わざわざ翻訳

32

しなければいけない言語を使うのはおかしいと感じるかもしれません。人間にとって、コンピュータがわかる0と1の単純な命令を組み合わせて大きなプログラムを書くことは非常に困難で大変な作業です。これは、携帯電話のメール書き機能を使って、長い小説を書くようなもの。不可能ではないのですが、とてつもなく大変な作業になってしまいます。しかも、コンピュータが理解できる機械語はコンピュータの種類によって違い（たとえば、Windowsが入っているコンピュータとmacOSが入っているコンピュータ）、互換性はありません。させたい仕事が一緒でも、それぞれのコンピュータごとにまったく違う機械語で書かなければなりません。

そのため、コンピュータに仕事をさせるには、人間が少しでも書きやすいようなプログラミング言語を使ってプログラムを作り、それをコンピュータがわかるように翻訳し、コンピュータでそのプログラムを動かすという手順をとります。このようにすれば、コンピュータの種類が異なっても、プログラムの翻訳方法を変えることでどれにでも流用できるようになります。

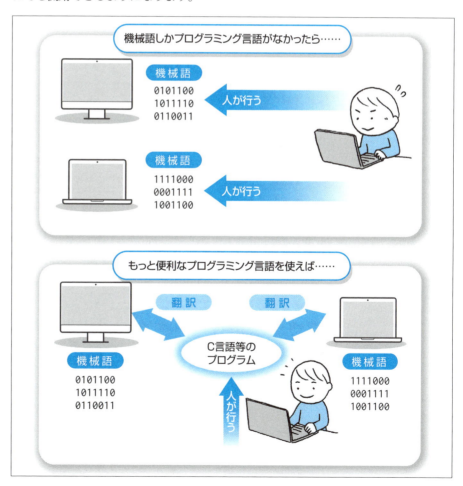

Fig. 1-7
プログラムと機械語

本書で扱うC言語も、翻訳という手順を必要とするプログラミング言語です。このような言語は共通したプログラム構築の流れがあります。それは「プログラムを記述」したあと、「プログラムを翻訳」し、「プログラムを実行（動かすこと）」するという手順です。さらにその途中には、「プログラムの誤りを修正する」という手順が入ることもあります。それぞれの手順について説明していきます

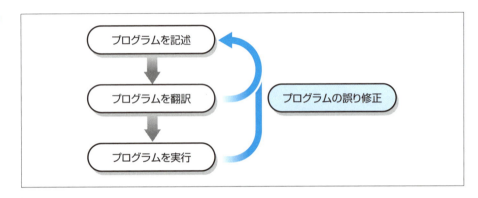

Fig. 1-8
プログラム構築の流れ

1.4.2　プログラムを書く（コーディング）

　　問題を解くための手順＝アルゴリズムを、プログラミング言語で決められた文法を使って記述します。この作業を**コーディング**（coding）といい、このようにして記述したものを**ソースプログラム**（ソースコード）＊と呼びます。

　　C言語をはじめとしてソースプログラムの多くは、文字を入力しテキストファイルに保存することができるテキストエディタ＊などを利用して記述します。プログラムを書くためのさまざまなオプション機能がついたテキストエディタもあります。自分にとって使いやすいものを選択するとよいでしょう。

　　エディタを利用する以外にも、プログラム開発のシーンで、ソースプログラム入力だけでなく、実行や解析など開発に便利な機能をふんだんに盛り込んだIDE（統合開発環境）と呼ばれるソフトウェアも多く存在します。なかには、アカデミックは無償利用できるものもありますが、高価なソフトウェアも多く存在します。

　　2024年の執筆段階でC言語プログラム学習環境を作るのであれば、お勧めはVisual Studio Codeという無償で使えるコードエディタ（プログラム編集用のソフトウェア）です。これにプラグインでC言語開発機能を付与すると、プログラム編集機能＋ボタンひとつでプログラムを実行し結果を確認することもできます。WindowsでもMacでもVisual Studio Codeは提供されています。「Visual Studio Code C言語開発環境」のように検索すると環境構築の方法がすぐに調べられます。

　　どんな環境構築でもかまいませんが、本書の学びを進める準備として、ぜひひとつのC言語開発環境構築を行い、動かしながら学べる環境をつくりましょう。

＊「翻訳」をしたあとに「実行する」ことのできるプログラム言語で人間が記述したものをソースプログラム（source program）といいます。これは、実行するプログラムの素（source）のプログラムということです。

＊Windowsであれば、付属の「メモ帳」や「ワードパッド」も利用できます。

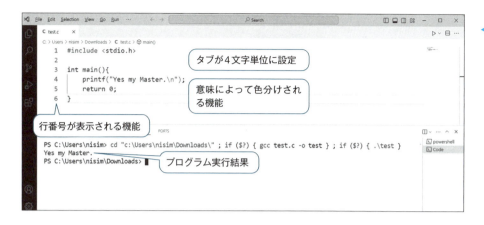

Fig. 1-9
Visual Studio Code を利用してプログラムを記述し、実行した例

1.4.3 プログラムを翻訳する（コンパイルとリンク）

　人間が記述したソースプログラムは、そのままの状態ではコンピュータはその内容や、やるべき仕事を理解することができません。そのため、ソースプログラムをコンピュータが理解できるように機械語に翻訳します。翻訳は、コンパイルとリンクという2つの手順で行われます。これらを行ってくれるのがコンパイラと呼ばれるプログラム開発環境を提供するソフトウェアです。

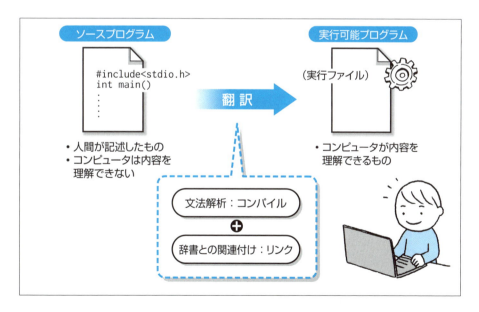

Fig. 1-10
ソースプログラムを翻訳する

■コンパイルで行われること

　翻訳のさいにはまず**コンパイル**（compile）という作業が行われます。これはソー

35

スプログラムの文法的関係を解析し、機械語に変換します。この段階では、プログラミング言語での記述がコンピュータでのどんな作業を表すのかは調べません。わからない記述はあとで穴埋めできるようにして、全体の流れがどうなるかだけを解析しています。コンパイルによってソースプログラムは**オブジェクトプログラム**（object program）という機械語に変換されたプログラムになります。このコンパイル作業を行うソフトウェアを**コンパイラ**（compiler）といいます。

 More Information

なぜさまざまな種類のコンパイラがあるのか？

コンパイラは、WindowsなどのOSに付属しているソフトウェアではありません。自分で入手し、インストール（セットアップ）したあと、起動して使うソフトウェアです。プログラミング言語が違えばコンパイラも違い、またC言語だけでもさまざまな種類のコンパイラがあります。なぜ同じ言語でもさまざまなコンパイラがあるのでしょうか？

基本的に、C言語の文法規則や関数（命令）の書き方はANSI規格＊に準拠しています。コンパイラは、C言語の規格に基づいた文法的解析を行うのですが、異なるOSや異なるアーキテクチャではコンピュータが求めている解析結果の提示方法が異なることがあります。そのため、OSやアーキテクチャごとに異なる文法解析をする必要があり、さまざまなコンパイラが必要となるのです。また、文法解析の方法も一通りに決まるものではありません。

＊ANSI（アンシー：American National Standards Institute）は、米国の工業分野の規格の統一と標準化を行う団体。

たとえば算数で、A＋B＋Cの計算の意味を考えたとき、

・AにBを加えて、その結果にCを足す→（A＋B）＋C
・BにAを加えて、その結果にCを足す→（B＋A）＋C
・BにCを加えて、その結果にAを足す→ A＋（B＋C）

というように、どの文法的解釈をしても結果が同じになることがあります。それと同様、同じ記述でも意味する文法的な関係が複数考えられる場合がいろいろな場面であります。このようなときに、どのような文法で解釈するのかによって、コンパイラの種類もさまざまに考えられます。これが、さまざまなコンパイラがある理由のひとつです。

C言語を使うときには、「gcc（ジーシーシー）」を利用したり、マイクロソフト社の開発環境「Visual Studio」などを利用したりします。もちろん、使い方もそれぞれ異なります。「C言語開発環境」としてインターネットを検索してみると、いろいろな開発環境の作り方が紹介されていますので、そのなかから皆さんの気に入ったものを導入して、2章に進んでください。

1-4　プログラムの作り方

■ リンクで行われること

　コンパイルが正常に行われたあとは、**リンク**（Link）という作業が行われます。リンクではコンパイル後のオブジェクトプログラムを、用意されている辞書（**ライブラリ**）などと結びつけて、コンピュータが理解でき実行できるプログラムにします。コンパイル時に、わからない記述はあとで穴埋めできるようにしていましが、リンクによってライブラリと結びつけられます。また、大規模なプログラム開発で複数のプログラムに分けて作成を行った場合、それぞれのプログラム同士を1つにまとめ、つながりをもたせるのもリンクの役目です。リンクを行うソフトウェアを**リンカ**といいます。

　コンパイル、リンクが行われ、コンピュータが実行できる状態になった最終的にできあがったプログラムを**実行プログラム**といい、この実行プログラムが記述されているファイルを**実行ファイル**と呼びます。

　OSやアーキテクチャ＊が異なれば、コンピュータが理解できる機械語も異なります。ソースプログラムは、それぞれのコンピュータが理解できるように**翻訳**される必要があります。先の**コンパイルはプログラミング言語の文法を解析するだけで、OSやアーキテクチャの種類に依存しない作業**であるのに対して、リンクで使われる**ライブラリは、OSやアーキテクチャに依存**します。通常は、プログラムを実行したいコンピュータ上でプログラムを開発することが多いので、利用しているコンピュータ用のライブラリを使用しますが、ライブラリを切り替えれば他のコンピュータで実行できるようにリンクすることもできます＊。

　C言語のコンパイラでは、コンパイル作業と同時にリンク作業を行うことのできるものが多く、2つの作業の区別を体感しにくいでしょう。コンパイルやリンクを行うことを、実行ファイルの**ビルド**（build）や**メイク**（make）と表現することもあります。

　以上のように説明されても理解するのは難しいかもしれません。プログラミングの経験を積むことで次第に理解は深まりますが、コンパイラが正常に行われ、リンカが正しく動作し、実行可能プログラムを作る流れを次ページの図でちょっと抽象的な概念で説明してみます。

＊ハードウェアやソフトウェアを含めたコンピュータ全体の設計思想のこと。アーキテクチャの違いは、コンピュータの仕様の違いともいえます。アーキテクチャが異なれば、利用できる命令やコンピュータ内で計算する方法なども異なります。

＊このような作業を「クロス・コンパイル」といいます。

第 1 章　プログラムってなんだろう？ ―プログラミング言語とは

Fig. 1-11
コンパイラやリンカが
行っていること

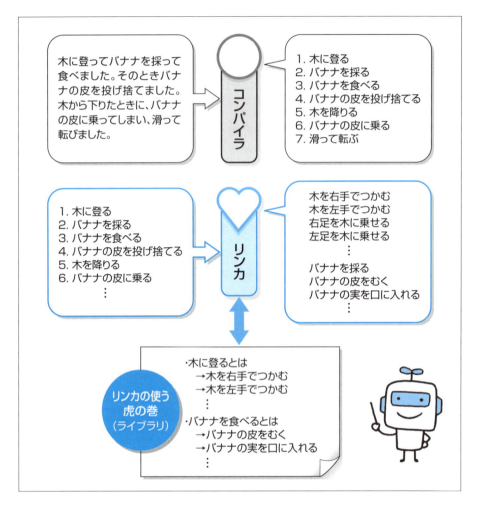

　この図のように、ライブラリとは「用語の説明書」のようなもので、リンクを行うときには「辞書」のように使われるものです。この辞書は、どんなプログラムを作るのかによって違うものを利用することもできますし、C言語ではこの辞書を自分でつくることもできます（上級者になったら挑戦してみてください）。

1.4.4　プログラムを実行し、正しく動いているか調べる（動作確認）

　コンパイル、リンクという作業によって、ソースプログラムから**実行ファイル**が作られます。実行ファイルとは、コンピュータに対して「書いてあるとおりに処理しなさい」と命令し、コンピュータは書かれている通りに処理を進めていくことのできるファイルです。Windowsでは、「.exe」という拡張子がついているものがそうです。マウスで実行ファイルをダブルクリックすることは、実行ファイル対して「書いてあ

る通りに実行しなさい」と命令することを意味しています＊。

　ここまでできれば、「プログラムは完成！」といいたいのですが、まだ大切な作業が残っています。それは、作ったプログラムが目的通りに正しく動作しているかを確認する、**動作確認**と呼ばれる作業です。

　問題が複雑になると、プログラミングに熟練した人であっても、プログラムのどこかに誤りがあり正しく動作しないことがよくあります。プログラミング初心者では、記述やアルゴリズムを誤ったために意図した通りに動かないということが常に起こるといってもよいほどです。

　そのため、さまざまなテストをして結果に誤りがあったら、アルゴリズムやプログラムを修正し再度翻訳を行い、完全なものであることを確認してプログラミング作業が終わりになります。

＊たとえば、ワープロソフトのWordを使って文書を作成したいというときには、Wordのアイコンをダブルクリックします。これは、「WINWORD.exe」という実行ファイルを呼び出し、コンピュータに「Wordで文書を作る」という作業を命令していることです。

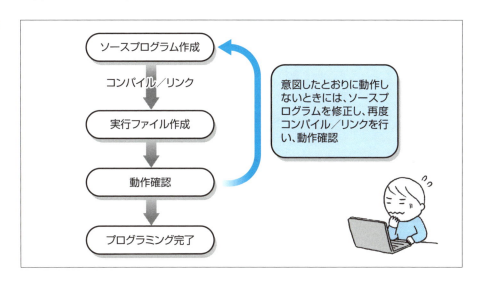

Fig. 1-12
プログラムの動作確認

1.4.5　プログラムの誤りを修正する（デバッグ）

　コンパイル作業でソースプログラムに文法的な誤りが見つかった場合や、リンク作業でソースプログラムに書かれている命令（関数）がライブラリに見つからない場合や、動作確認で意図したとおりに実行プログラムが動作しなかった場合には、ソースプログラムに修正を加えて、再度コンパイル→リンク→動作確認をします。このような、プログラムの誤り（バグといいます）を修正する作業を**デバッグ**（debug）といいます。

　通常、コンパイル作業では、ソースプログラムに文法的な誤りがあった場合、作業を中断し文法的な誤りの箇所をエラーメッセージとして表示してくれます。しかし、あくまでもコンパイラはプログラムの意味などは解析していませんので、**エラーとし**

て指摘された箇所に誤りがあるとは限らず、その周囲に誤った記述があると理解してください。エラーがどのように表示されるかはコンパイラの種類によってさまざまで、初心者はエラーがでたらどうしたらよいのかわからず、とまどうことがあります。本書では、各章で陥りやすい誤りやエラーメッセージについてふれ、そしてデバッグ方法を紹介していきます。コンパイル時のデバック作業は、プログラミングに慣れることでだんだん速くこなせるようになります。

　また、リンク作業では、ライブラリに存在しない命令があったためリンクができないと、どの命令がリンクできなかったのかをエラーメッセージとして表示します。その場合には、コンパイル時のエラーと同様にソースプログラムの修正をし、再度翻訳作業を行います。リンク時のエラーの多くは、命令（関数）を書き間違えたときや、使用するライブラリの名前を間違えた場合に発生します。エラーメッセージの意味を読みとり、ソースプログラムを注意深く見直すことでデバッグ作業を速くこなせるようになります。

　動作確認時のデバッグ作業は、非常に長大な時間を要することがあります。自分が正しいと思って作成したプログラムを見て、どこが間違っているのかを見つけなくてはならないからです。あるときには、動作確認をしてみたら、使い慣れたはずのアルゴリズムに誤りがあったなどということもあります。デバッグには、「こうすればいい」という決まった方法はありません。人間が犯した間違い箇所を自動的に正しく特定することは、現在のコンピュータには不可能です。効率のよいデバッグをするには、

- アルゴリズムを正しく、無駄なく組み立てること
- プログラミングを数多く経験し、慣れること
- 自分で作ったプログラムを過信しないこと、誤りがあると思って見直すこと

が、最短の道ではないかと思います。

　なにはともあれ、プログラミングの上達には、数多くのプログラムを作り、経験を積むことです。この章で学んだことは大切なことですが、1字1句を覚えるのではなく、まずプログラミングのイメージをつかみましょう。おぼろげなイメージができれば大丈夫！　次章から実際にC言語について学んでいきましょう。

　それでは、C言語の学習をはじめていきましょう。

理解度チェック！

次の問に答えましょう。

Q1 プログラミングとは？

Q2 人間が記述したプログラムのことを別名で何といいますか？

Q3 プログラムで記載した記述を文法的に解釈し翻訳することを何といいますか？

Q4 コンパイルすることで、ソースプログラムは何になりますか？

Q5 オブジェクトプログラムに各種登録機能をつなぎ合わせて実行プログラムを作ることを何といいますか？

Q6 開発環境ではビルドやmakeという機能で登録されているのは何をしているのでしょうか？

Q7 プログラムの誤りのことを何といいますか？

Q8 プログラムの誤りを修正することを何といいますか？

解答： **Q1** プログラムを構築すること。「コーディング」ともいいます。
Q2 ソースプログラムまたはソースコード
Q3 コンパイル　**Q4** オブジェクトプログラム　**Q5** リンク
Q6 コンパイルとリンクをまとめて実行　**Q7** バグ　**Q8** デバッグ

第 1 章　プログラムってなんだろう？ —プログラミング言語とは

まとめ

- コンピュータは、単純な命令を、指示された通りの手順でしか実行できない。

- コンピュータに仕事の指示を与えるのがプログラムである。

- プログラミングをするうえでもっとも大切なことは、問題を詳細化し、答えを出すまでの道筋＝アルゴリズムをまとめることである。

- アルゴリズムは、何通りも考えることができるが、よりよい手順にするように心がける。

- よりよいアルゴリズムを構築するには、問題をさまざまな視点で捉えることが大切である。

- プログラミング言語は多数あるが、コンピュータは機械語しか処理できない。

- Ｃ言語をはじめとする多くのプログラミング言語で書かれたプログラムは、機械語に翻訳したあとで動かすことができる。

- プログラミングには、次の4つの作業がある。
    1. ソースプログラムの作成
    2. コンパイルとリンクによるソースプログラムの翻訳
    3. 動作確認
    4. デバッグ

 More Information

どうしてＣ言語

　本章でも紹介したように、プログラミング言語には、古くから広く普及したものだけあげても機械語、アセンブラ言語、FORTRAN（フォートラン）、Pascal（パスカル）、Basic（ベーシック）、Ｃ言語、C++（シープラスプラス）、Java（ジャバ）、Perl（パール）、C#（シーシャープ）、JavaScript（ジャバスクリプト）、Python（パイソン）、R（アール）など多くのものがあります。そのなかで本書ではＣ言語をとりあげています。どうしてＣ言語なのでしょうか？

まとめ

　私は、「**本格的にコンピュータを学ぶのであれば、一度はＣ言語を学んだほうがよい**」と考えています。だからといって、Ｃ言語ですべての仕事をすることは非効率的であり得ないと同時に考えます。それぞれの用途に合わせて、効率的にプログラミングできる言語を選ぶのが一番です。

　コンピュータが普及してきた歴史には、より簡単に記述できるプログラミング言語の開発の歴史が隠れています。ちなみに、Ｃ言語は1970年代に発表されました。いまとなってはかなりの古株の言語です。当然、それ以降に作られた多くのプログラミング言語は、Ｃ言語では不十分な点があるために作られたのだろうから、いまさらＣ言語なんてやっても……と思う気持ちもわかります。しかし、いまなおＣ言語はこうして残っており、広く学ばれていて、新しい規格も作られ続けて時代に合わせたＣ言語に成長を続けているという事実もあるのです。

　ところで、理想のプログラミング言語というのは、どういうものでしょう？　いろいろな考えがあるでしょうが、私は「話し言葉で表現できるプログラミング言語」だと思います。つまり、コンピュータが人間の話したことをやってくれるような状況（SF映画みたいですね）が理想ではないでしょうか。しかし、そんなプログラミング言語は存在しません。いま知られているプログラミング言語は、「**コンピュータが何を理解できるのか？**」を知っていないとプログラムを作ることはできません。コンピュータにできることを理解してプログラムを作らなくてはならないということは、プログラミング言語の記述規則は人間にはわかりにくいものになってしまいます。現在存在するプログラミング言語は、どれも理解が簡単なものはないと思います。

　私が一度はＣ言語を学ぶべきだと考える理由のひとつは、**一度厳しい規則のプログラミング言語を理解すれば、将来他のさまざまなプログラミング言語を利用するときに、大いに役に立つ**と思うからです。その厳しい規則をもつプログラミング言語のひとつとして、Ｃ言語をすすめます。

　さらに、現在もＣ言語を使っているプログラマーが多いということもあります。ユーザーが多いということは、いろいろな実用的なプログラムがすでに作られているので、それらを利用したり応用して新たなプログラムを作ることもできるのです。また、大規模なソフトウェアを開発することは一人の力でできることではなく、多人数（ときには千人以上）で行うこともあります。そのようなときにも、ユーザーの多い言語を使えることは非常に役に立ちます。

　決してＣ言語だけを使いこなせればすべてOKとはいいません。まずはＣ言語でプログラミングをはじめてみませんか？　そしてぜひ、**他のプログラミング言語にも挑戦してください**。いろいろなプログラミング言語を経験したあとで、はじめにＣ言語をやってよかったと感じてもらえたらと思います。

練習問題 1

Lesson 1-1　問題が正しく与えられているかの判断

次の問題の中で、「一意に答えを求めることのできる」または「曖昧でない問題」を答えなさい。また、「一意に答えを求めることができない問題」または「曖昧な問題」についてはその理由も答えなさい。

A：　100個のりんごの中から、一番赤いものを探しなさい
B：　100個のりんごを大きいものと小さいものに分類しなさい
C：　100個のりんごの中から、一番おいしいものを探しなさい
D：　a＋b＝2、2a＋4b＝8の2つの式を満たす整数a、bの値を求めなさい
E：　a＋b＝2、2a＋2b＝4の2つの式を満たす整数a、bの値を求めなさい
F：　a＋b＞2を満たす整数bの値を求めなさい

Lesson 1-2　アルゴリズムの構築（1）

次の問題を、既知の手法だけを利用してアルゴリズムにまとめなさい。ただし、与えられた式は、展開して簡単化しないこと。

問題：
2×3の計算、(4＋2)×2の計算をするにはどうしたらよいか。
既知の手法：
ある2つの数の足し算をする（同時に結果の数値を記憶する）。

Lesson 1-3　アルゴリズムの構築（2）

次の問題を、既知の手法だけを利用して二通りのアルゴリズムにまとめなさい。

問題：
すべて異なる8つの数値のなかで、最大の数字を見つけるにはどうしたらよいか。
既知の手法：
2つの数うち大きい数値を見つける（同時に大きい数値を記憶する）。

Lesson 1-4　アルゴリズムの構築（3）

次の問題を、既知の手法だけを利用してアルゴリズムにまとめなさい。

問題：
1、2、3の数字が書いてあるカードが、適当な順番で横に並んでいる。この3枚を左から右に1、2、3と順番に並べなおすにはどうしたらよいか。
既知の手法：
隣り同士の2枚のカードを比べて、左に小さい方のカードを、右に大きい方のカードを置く。

C More Information

歴史あるアルゴリズム —— Tower of Hanoi

　ハノイの塔（Tower of Hanoi）というパズルが19世紀から知られています。3本ある杭の左の杭に刺さって重なっている円盤を、右の杭に移動する目的のパズルで、以下のルールの中で円盤移動ができるというものです。

- 杭は3本、円盤は中央に穴が開いており、杭に刺すことができる
- 初めは、左の1つの杭にすべての円盤が、小さいものが上になるように重なって刺さっている
- 円盤を1枚持ち、別な杭に刺すことができる
- 大きい円盤の上に小さい円盤は乗せられるが、小さな円盤の上に大きな円盤を乗せることはできない
- 円盤は2枚を同時に持つことはできない。1枚持ったあとは、どこかの杭に円盤を刺さなければならない

　初期の円盤の枚数が増えると、移動完了までにかかる手数が膨大化するパズル問題です。1枚の移動に1秒かかるとすると、64枚積み上げた円盤をすべて移動するには最低でも5845億年かかると計算されています。解法や考え方をアニメーションで紹介しているWebページも多くありますので、興味があればインターネットを検索して理解を深めてください。

　人類は歴史のなかで、いろいろな問題に出会い、それを解く手順を考え、それを後世に伝えてきました。人類の積み上げたアルゴリズムの資産といえるでしょう。

　こうした問題の解法手順を作ってきたときも、失敗・試行・成功を繰り返して手順を作り上げてきたはずです。プログラミング学習におけるアルゴリズム構築も同じです。ハノイの塔の場合は「無駄のない最適な手順」を求めることが可能な問題ですが、実際のプログラミングでは、「無駄のない最適な手順」がひとつに決まらない問題も多く取り扱います。しかし、問題を小さく分解し、手順を一つひとつ組み立てて、答えを出す道筋を作っていくトレーニングを重ねることで、歴史に残る素晴らしいアルゴリズムを構築できるようになるかもしれません。そんな偉大な業績は残せなくても、自分なりの解法を組み立てた試行で培った経験と思考力は、皆さんの思考力を確実に育ててくれます。その一歩としてプログラミング学習を積み重ねていきましょう。

More Information

生成AIとプログラミング

　昨今ICTに関わるニュースで、生成AIに関するトピックをよく見聞きするようになったと思います。写真や動画、文章などを生成AIで作らせる技術が近年飛躍的に進歩しました。そのなかでもプログラミングを生成AIで作らせることも多く試行されています。あるソフトウェア企業が、今後は人ではなく生成AIを活用してプログラミングをせずにシステムを構築していくと発表したことも皆さんの記憶に残っているかもしれません。

　実際に、生成AIのなかでも代表的なOpenAIのChat GPT 3.5で、本書にある練習問題などに対して「C言語でプログラムを生成」させるよう命じれば、かなり高い精度で正しい動作をするプログラムを作ることは可能です。

　ただ現段階では、生成されたプログラムは人間が理解して読みやすくなっていないことが多く、いったん作ったプログラムを改編して新機能を追加していこうとしたときには、うまく利用できないことが多くあります。また、私の体感では、8割くらいで正しいプログラムを生成しますが、一定割合で間違ったプログラムを作ることもあります。

　この現状では、人がしっかりプログラムを理解してチェックし、より良い製品にしていく「ひと手間」の加工が必要になります。その適切な「ひと手間」をかけるには、正しいプログラミングの知識が不可欠になります。もちろん将来、AIがより優秀になり、より高精度にプログラミングするAIが生まれてくるでしょうが、システム開発において完全に人間が不要になることは当面なく、プログラム開発者の必要工数と働き方が変わるだけなのです。

　AIと一緒にシステムを作っていく時代に、きっと今後はなります。そんなとき、AIを使いこなして仕事を進めるためにも、正しく柔軟なプログラミングの知識のスキルを身に着けていきましょう。

第 **1** 部　C言語プログラミングの基本構造

第 2 章

はじめの一歩
── 記述規則を実践理解 ──

　これから本格的にC言語のプログラミングの学習を始めていきます。とはいえ、プログラミングを学んだ先人たちは、皆「まず手を動かしてみる」ことから始めてきました。整理された規則・理屈を読んで学ぶよりも、ここは体験で学んでいきましょう。

この章で学ぶこと
- ▶ プログラムを入力して実行するとは？
- ▶ C言語の記述規則とは？
- ▶ エラーメッセージや警告メッセージとは？

第 **2** 章 はじめの一歩 —記述規則を実践理解

2.1 最も単純な構造のプログラムを入力して実行する

2.1.1 プログラムを入力して実行してみる

＊「gcc（ジーシーシー）」やマイクロソフト社の「Visual Studio」などがあります。「C言語開発環境」と検索して気に入ったものを導入してください。

　C言語開発環境が整備できたら＊、まず次のサンプルプログラムを「書いてあるとおりに1文字も変更せずに入力」して、実行してみましょう。

　入力の際には、次の点に注意してください。

- 日本語入力は一切使いません。すべて半角英数文字で入力します。
- 空白は原則半角スペースを入力します。

  ただし、6、7行目の先頭は Tab キーを1回押して、タブを入力しています。
- 1行目の先頭の文字は、「/」スラッシュのあとに「*」アスタリスクを入力します。
- 6、7行目の末尾に「;」セミコロンがあります。「:」コロンではないので注意してください。

List 2-1
画面に文字列を
表示させる
サンプルプログラム1

```
/* Sample Program 2-001
   2024.06.20  H. NISHIMURA */
#include <stdio.h>
int main()
{
    printf("Yes My Master");
    return(0);
}
```

　入力し終えたらファイルに保存して、「コンパイル＋リンク」または「ビルド」あるいは「make」といった操作により、入力したソースプログラム（ソースコード）をコンピュータがわかるように翻訳すると、プログラムを実行することができます。導入した開発環境によっては、「実行」とすると、上記翻訳手順を行い、エラーがなければ実行まで行ってくれる機能が装備されているものもあります。

　正しく入力して実行できれば、下記のように表示されます。

実行結果

```
Yes My Master
```

　もし、このような実行結果が得られなかったときは、もう一度入力したプログラムをよく確認してください。どこかに間違った入力があります。それを探して、修正し、再度プログラムの翻訳である「コンパイル＋リンク」を行ってください。

48

2-1　最も単純な構造のプログラムを入力して実行する

あんなに入力したのに…たったこれだけの表示…と感じたかもしれません。
　もっと学んでいけば、効率よくいろいろなことができますので、まずは「初めてのプログラムを動かせた成果」を感じてください。コンピュータが、あなたに「はいご主人様」と伝えてくれました。

2.1.2　プログラムを書き換えてみる

次に、下記のように、少し書き換えをしてみましょう。

List 2-2
画面に文字列を
表示させる
サンプルプログラム2

```
/* Sample Program 2-002 2024.06.20  H. NISHIMURA */
#include <stdio.h>
int main(){printf     ("Yes My Master\nMay the Force be with you.");return(0); }
```

これも実行してみましょう。下記のような実行結果になります。

実行結果

```
Yes My Master
May the Force be with you.
```

何か所かを書き換えていますが、変化があったのは「フォースが共にあらんことを：May the Force be with you」という皆さんの幸運を祈るメッセージが追加表示されただけです。
　ここから、以下のようなC言語の記述規則を読み取ることができます。

- /*から始まり*/で終わるブロックは、**コメント部**であり、プログラムの実行に影響を与えない。
- ソースプログラムの中で入力した改行の数が違うが、実行結果には影響を与えていない。
- 単語や括弧で囲まれたまとまりの間には、空白やタブを自由に入れても、実行結果には影響を与えない。

このことから、次のように理解しておきましょう。

Point
- コメントはプログラムを人間が読みやすくするために、いろいろな場所に加えてよい。
- 空白やタブや改行は、全体をわかりやすく記述するために活用してよい。

2.1.3 プログラムを読みやすい形にするとは

次は、もう少し記述が多いプログラムを入力し実行して、書き方の規則を学びましょう。次のサンプルプログラムも「書いてあるとおりに1文字も変更せずに入力」し、実行してみましょう。

入力の際には、次の点に注意してください。

- `//`は、スラッシュ記号を連続で2文字入力します。間に空白を挟んではいけません。`/* ～ */`で示したコメントと同様に、`//`を記載すると、そのあとの文字から改行までが**コメント**になります。
- 色文字で示した箇所の先頭の書き出し位置が下がっている（**インデント**といいます）箇所は、先頭にタブを入力しています。
  ソースプログラムを入力しているソフト（エディター等）によっては、その機能で、入力時に勝手にインデントが自動調整されていることがありますが、今回はサンプルどおりに入力するように、画面を確認しながら注意して入力してください。
- `if`の行では、=（イコール）記号が、2文字連続で入力されているので注意してください。

List 2-3
画面に文字列を
表示させる
サンプルプログラム3

```
// Sample Program 2-003
// 2024.06.20  制作者 西村

#include <stdio.h>

int main()
{
    int num;
    for (num = 0; num <= 10; num = num + 1)
    {
        printf("Yes My Master[%d]\n", num);
        if (num == 7)
        {
            printf("[Lucky!]\n");
        }
    }
    return(0);
}
```

正しく入力して実行できれば、次のような実行結果になります。

2-1　最も単純な構造のプログラムを入力して実行する

実行結果

```
Yes My Master[0]
Yes My Master[1]
Yes My Master[2]
Yes My Master[3]
Yes My Master[4]
Yes My Master[5]
Yes My Master[6]
Yes My Master[7]
[Lucky!]
Yes My Master[8]
Yes My Master[9]
Yes My Master[10]
```

　入力したソースプログラムも少し長くなりましたが、それ以上に実行したプログラムはより長い結果を表示してくれました。ここでは、5章で学ぶ「繰り返し」の処理が入っているので、forから始まる数行を「10回繰り返す」という処理を行っています。

　次に、色文字で記載した部分のインデントを変更して次のように書き換えてみましょう。

List 2-4
List 2-3サンプルプログラム3のインデントを変更

```
// Sample Program 2-003-2
// 2024.06.20　制作者 西村

#include <stdio.h>

int main()
{
    int num;
    for (num = 0; num <= 10; num = num + 1)
    {
printf("Yes My Master[%d]¥n", num);
if (num == 7)
{
printf("[Lucky!]¥n");
}
    }
    return(0);
}
```

　このように書き換えてから再度実行してみても、結果に影響を与えない（同じ結果になる）ことがわかります。すなわち、C言語では**インデントのために入力した空白やタブは実行結果に影響を与えません**。

51

第 **2** 章 はじめの一歩 —記述規則を実践理解

では、なんのために空白やタブを利用するのでしょうか？

それは、**人がプログラムを読みやすくするために**あります。繰り返し処理を書いたとき、その繰り返しを行う記述がどこからどこまでなのかをわかりやすくするために、インデントを活用します。さらにList 2-3で示したサンプルプログラムでは、ifから始まる記述（4章で学びます）で、条件を満たしたときに何をするのかを示す行にもさらにインデントをつけて「条件を満たしたときはこの部分を実行する」ということを人が見てわかりやすいようにしています。そのような工夫をしてSample Program 2-003は書かれていました。同じ結果を出せるなら、**読みやすい形にすることを常に意識して**プログラミングの学習を進めていきましょう。

とはいえ、「どんな書き方が見やすいか」は経験を積まないと判断が難しいものです。まずは本書の書き方を忠実にまねることから始めてください。世の中にはいくつかのC言語の書き方の流儀があります。まずは本書でひとつの形に染まってみてください。

2.2 エラーメッセージと警告メッセージの初歩の初歩

プログラムを作り終え、さぁ実行しようと思い、コンパイルやリンクを行おうとすると何かメッセージが表示されて実行できない……ということを皆さんもきっと経験します。もちろん私も、これまで数えきれないほど多く経験してきています。

そうかと思うと、コンパイルするといつもと違うメッセージが表示されたにも関わらず、実行してみると問題なく意図したとおりにプログラムが動作することもあります。

こうしたコンパイルやビルドを行った際に表示されるメッセージについて、頻繁に目にするものを取り上げ、簡単な理解や対処法を学びます。いざ自分のプログラムを動作させようとしたときにこれらのメッセージのことを知っておけば、安心して対応できますね。

2.2.1 エラーなのか、警告なのかを読み取る

＊英語が苦手なら、はじめは機械翻訳を活用してもよいです。文例は多くないので、中学英語の知識があれば、英文でもすぐにメッセージの意味が読み取れるようになります。

多くの開発環境では、コンパイルやビルド（makeと表現されていることもあります）を行ったときに、エラーや警告の表示が出ることがあります。ほとんどの開発環境では、英語でメッセージが表示されるので、正しく意味を理解しましょう＊。

一般に、**エラーと表示されている場合、誤りを訂正しない限りプログラムは動作しません**。そのメッセージを読み飛ばして実行すると、今記述しているプログラムではなく、書き換えを行う前のプログラムを動作させていることもあり得るので、気をつ

けてください。**プログラマーにとって、メッセージの無視は絶対にあってはなりません**。不祥事に目を向けないのと同じです。

　警告と表示されているだけなら、プログラムは実行可能であることがほとんどです。一部は、意図したとおりに動作することもあります。とはいえ、メッセージは無視せず、ちゃんと意味を理解し、何に対してシステムが注意警告しているのかを読み取ってください。この警告メッセージに関しては、開発環境の設定などによって表示する段階を決められることがあります。

　たとえばgccの場合、「gcc -Wall source.c」のようにして利用すると「警告オプションをすべて表示する」となり、可能な限りの警告メッセージを表示してくれるようになります。反対に「gcc -w source.c」とすると警告メッセージの表示を抑制することもできます。Visual Studioでも同様に、プロジェクトのプロパティを開くと「C/C++」の項目の中に「警告レベル」という設定があり、利用者がコントロールすることができます。

　C言語を初歩から学ぶ皆さんは、ぜひ**「すべての警告メッセージを表示する」**設定**にして学んでください**。メッセージが出すぎてウンザリするかもしれません。しかし、より深いプログラムの知識習得に必ずつながります。「このメッセージはこんなときに警告になるけど、無視してもいまは問題ない」という知識を経験から得ていくことが大切なのです。

2.2.2　いろいろな警告表示

　まずは、以下のList 2-5で示すプログラムを、Visual Studioで「警告をすべて表示する」と設定し、ビルドを行ったときの表示結果を紹介します。

List 2-5
警告表示させる
サンプルプログラム

```c
#include <stdio.h>

int main()
{
    int num;
    scanf("%d", &num);   //整数入力しますが、その値は今回使いません
    for (num = 0; num <= 10; num = num + 1)
    {
        printf("Yes My Master[%d]¥n", num);
        if (num == 7)
        {
            printf("[Lucky!]¥n");
        }
    }
```

第 2 章　はじめの一歩 —記述規則を実践理解

```
        return(0);
}
```

```
1>------ ビルド開始: プロジェクト: Project4, 構成: Debug Win32 ------
1>main.c
1>**ファイル名部省略**: warning C4255: 'main': 関数プロトタイプがありません:
'()' を '(void)' に変換します。………❶

1>**ファイル名部省略**: warning C4555: 式の結果が使用されていません★

1>**ファイル名部省略**: warning C4996: 'scanf': This function or variable may
be unsafe. Consider using scanf_s instead. To disable deprecation, use _CRT_
SECURE_NO_WARNINGS. See online help for details.………❷

1>**ファイル名部省略**: warning C4710: 'int printf(const char *const ,...)':
インライン関数ではありません。………❸

1>**ファイル名部省略**:message : 'printf' の宣言を確認してください………❹

1>**ファイル名部省略**: warning C4710: 'int scanf(const char *const ,...)':
インライン関数ではありません。………❺

1>**ファイル名部省略**:message : 'scanf' の宣言を確認してください………❻

1>Project4.vcxproj -> **ファイル名部省略**¥Project4.exe
1>プロジェクト "Project4.vcxproj" のビルドが終了しました。
========== ビルド: 1 正常終了、0 失敗、0 更新不要、0 スキップ ==========
```

　色文字で示した7行が「警告メッセージ」です。各表示行の中央付近に「warning」と書いてあることを見つければ、これが「警告メッセージ」であると認識できます。
　それぞれのメッセージの意味を紹介します。いまの段階では、理解できない表現もありますが、できるだけ理解しやすく意訳します。

❶ mainという関数*を記述しているのですが、事前に関数の名前登録がされていません。事前に名前登録してから記載することをお勧めします。
　とはいえ…、mainを警告が出ないように記載するプログラマーはほとんどいません。無視してまったく問題ありません。

❷ scanfという記載をしているのですが、これはセキュリティを考えたプログラミングでは推奨されない記載です。scanf_sという記載をVisual Studioでは用意していますので、オンラインマニュアルを見て利用を検討してください。
　とはいえ…、これもC言語入門者は気にする必要はありません。セキュリティを考慮したプログラムを作るのはもっと先のことです。いまはシンプルな理解

＊本書の後半で説明しますが、C言語は関数という命令/機能が膨大に集まってプログラムを構成します。本書前半では、関数のことを理解しやすく読み進めるために命令や機能と記載していることがあります。

54

2-2 エラーメッセージと警告メッセージの初歩の初歩

が必要です。現段階では無視してください。ただし、Visual Studioのプロジェクトを設定するときには「SDLチェック」のオプションを「いいえ」にしておかないと、セキュリティ上安全でないものはエラーにされてしまうので、注意してください。

❸printfという関数が使われていますが、その関数はインライン関数という形になっていません。

とはいえ…、そもそも警告は適切な指摘といえないと考える利用者がほとんどです。

❹printfの宣言を確認して、使い方を確認してください。

とはいえ…、C言語入門者は気にする必要はありません。上級者になれば、「printfの動作がどう実施されたのか」といった詳細情報を取得するようにプログラムの記述をさらに発展させることができます。

❺scanfという関数が使われていますが、その関数はインライン関数という形になっていません。

とはいえ…、そもそも警告は適切な指摘といえないと考える利用者がほとんどです。

❻scanfの宣言を確認して、使い方を確認してください。

とはいえ…、C言語入門者は気にする必要はありません。上級者になれば、「scanfの動作がどう実施されたのか」といった詳細情報を取得するようにプログラムの記述をさらに発展させることができます。

また、★で示したwarningについて補足します。ここで使っているscanfはプログラム実行時に整数入力させるものです。

今回は整数入力させますが、入力した値を使っていないプログラムなので、「式の結果が使用されていません」という警告メッセージが出ています。きちんと設計したプログラムでは、使わない計算や入力処理を入れることはないので、このようなメッセージが出たら、使うはずのものが使われていないところはないか、いらない処理を消し忘れていないか、を確認するようにしましょう。人間の記述ミスを確認させてくれるメッセージです。

このメッセージは注意喚起の警告メッセージなので、プログラム実行時に影響することはありません。

今回示したものは、警告の中でも、少なくともC言語入門者は無視して問題がないものです。これ以外に警告が出ることとしては、実数の計算をしているのに整数として切り捨てられて値が入るとき「'double'から'int'への変換です。データが失われ

る可能性があります。」といったメッセージが警告で表示されることがあります。これは、警告のなかでも注意が必要な種類のメッセージです。意図的に小数点以下を消しているのならよいのですが、そうでないなら計算誤差が出てしまうことになります。意図と照らし合わせて考えましょう。

2.2.3 スペルミスが原因であることが多いエラー表示

次に、エラーとなる代表的な例で、入門者が必ず目にするといってもよいエラー表示を紹介します。これは、入力時のミスタイプやスペルミスが原因となるものです。

List 2-5で示したプログラムから、色文字の部分をあえて打ち間違えたとします。

List 2-6
List 2-5の
サンプルプログラムの
入力間違え1

```c
#include <stdio.h>
                 ここ
int maim()
{
    int num;
    scanf("%d", &num);   //整数入力しますが、その値は今回使いません
    for (num = 0; num <= 10; num = num + 1)
    {
        printf("Yes My Master[%d]¥n", num);
        if (num == 7)
        {
            printf("[Lucky!]¥n");
        }
    }
    return(0);
}
```

このとき、Visual Studioでビルドを行ったときのエラーとして表示された結果は下記のようになります。

重大度レベル	コード	説明　　　…
エラー	LNK2019	未解決の外部シンボル_mainが関数…＜省略＞で参照されました　…＜省略＞
エラー	LNK1120	1件の未解決の外部参照　…＜省略＞

1つのミスタイプで、エラーが2つ表示されました。このようなことは、プログラミングでは頻繁に起きます。ファイルの先頭のほうの1文字を間違えただけで、エラーが100個以上表示されることもあります。そんなときは、**エラーと表示されたメッセージの初めの数個に着目**してみましょう。

2-2 エラーメッセージと警告メッセージの初歩の初歩

今回なら「未解決の外部シンボル_main」がキーワードです。本書で扱うC言語のプログラムにおいては、mainという記述が「プログラム動作を行う先頭の場所」を意味します。その「mainが未解決」＝「mainという記述がない」ということを意味しています。ですので、mainと記載しているはずの場所を再確認して修正すれば問題解決に進めます。

次に、List 2-5のプログラムから、色文字の部分をあえて打ち間違えたとします。

List 2-7
List 2-5の
サンプルプログラムの
入力間違え2

```
#include <stdio.h>

int main()
{
    int num;      ここ
    scanff("%d", &num);   //整数入力しますが、その値は今回使いません
    for (num = 0; num <= 10; num = num + 1)
    {
        printf("Yes My Master[%d]¥n", num);
        if (num == 7)
        {
            printf("[Lucky!]¥n");
        }
    }
    return(0);
}
```

このとき、Visual Studioでビルドを行ったときのエラーとして表示された結果は下記のようになります。

重大度レベル	コード	説明 …
エラー	LNK2019	未解決の外部シンボル_scanffが関数_mainで参照されました …＜省略＞
エラー	LNK1120	1件の未解決の外部参照 …＜省略＞

この場合も、1つのミスタイプで、エラーが2つ表示されました。しかしメッセージが先ほどの例と少し変わりました。

「未解決の外部シンボル_scanff…」と書かれています。これは、「**scanffという命令の記述があるが、それはどこにも定義されていないので未解決です**」という意味します。このような場合、エラーメッセージに表示されている英字スペルをよく確認して間違いを確認し、それが記述したプログラムのどこにあるのか「検索機能」などを

57

第 **2** 章 はじめの一歩 —記述規則を実践理解

使って探し出して修正するとよいです。

スペルミスの場合、何か所も同じミスをしている可能性もあるので注意して修正してください。

最後に入力間違い例をもうひとつ紹介します。またList2-5のプログラムから、色文字の部分をあえて打ち間違えたとします。

List 2-8
List 2-5の
サンプルプログラムの
入力間違え3

```c
#include <stdio.h>

int main()
{
    int num;
    scanf("%d", &num);   //整数入力しますが、その値は今回使いません
    for (num = 0; num <= 10; num = num + 1)
    {                                    ← ここ
        printf("Yes My Master[%d]¥n", numu);
        if (num == 7)
        {
            printf("[Lucky!]¥n");
        }
    }
    return(0);
}
```

このとき、Visual Studioでビルドを行ったときのエラーとして表示された結果は次のようになります。

重大度レベル	コード	説明　　…＜省略＞
エラー（アクティブ）	E0020	識別子"numu"が定義されていません　…＜省略＞
エラー	C2065	'numu': 定義されていない識別子です　…＜省略＞

この場合も、1つのミスタイプで、エラーが2つ表示されました。しかしメッセージは先の2例とはかなり違います。

「識別子"numu"が定義されていません」と書かれています。これは、「numuという記述があるが、それはどこにも定義されていないです」という意味します。このような場合、エラーメッセージに表示されている英字スペルをよく確認して間違いを確認します。この場合、該当記述の行数がエラーメッセージに表示されていたり、エラー表示をダブルクリックするとプログラムの該当箇所に入力カーソルを移動してくれる開発環境も多いので場所特定は簡単です。場所が特定できたら、スペルを修正してください。

58

2-2 エラーメッセージと警告メッセージの初歩の初歩

これ以外にも、わずか1文字の入力ミスでもエラーになります。気をつけて入力しましょう。そのうえで、英語力がミスを減らすといえます。いろいろな記述には英単語の意味を意識して名前がつけられています。そのため、その単語を想像して入力していくことで、ミスを最小限に抑えることができます。

2.2.4 うっかり書き忘れが原因であることが多いエラー表示

スペルミス以外にも、うっかり書き忘れた場合にエラーとなるものもあります。
List 2-5のプログラムから、色文字の「;」の記号を削除してみます。

List 2-9
List 2-5の
サンプルプログラムの
書き忘れ1

```c
#include <stdio.h>

int main()
{
    int num;
    scanf("%d", &num);   //整数入力しますが、その値は今回使いません
    for (num = 0; num <= 10; num = num + 1)
    {
        printf("Yes My Master[%d]¥n", num);
        if (num == 7)
        {                              ここ
            printf("[Lucky!]¥n");
        }
    }
    return(0);
}
```

このとき、Visual Studioでビルドを行ったときのエラーとして表示された結果は下記のようになります。

重大度レベル	コード	…＜省略＞
エラー（アクティブ）	E0065	';' が必要です …＜省略＞
エラー	C2143	構文エラー: ';' が '}' の前にありません …＜省略＞

この場合も、1つのミスタイプで、エラーが2つ表示されました。今回のメッセージは、比較的意味を理解しやすいです。「;」が必要で、「;」の記載がないと表示されています。

しかし、このときエラーが出た行数を見たり、エラーをダブルクリックしてエラー行に入力カーソルを移動させると、「;」が入っていない行の次の行を指し示します。

59

第 2 章 はじめの一歩 —記述規則を実践理解

このように、エラーの表示はエラー原因となる箇所を必ずしも適切に指し示すわけではありません。この例のように、エラーメッセージが示す箇所より「前」の記述に問題箇所があることも多いことを覚えておきましょう。

もう一例、書き忘れのエラーを紹介します。

List 2-5のプログラムから、色文字の1行をすべて削除してみます。

List 2-10
List 2-5の
サンプルプログラムの
書き忘れ2

```c
#include <stdio.h>  ◄──── 削除

int main()
{
    int num;
    scanf("%d", &num);   //整数入力しますが、その値は今回使いません
    for (num = 0; num <= 10; num = num + 1)
    {
        printf("Yes My Master[%d]¥n", num);
        if (num == 7)
        {
            printf("[Lucky!]¥n");
        }
    }
    return(0);
}
```

このとき、Visual Studioでビルドを行ったときのエラーとして表示された結果は下記のようになります。

重大度レベル	コード	…＜省略＞
エラー	LNK2019	未解決の外部シンボル _scanf が関数 _main で参照されました…＜省略＞
エラー	LNK2019	未解決の外部シンボル _printf が関数 _main で参照されました…＜省略＞
エラー	LNK1120	2件の未解決の外部参照　…＜省略＞

！！！この場合は、1行の記述漏れでエラーが3つ表示されました。

しかもメッセージはList 2-6のエラー表示と非常によく似ているので、タイプミスを疑ってしまいます。でもこのメッセージは、タイプミスがない状態でのエラーメッセージです。そのうえでメッセージを意訳すると「scanfやprintfという記述があるが、その定義が見つかりません」という意味になります。この場合、いくつかの記述が同じメッセージになっていることから原因推定していきます。

少しC言語の本格的な中身のことになりますが……今回削除した#include<stdio.h>の記述は、「**C言語で文字を入力したり表示したりする機能をプログラム中で使え**

60

2-2 エラーメッセージと警告メッセージの初歩の初歩

るようにするため、**C言語環境であらかじめ用意されている機能を読み込みなさい**」という役目をしています。そのため、この1行がないと、「文字入力や文字表示の機能が定義されていなくて使えません」というエラーになってしまうのです。

　いまは単純なプログラムなので、先頭付近をよく確認すれば誤りに気がつけますが、複雑なプログラムになると、先頭のほうに記載されるこの#include＜…＞も複数になるので注意が必要です。プログラミングを行う際には、この部分の入力には細心の注意を払うようにしましょう。

2.2.5　ほんとうに怖い「表示されないエラー」

　ここまでのエラーはコンパイルやリンク、またはビルドを行うと「エラー」として表示され、実行することもできないものを紹介してきました。プログラミング言語を学び始めたころは、このような「表示される、実行できない」エラーに悩まされると思います。しかし、これらは経験を少し積むと、発生頻度も減りますし、発生してもすぐに修正できるようになります。

　開発者にとって本当に怖いのは、**「エラー」と表示されないエラー**です。具体的には、次のようなものがあります。

- 動作するけど、構築しようとしたものと異なる動きをする
- そもそも、動作させる考え方や計算方法が間違っている
- ある入力をしたとき、予想外の暴走をする　……など

これらは「こうすれば解決できる」という方法論はありません。まして、十分なテストをしないとエラーが起きることにすら気がつかないこともあります。皆さんもニュースで耳にしたことがあると思います。

「証券取引のサーバが停止し、○月○日の取引がすべてストップ」
「個人識別カードの登録で、ある操作手順では、入力していない項目でも前に使った人のデータが勝手に入って誤登録される障がいが発生」
「ゲーム中に、特殊な場所で、あるアイテムを使用すると異常動作が発生」
などなど……。

　これらもすべてプログラミングされた巨大システムの中の、ごく一部の記述や考え方に誤りがあり、テストしたときの動作では異常がなかったけど、実運用の段階で、ある条件のときにエラーが発生し異常動作になったものです。巨大システムでのこうしたエラーは、復旧にも膨大な時間と費用が掛かります。

　ではどうすれば、こうしたエラーが起きることを抑制できるでしょうか？
　「十分なテストを行うこと」、それも非常に大切です。時間も費用も掛かりますが、

61

「効率的に十分なテストをどのように行えばよいのか」ということはソフトウェア工学という学問のなかでも大きなテーマの一つです。

もっと身近に、皆さんがプログラミングを学び始めるいまから意識してエラーを抑制できることがあります。それは「**プログラムの各所に、説明文書（ドキュメント・コメント）を正確に、十分な量で記述すること**」です。一度作った大きなシステムのプログラムは、複数の人が手を加えながら改良されて利用されることが多くあります。そんなとき、しっかりとした説明文書があれば、メンテナンス効率もあがりますし、書き換えのミスも減らせます。プログラムの記述そのものを書くことと同じくらい、説明文書をプログラム内に記載していくことが大切であると強く心にとめて、本書の学びを進めてほしいと思います。

日本語文字の文字コードの呪い

コンピュータ内部では文字もすべて2進数表現がされています。全世界で使われている英数字記号は、ASCII（アスキー）コードを使うことでほとんど問題なく利用できます。しかし、日本語に関しては、JISコード、新JISコード、Shift-JISコード、UTF-8などが利用されてきており、特にWindowsにおいても長くShift-JISが使われてきましたが、昨今はUTF-8を利用するようになってきています。

そのような環境下では、コピー&ペーストで日本語を含むソースプログラムをコピーしたときに、文字コードの不一致により、実行時に文字化けした文字が表示されることがあります。本書を利用している初学者は、コピペをせずに、自分で打ち込んで理解することを大切にしてほしいです。上記トラブルを避けるためにも、安易なソースプログラムのコピペを避けましょう。

コピペではなく、日本語文字コードをプログラムで扱う方法は、9章のコラムで紹介しています。

※もちろんPC活用スキルをあげれば、こうしたコピペで起きる日本語文字コードの呪縛から解放されます。

理解度チェック！

次の質問に答えましょう。空欄には字句や文章を入れてください。

Q1 C言語プログラムを作成するときに、コメントを記載する方法を2つあげてください。

Q2 C言語では命令を表す記述や括弧の記号の間に、空白や改行を _____

Q3 プログラムの全体構造を読み取りやすくするため、各行の書き出し位置を調整する _____ を活用するのがよい。

Q4 プログラムの記述ができたらファイル保存し、 ア を行います。 ア を行うと、 イ と ウ が行われ、実行できるファイルが作られます。
このときに、適切ではない記述があった場合 エ や オ が示されることがあり、メッセージの内容をしっかり確認する必要があります。

Q5 _____ の中には、メッセージが出ていても正しく実行ができるものもあります。

※本章は実践理解なので、まとめや章末問題はありません。例示したもので理解を深めてください。

解答： **Q1** ① /* と */ で囲んだ文字がコメントになる。② // を記載するとそのあとの文字から改行までがコメントになる。
Q2 自由に入れてよい　**Q3** インデント
Q4 ア：ビルド　イ：コンパイル　ウ：リンク　エ：Warning（警告）　オ：Error（エラー）
Q5 Warning メッセージ

時代とともに変化するC言語

　C言語が生まれたのは1972年、なんという偶然か、筆者と同い年です。新しい技術が次々と生まれて、さらに新しく優れた技術に置き換えられていくICTの世界において、約50年前の技術は前時代の歴史遺産といっても過言ではないかもしれません。そんな古い技術を学んで意味があるのか？と感じる方もいるかもしれません。しかし、C言語も時代とともに変化・改良を加えられていまに至ります。

　とはいえ、コンピュータ学習者がC言語を学んだ全盛期は1990年代中盤から2000年だったといえます。コンピュータを本格的に学ぶほとんどの学生たちがC言語を学び、C言語を通してコンピュータを深く知り、コンピュータを発展させてきました。

　2024年の現在は、プログラムをはじめて学ぶ方が選択する言語は、PythonやJavaScriptやJavaであることが多いです。そうなると、C言語は世の中から消えるのでしょうか？いえ決してそんなことはありません。いまでもOS開発やデバイスドライバ開発、組み込みシステム開発などハードウェアを制御するプログラミングシーンでは根強く幅広く利用されています。

　これは古典的なものを使い続けているわけではありません。C言語も、いくつもの変化をし続けています。C言語の規格には、下記のものがあります。

- K&R　　　：1978年に出版された書籍『The C Programming Language』で標準化
- C89/C90：1989/90年に規格化されたもの。日本でも利用が広まった
- C99　　　：1999年にC++の機能を一部取り込んで機能拡張し規格化
- C11　　　：2011年にUnicode対応や機能変更・追加・削除し規格化
- C17　　　：2018年に改訂（C18と呼ばれることもあり）。仕様の欠陥修正がメイン

　このように新しい要素を取り入れて変化しているので、いまでも最前線で利用することができるプログラミング言語です。最近の言語よりも、コンピュータの中身の理解が必要になる言語ですが、**だからこそICTを専門的に学ぶならば修得してほしい**言語です。

　この先もC言語は変化を続けるかもしれません。本書は国内で利用が広がりいまでも利用が多いC90を想定しています。ただ一部に関しては、Visual Studioの最新版で使える規格についても補足説明するようにしています。そうした違いと変化を知り、深い学びにつなげてください。

第1部 C言語プログラミングの基本構造

第3章

データを入力して、結果を表示してみよう
―入出力処理―

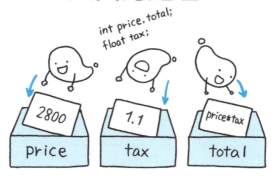

いよいよC言語のプログラミングを学んでいきます。この章では、プログラムを作るときに絶対に欠かせない「結果の表示方法」を説明していきます。

この章で学ぶこと
- プログラムには、結果の表示が不可欠であること
- C言語でどのようにすれば、結果を表示できるのか？
- C言語の基本的な文法規則はどんなものか？
- プログラムで変数を利用することの大切さと、C言語での変数の扱い方
- データを入力することの大切さ
- C言語でどのようにすれば、データを入力して、結果を表示できるのか？

第3章 データを入力して、結果を表示してみよう —入出力処理

3.1 結果を表示するということ

　プログラムを作り、いったい何をするのでしょう？ ワープロ？ メール？ いろいろあると思いますが、何をするにしても絶対に欠かせないことがあります。それは、なんらかの結果がほしいということです。どんな素晴らしいことをしてくれても、結果を得られなければ何の意味もありません。そこでまず本章では、プログラムを作るときに絶対に欠かすことのできない「結果の表示方法」を説明します。
　しかし、

- 画面に絵が出て結果を表示する。
- いろいろな色を使って結果を表示する。

ということができるようにC言語でプログラムを作ることは今の段階ではたいへん難しいことです。また、

- まだ求めていない結果を表示する。
- どうやって求めるのかわからない結果を表示する。

ということは、そもそもプログラムでは実現することはできません。

Fig. 3-1
グラフィックや色を使った結果表示は難しい

　まずはもっとも単純な「結果の表示方法」について、C言語でどのようにプログラミングするのかを学んでいきましょう。
　最も単純な「結果の表示方法」とは、どのようなものでしょうか？ それは、次のように、文字と記号を使って1行1行表示することで結果をあらわす方法です。これにより、図左のような結果の表示はもちろん、工夫次第で右のような結果の表示もできます。

Fig. 3-2
文字と記号を使って結果を表示する

3.2 プログラムの詳細

前章では、とりあえずプログラムを実行させました。この節ではその詳細を見ていくことにしましょう。

3.2.1 C言語の構成と記述規則

まずは、C言語の基本的な構成と記述規則を覚えましょう。以下に、簡単にまとめます。

Point
- 基本的には、上から下へという処理の順番で書き進める。
- {と}は対応している。{と}で囲まれた部分は、ひとつの処理のまとまりをあらわす。
- 処理ひとつひとつは、;（セミコロン）によって区切られている。
- 空白、改行、タブは、関数（命令）の間に好きなだけ入れることができる。

他にも記述規則がありますが、一度にあげても混乱するだけですので、現段階で必要なことだけにしておきます。ここで、意識してプログラムを見てほしいのが、4番目の空白、改行、タブの利用方法です。これらは自由に入れることができるので、プログラムができるだけ見やすくなるように入れるということを覚えておいてください。

それでは次に、具体的にプログラムのそれぞれの内容がどんな意味を持っているかを解説しながら、記述規則を見ていきます。まず、次のList 3-1は、以下のように分けられたまとまりとして考えることができます。

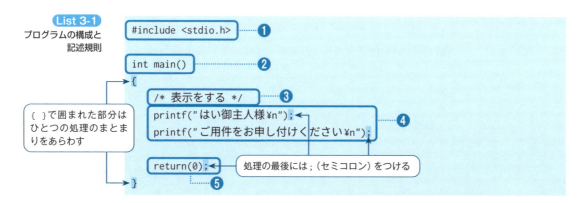

List 3-1 プログラムの構成と記述規則

■インクルード部（❶の部分）

　この部分は、プログラムの中で使う関数（命令）がどのファイルに定義してあるかを指定しています。このファイルを**ヘッダーファイル**、あるいは**インクルードファイル**といい、#includeのあとに< >で囲んでファイル名を記述します。この部分を**インクルード部**といいます。

　< >でファイル名を指定するときには、コンパイラで指定されている場所にあるファイルしか指定できません*。ここで扱っている、「stdio.h（スタンダード・アイオー・テン・エイチ）」とは「standard input output（標準入出力）」の略で、標準入力（キーボードからの入力）、標準出力（ディスプレイへの出力＝表示）を行う関数の定義が書かれているファイルです。そのため、printf()を使って画面へ結果を表示させる処理を行うには、必ずstdio.hファイルをインクルードするこの記述が必要となります。

*そのほかの場所にあるファイルを指定するときには、" "を使って、"filename"のように指定します。

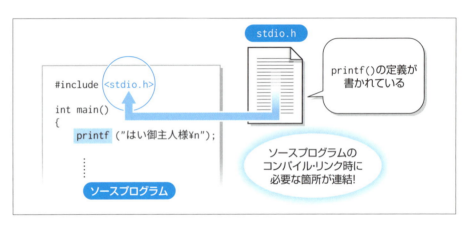

Fig. 3-3
printf()を使うにはstdio.hのインクルードが必要

■プログラムの処理を開始（❷の部分）

　main()は、C言語のプログラムに絶対に欠かせない記述です。これを**main（メイン）関数**といい、C言語では必ずひとつのmain関数が必要です。C言語ではすべての処理は**関数**（function）というまとまりで構成されていますが、main関数はここからプログラムの処理を開始しますということをあらわしています。プログラムの実際の処理内容はmain()のあとに{ }で囲んで書いていきます*。

*{の記号の位置に関して補足します。多くのC言語入門書では、下記のように記述しています。どちらの記述も正しい記述です。

```
main(){
    処理内容
}
```

上記のほうが行数が少なく記述できますが、本書では{と}の位置を揃えた右の例のように記述し、より入門者が読みやすいようにしています。

```
main()
{
    処理内容
}
```

　ソースプログラムでmain()の位置は、先頭にあるとは限りません。しかし、プログラムが実行されるときには、必ずmain()から実行され、その中に書かれている順

68

3-2 プログラムの詳細

番で処理が進められます。

■ コメント部（❸の部分）

コメントは重要!

C言語のプログラムは、/*と*/で囲まれた部分（複数行でもよい）があれば、そこはプログラムの内容とは無関係な「解説の部分」としています。これはプログラムの**コメント部**と呼ばれ、プログラムに不可欠な記述というわけではありません。

しかし、あとでプログラムを見返したときや、他人の書いたプログラムを見たときに、何の処理を書いているのかさっぱりわからなくなってしまうことがよくあります。そこで、さまざまな部分に処理内容の説明などを「コメント」として書いておきます。

「コメントのないプログラムはただのゴミ、コメントがつけば資産」といってもよいほど、コメントはとても大事です。**コメント部にも、日本語を利用することができます**ので、わかりやすい説明をつけることを常に心がけてください。

■ プログラムの処理内容を記述（❹の部分）

main()の中には、{ }で囲んでプログラムの処理内容や手順を記述していきます。この例では、printf関数を使って画面へ結果を表示する処理を行っています。

■ 関数の終了（❺の部分）

ここは、関数の処理の終了をあらわす部分です。C言語では、main関数から他の関数を呼び出し、さらにそれが他の関数を呼び出し……というように処理を記述していきます。そのとき、このreturn(X);が出現したら、いま行っている関数の処理を終了し、「X」という結果を持って、呼び出された関数に戻ります。

このList 3-1のように、main()の中でreturn(X);があった場合には、プログラムの処理の終了を意味することになります。この記述をreturn文といいます*。

＊通常はreturnの記述には()はつけません。本書ではわかりやすくなるように()を用いた記述をしています。

> **memo** returnを使うことは上級者への近道！
>
> C言語の入門書では、main関数をvoid main(){…処理内容…}というようにvoid（ヴォイド:「空の」という意味）をつけて記述し、return文を書かない方法をとっているものもあります。しかし、この方法しか知らないと大きなシステムを構築しようとしたときにつまずくことが多くあります（異常終了しないシステムの構築やエラー処理の扱いなどに深く関連するためです）。そのため本書では、return文を書く記述方法をとります。現段階で、本書のような記述をする意味までは理解する必要がありませんが、このほうがハイセンスな記述で、将来につながるものだと思って、記憶にとどめておいてください。
>
> **return文を用いない例**
>
> ```
> #include <stdio.h>
>
> void main()
> ```

```
{
    /* 表示をする */
    printf("はい御主人様 ¥n");
    printf("ご用件を申し付けください ¥n");
}
```

> voidをつけてmain()を記述する場合は、最後のreturn文は記述しない

 More Information

C言語で関数というのはどういうものなの？

　C言語を扱う上で、関数（function）というのは最も大切な要素です。それは、普段使っている言葉でいうならば動詞のようなもの、つまり「何をするのか」を決めるものなのです。

　そんな重要な役割をもつ関数ですが、関数と聞くと、数学が苦手に感じている人は敬遠したい言葉ですね……。でもそんなに難しく考えないで下さい。C言語の関数なんて、魔法の箱だと思えばいいのです。つまり、関数に何かの値を与えると何らかの仕事をしてくれる箱です。C言語にはそんな魔法の箱がたくさんあると思ってください。

　それではいったいC言語で、このような魔法の箱は、どれだけ用意されているのでしょうか？　それは、まさに無限数といえるでしょう。というのも、こういった関数を組み合わせたりして新しい関数を自分で作ることもできるからです。

　さらにもっと根本的なことには、C言語のプログラムには欠くことのできないmain()の記述は、「mainという関数を{ }内の処理を行うように決めます」ということなので、

プログラムを作ること＝新しい関数を作る

といってもよいでしょう。

3.2.2 プログラムを見やすくするために

これまでのことをふまえると、List 3-1 は、次のように記述してもまったく同じ処理の記述とみなされます。一見したとおり、コメントがつけられていなかったり、処理のまとまりを揃えるなどの工夫がされていないと、読みにくいプログラムになってしまいます。

プログラムの記述を、各処理のまとまりで字下げしたり、適当な空白を入れたりすることを**インデント**（indent）といいます。**インデントを行い、見やすく整形することでプログラムは何倍も簡単にマスターできる**ようになります。

▶ **コメントがつけられてなく、処理のまとまりも揃えられていない例**

```
#include <stdio.h>

int main(){
printf("はい御主人様 ¥n);
printf("ご用件を申し付けください ¥n");
return(0);}
```

何の処理をしているのか、どこまでがまとまった処理なのかがわかりにくい

▶ **わかりやすいコメントやインデント**

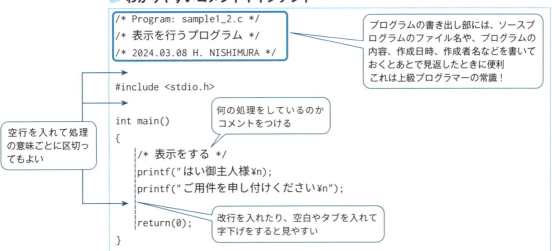

3.2.3 結果を表示する関数 printf() の詳細

ここまでのさまざまなサンプルプログラムで、文字列を画面に表示させるという処理を行ってきました。printf() という関数で、表示を行う処理を実現してきたことは理解できたと思います。

第 3 章　データを入力して、結果を表示してみよう ―入出力処理

この、表示のために利用している、printf() という関数について、この項でもう少し詳しく見ていきましょう。ここまで学んできた printf() の書き方は、次のようにまとめられます。

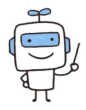

printf() の使い方

```
printf("XXXXX");
```

- "XXXXX" には、画面に表示したい文字列を記述する
- 改行をしたいときには、改行したい場所に「¥n」を記述する
- "XXXXX" の記述において特別な意味を持つものは、%、¥、"、{、}、; があり、これらは C 言語の中で特殊な役割を持っている。これらの文字を表示したいときには、その文字の前に「¥」をつけて記述する。

すっきりまとめられましたね。特殊な役割を持つ記号については、以下の意味があったことをここまでに説明してきました。

- ¥ は改行をあらわす「¥n」などで使われる。
- " は表示する文字列の範囲をあらわす。
- { } は C 言語の処理のまとまりをあらわす。
- ; は処理の終わりをあらわす。

しかし、「%」については、ここまで紹介してきませんでした。どんな意味があるのでしょうか？　これには、もうひとつの printf() の使い方に関係します。次のサンプルプログラムを使って紹介します。

このプログラムでははじめて「計算式」が出てきます。といっても難しくはありません。計算式について、C 言語では以下のような記述規則があることを覚えておいてください。

Point
- C 言語では足し算は +、引き算は -、掛け算は *、割り算は / であらわすことができ、( ) を使って、数学と同じように計算式を書くことができる。

List 3-2 数値を計算して表示する

```
#include <stdio.h>

int main()
{
    /* 2種類の方法で数値の表示をする */
    printf("1+2=3¥n");
    printf("1+2=%d¥n", 1+2);
```

72

3-2 プログラムの詳細

```c
    return(0);
}
```

このプログラムを実行すると、次のような表示が得られます。

実行結果

```
1+2=3
1+2=3
```

プログラムでは2種類の異なる記述をしていますが、どちらも同じ表示結果を得ることができました。ですが、2つ目の方法では、計算処理はコンピュータがやってくれています。このプログラムでは、「1+2」という簡単な計算を行うだけでしたが、もっと複雑な計算を行うこともできます。このような使い方をすると、「コンピュータに処理させて結果を得る」という仕事ができるようになります。

ここで、「%d」という記述は、「カンマ (,) の後ろに記述した値が、文字列中の%dの位置に整数として入ります」ということを意味しています。

次のサンプルプログラムでは、整数値や小数値を含むさまざまな計算をさせ、その結果を得る方法を紹介します。

List 3-3
さまざまな計算とその結果の表示方法

```c
#include <stdio.h>

int main()
{
    /* printfのさまざまな使い方 */
    printf("10/3=%d¥n", 10/3);           ❶
    printf("10/3=%f¥n", 10.0/3.0);       ❷
    printf("10/3=%lf¥n", 10.0/3.0);      ❸

    printf("7+1=%3d¥n", 7+1);            ❹
    printf("7*9=%3d¥n", 7*9);            ❺
    printf("7/3=%.3f¥n", 7.0/3.0);       ❻

    return(0);

}
```

実行結果

```
10/3=3
10/3=3.333333
10/3=3.333333
7+1=   8
7*9=  63
7/3=2.333
```

73

❶、❷、❸はどれも、算数でいう「10÷3」の計算を行い、その結果を求めています。ところがこれらの結果は次のようになりました。

❶ ➡ 3
❷ ➡ 3.333333
❸ ➡ 3.333333

❶の方法では、割り算の結果が整数値で表示されました。これは、カンマ（,）以下の計算式「10/3」で得られた計算結果を、**文字列中の「%d」の位置に整数として画面に表示させる**＊記述方法です。この方法では、小数点以下は切り捨てられて表示されます。

＊正確には、%dは「10進数の整数」として画面に表示することを意味します。dはdecimal（10進数）からきています。

```
printf("10/3=%d¥n", 10/3);     10/3=3
```
10÷3の結果を文字列中の%dの位置に「整数」として表示

❷の方法では、割り算の結果が小数値まで求められています。これは、カンマ（,）以下の実数（小数を含む数）同士の計算式「10.0/3.0」で得られた結果を、**文字列中の「%f」の位置に実数として画面に表示させる**記述方法＊です。C言語では「1，2，3」と記述したときには、整数をあらわします。**実数をあらわすときには、明示的に「1.0，2.0，3.0」と記述しなくてはなりません**。きちんと区別する必要があるのです。さらに、「実数」と「整数」の演算をしたときには、答えは「実数」として求められます。

＊正確には、%fは「浮動小数点数」（小数を含む数のこと）として画面に表示することを意味します。fはfloating point decimal（浮動小数点数）からきています。

```
printf("10/3=%f¥n", 10.0/3.0);    10/3=3.333333
```
10.0÷3.0の結果を文字列中の%fの位置に「実数」として表示

❸の方法では、割り算の結果が小数値まで求められています。カンマ（,）以下の実数（小数を含む数）同士の計算式「10.0/3.0」で得られた結果を、**文字列中の「%lf」の位置に実数として画面に表示させる**記述方法です。❷の方法と変わりないように見えますが、**より精度の高い計算をしたいときには、「%lf」を利用します**。

```
printf("10/3=%lf¥n", 10.0/3.0);    10/3=3.333333
```
10.0÷3.0の結果を文字列中の%lfの位置に「実数」として表示

❹、❺、❻は、計算結果を整形して表示しています。「%3d」として整数を表示しよ

うとすれば、3桁の整数が右揃えとなるように結果が表示されます。また、「%.3f」とすると、小数点以下何桁まで表示するかを指定できます。

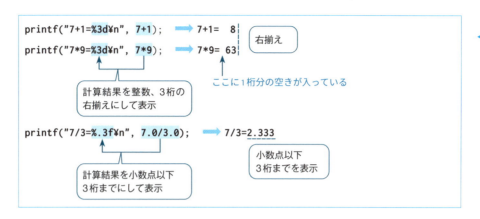

" "で囲んで文字列をそのまま画面に表示するprinf()の使い方を学んできましたが、このように、「%○」という指定によってカンマ以下の記述をさまざまな書式の文字列に変換して表示を行うことができました。この、%dや%fなどのような%ではじまる記述を、**変換仕様**（convertion spesification）といいます。上記で紹介した以外にもさまざまな変換仕様がC言語にはあります。さまざまなプログラミングをしていく過程で、だんだんと覚えていきましょう。

3.3 値を記憶しておく箱を利用して結果を求めて、表示する

ここまでのプログラムでは、計算式を書いてその結果を表示するだけのものでした。このやり方で、次の問題を考えるとどうなるでしょうか？

> **例題1　金額を計算し、釣銭を表示する**
>
> 　ガソリンスタンドなどのレシートには、売上金額と一緒に、10000円、5000円、1000円での釣銭の金額が併記してあるものがあります。
> 　12円の品物を9個、15円の品物を7個買ったとき消費税が10％かかるとする。このときの、10000円、5000円、1000円での釣銭を表示したい。

次のようにアルゴリズムが考えられます。

第 3 章 データを入力して、結果を表示してみよう —入出力処理

> **アルゴリズム** ●●●
>
> 1. 10000-(12*9+15*7)*110/100 の計算結果を表示
> 2. 5000-(12*9+15*7)*110/100 の計算結果を表示
> 3. 1000-(12*9+15*7)*110/100 の計算結果を表示

　確かに、この方法でもプログラムを作成し、正しい結果を得ることはできます。しかし、同じ計算を何度もすることは無駄な処理ですし、いちいち書くのも面倒なことです。

List 3-4
釣銭を表示する
プログラム1
（何度も計算する）

```c
#include <stdio.h>

int main()
{
    /* 10000円での釣銭表示 */
    printf("10000: %d¥n", 10000-(12*9+15*7)*110/100);
    /* 5000円での釣銭表示 */
    printf("5000 : %d¥n", 5000-(12*9+15*7)*110/100);
    /* 1000円での釣銭表示 */
    printf("1000 : %d¥n", 1000-(12*9+15*7)*110/100);

    return(0);
}
```

何度も繰り返される
この部分が無駄な処理

3.3.1　変数という箱を用意する

　何度も同じ値を利用するときや、複雑な計算をするときに、一時的に値を入れておく箱を用意するとどうなるでしょうか？

　前項の例題のアルゴリズムを次のように表現できるようになります。

> **アルゴリズム** ●●●
>
> 1. Aという名前の、小数を入れておく箱を用意する
> 2. Aに、(12*9+15*7)*110/100 の計算結果を入れておく
> 3. 10000－Aの値の計算結果を表示
> 4. 5000－Aの値の計算結果を表示
> 5. 1000－Aの値の計算結果を表示

3-3 値を記憶しておく箱を利用して結果を求めて、表示する

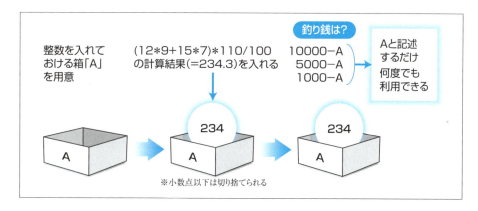

Fig. 3-4
値を入れておく箱を
用意すると……

どうですか？ずいぶんすっきりした手順になりましたし、何度も同じ計算をするような無駄な部分がなくなりました。プログラム言語では必ず、**値を記憶する箱**を用意することができ、この箱のことを**変数**（variable）と呼びます。

C言語で変数はどのように利用するのかを、例題1のサンプルプログラムで解説していきます。

List 3-5
釣銭を表示する
プログラム2
（変数を利用する）

```
#include <stdio.h>

int main()
{
    /* 変数を用意 */
    int     total;          ……❶

    total = (12*9+15*7)*110/100;   ……❷

    /* 10000円での釣銭表示 */
    printf("10000: %d¥n", 10000-total );   ……❸
    /* 5000円での釣銭表示 */
    printf("5000 : %d¥n", 5000-total );
    /* 1000円での釣銭表示 */
    printf("1000 : %d¥n", 1000-total );

    return(0);
}
```

実行結果
```
10000: 9766
5000 : 4766
1000 : 766
```

枠で囲んだ部分の記述に注目してください。

77

第3章 データを入力して、結果を表示してみよう —入出力処理

■ 変数を宣言する（❶の部分）

この部分は、はじめて見る表記ですね。ここは、**変数宣言**と呼ばれる部分で、値を記憶する箱である変数を、「なんという名前で」「どんな値（データ）を記憶できるものとして（変数の種類）」用意するのかを記述する部分です。変数を利用するには、絶対に必要な記述です。

変数宣言の記述方法

　　［変数の種類］［変数の名前］；

このプログラムでは、totalというのが「変数の名前」で、これはプログラムの作成者がわかりやすい名前をつけるものです。「変数の種類」とは、変数に入れたい値は整数なのか小数なのか、どういうデータなのかということを指定するものです。この、変数の種類のことを**型**あるいは**データ型**といいます。

ここでは整数値を扱いたいため`int`という整数型*を指定しています。小数値を含んだ値を扱いたいときは、`float`、`double`といった実数型（浮動小数点型）というものを指定します。

＊ int型ともいいます。intは「integer（整数）」を意味し、インテジャーあるいはイントと読みます。

同じデータ型の変数を複数用意したいときには、それぞれ別の行に記述してもいいのですが、カンマで区切って次のように記述することもできます。

同じデータ型の変数を複数用意するとき

　　［変数の種類］［変数の名前1］,［変数の名前2］,［……］；

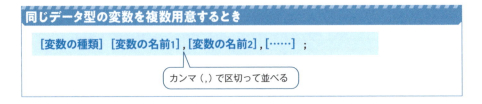

このように変数宣言を行ったあとに、はじめて変数を利用できるようになります。必ず、**変数に値を代入する前に変数宣言をしなくてはなりません**。

Fig. 3-5 変数を宣言するとは

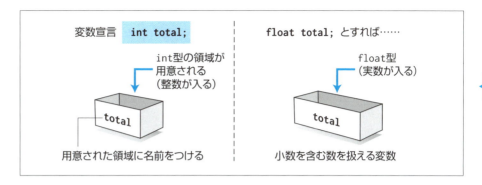

変数に値を代入する（❷の部分）

❷の部分は、❶で宣言した変数に値を入れて記憶させています。「**変数名 = 数値**」と記述することで、変数に値を記憶させることができます*。これを、**変数に値を代入する**といいます。「=」は数学のイコール記号と同じですが、プログラムでは「等しい」という意味ではなく、「代入する」という意味で使うことに注意してください。右辺に記述した内容（値）を左辺の変数に代入するという意味になります。

つまり、a、b という2つの整数を記憶する変数があったときに、

```
a = 1000;
b = 2000 + a;
```

という記述をすると「aには1000」が代入され、「bには2000にaの値を足した値3000」が代入されて、変数に記憶されることになります。

＊整数型の変数に実数（小数を含む数値）を記憶させたときには、小数点以下は切り捨てられます。

Fig. 3-6 値を変数に代入する

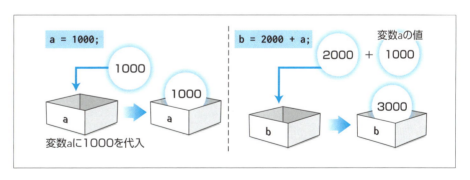

さらに、変数の使い方で非常に重要なことがあります。それは、aという整数を記憶する変数に対し、以下のように値を代入するときです。

```
a = 1000;
a = a + 1000;
```

1行目は、先に説明したようにaに1000を代入するというものですが、2行目の記述はどういうことなのでしょうか？ 1行目で変数aには1000が記憶されました。2行目は、変数aに記憶されている値1000にさらに1000を足して、それを左辺の変数aに代入し直すという記述です。変数に記憶されていた前の値は消えて、新しい値2000が変数に入ります。「**値を記憶している変数にさらに値を足す**」というようなときには、このような記述をします。非常によく使われる記述なのでしっかり覚えておいてください。

Fig. 3-7
値を記憶している変数にさらに値を足す

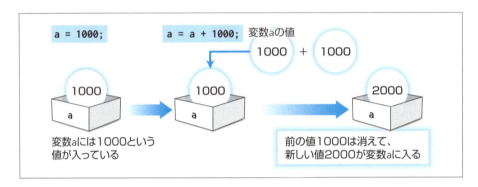

■ 変数を使って計算し、結果を表示する（❸の部分）

❸の部分は、printf()で、カンマ (,) のあとに「10000-変数名」と記述しています。変数totalの中には(12*9+15*7)*110/100で計算された整数値＊が入っています。変数に入っている値で計算処理がされ、%dの位置に結果が表示されます。

＊実際の計算結果は実数（小数を含む数値）になりますが、int型の変数に記憶させたときには、小数点以下は切り捨てられます。

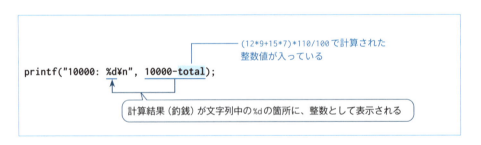

3.3.2　データ型の種類と詳細

前項では、整数値を記憶する整数型（int型）の変数を紹介しましたが、C言語には他にもさまざまな値を記録する型が用意されています。どのような型が用意されているのでしょうか？

まずは、ここまでのサンプルプログラムで扱ってきた整数値や小数を含む値を入れる箱、「整数型」や「実数型」があります。さらに、それぞれについて、どの程度の大

3-3 値を記憶しておく箱を利用して結果を求めて、表示する

きさの値を取り扱うのかによっても異なる型が用意されています。この用例を次の
List 3-6で確認してください。

List 3-6
さまざまな数値を扱う
変数の型

```
#include <stdio.h>

int     main()
{
    /* さまざまな変数の型 */
    int        num;
    long int   l_num;
    float      f_num;
    double     d_num;


    num = -1-2;          /* 整数値 */
    l_num = 8000000;     /* より大きな値の整数値を入れられる */
    f_num = 1.234;       /* 実数値 */
    d_num = 1.23456;     /* より精度の高い実数値を入れられる */

    printf("%d\n", num);      /* int 型の表示には%dを指定 */
    printf("%ld\n", l_num);   /* long int 型の表示には%ldを指定 */
    printf("%f\n", f_num);    /* float 型の表示には%fを指定 */
    printf("%lf\n", d_num);   /* double 型の表示には%lfを指定 */

    return(0);
}
```

int型、long int型、
float型、double型の変数
をそれぞれ宣言する

用意された変数に、その型
で扱える値を代入する

変数の内容を表示す
る。指定する変換仕
様は変数の型によっ
て異なることに注意

実行結果
```
-3
8000000
1.234000
1.234560
```

　上記のList 3-6で利用したさまざまな型の他にも、C言語にはいくつか用意されて
いる型があります。それらについて、printf()での変換仕様の指定とともに次の表
にまとめておきます。

81

第 **3** 章 データを入力して、結果を表示してみよう —入出力処理

表 3-1
変数のさまざまな
データ型と変換仕様

型の名称と読み方	変数の取り得る値	printf()での変換仕様	備考
int （インテジャー、イント）	整数値	%d	最大（小）値はコンパイラによって異なる
long int （ロングイント、ロング）	整数値	%ld	最大（小）値はコンパイラによって異なる
float （フロート）	実数値 （小数を含む数値）	%f	
double （ダブル）	実数値 （小数を含む数値）	%lf	値の精度はfloatの約2倍*
char （キャラ、チャー）	文字	%c	1文字を記憶できる
short int （ショートイント、ショート）	整数値	%d	long intよりも小さい範囲の値を格納できる
unsigned int （アンサインドイント）	0以上の正の整数	%d	最大値は、intの約2倍*
unsigned long int （アンサインドロングイント）	0以上の正の整数	%ld	最大値は、long intの約2倍*

*2倍とは、2進数表現で2倍の桁数を使って数を表現しているという意味です。

さらに、printf()で数値を表示するときには、**桁を揃えて表示することや、整数部何桁＋小数部何桁といった表示する桁の調整**をすることができます。この表現を使えば、何行にも渡って数値を表示するときに右揃えで表示したり、小数点の位置で揃えて実数を表示することができます*。

*4章から先では、この表現方法も利用しています。基本的な使い方を覚えてから、挑戦してみましょう。

▌整数の桁を揃える方法

整数の桁を揃えるときには、何桁を表示するのかをあらかじめ決めておきます。4桁表示するのであれば、次のように記述します。

```
printf("%4d", 999);
```

表示したい桁数を入れる

実際に表示する数値

%とdの間に数値が入っていますね。これが表示する桁数をあらわしています。

このように4桁の表示を指定して、999のように3桁以下の数値を出力した場合には、左に空白が入ります。この方法を使って、%とdの間に、表示する最大の桁数を表記すれば、改行を利用することで右揃えに数値を表示することができます。ただし、**指定の桁以上を表示しようとしたときには、右にあふれて表示されるので注意が必要**です。

82

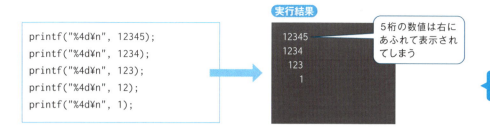

実数の桁の調整

　小数値を含んだ値−実数を表示するときには、整数部何桁＋小数部何桁のような表示をしたいことがよくあります。計算は精密に行うけれど、結果として出す値は小数点以下2桁であれば十分というときなどに指定します。

　たとえば、整数3桁＋小数2桁で表示したいのであれば、全体の桁数を小数点も1字と数え3＋2＋1＝6と考え、次のように記述します。

```
printf("%6.2lf", 32.456);
```
ピリオド（.）より前が全体の桁数、あとが小数の桁数

　表示する数値が指定の桁数に満たない場合には、左に空白が入ります。小数部分が指定の桁以上ある場合には、その下の桁の値は四捨五入して表示します。**指定の桁以上を表示しようとしたときには、右にあふれて表示される**ので注意が必要です。

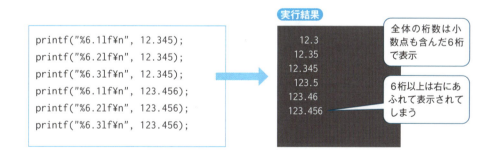

3.4 プログラムを実行しながら、さまざまな結果を得るには？

　ここまでに学んだことを利用すれば、複雑な計算を行って結果を出すプログラムを作ることができます。しかし、たとえばList 3-5の釣銭を表示するプログラムで、金

第 3 章　データを入力して、結果を表示してみよう —入出力処理

額の違う他の品物の釣銭を計算したいときにはどうすればよいでしょうか？ いちいちソースプログラムの数値を書き換えて、コンパイル・リンクを行い、実行するという手順を踏まなくてはなりません。でも、普段使っているプログラムを考えてください。いろいろな処理をするたびに、ソースプログラムを書き換えて、コンパイル・リンクし、実行する……などということはしていません。どのようにしているのでしょうか？

それは、プログラムを実行しているときに、値を入力し、その入力された値を利用するようになっているはずです。釣銭を表示するプログラムの場合、品物の金額と個数をキーボードから入力すると、計算がなされ、その結果（＝釣銭）が画面に表示されるというように……。このように、実際利用しているプログラムのほとんどすべてが、実行中になんらかの値を入力するということを行っています。この、「入力された値に対して処理結果を出す」という処理はどのようにしてC言語のプログラムで実現しているのでしょうか。

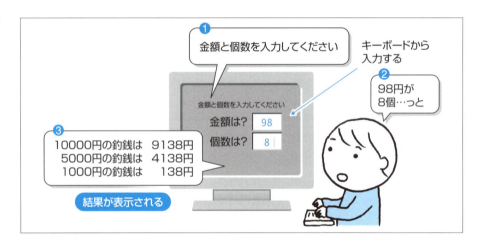

Fig. 3-8
キーボードから入力された値に対して処理が行われる

3.4.1　プログラムを実行中に、値を入力する

プログラム実行中に値を入力できるようにするには、「**変数に値を読み込む**」という処理を行います。まずは、整数値を入力し、入力した値を表示する次のサンプルプログラムを見てみましょう。

List 3-7
整数値の読み込み

```
#include <stdio.h>

int main()
{
    /* 整数値の読み込み */
```

```
        int    num;
        scanf("%d", &num); /* 整数値を変数numに読み込む */
        printf("result[%d]\n", num); /* numの値を表示する */

        return(0);
}
```

このプログラムを実行すると、入力待ち状態になります。そこで、数値を入力し改行をすると、result[123]などというように、入力した数値を表示してくれます。

実行結果

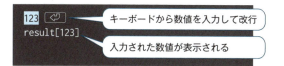

3.4.2　入力を受ける関数 scanf() の詳細

＊scanfは「スキャンエフ」と呼びます。

List 3-7では、関数scanf()＊が登場しました。scanf()の使い方と用例について見ていきましょう。

scanf() の使い方

scanf("%○" , &変数名,……, &変数名);

- %○には printf() で利用した変換仕様 %d や %f などを記述する。
- 変数に値を読み込むときには、変数名の先頭に & をつけて記述する。

この説明では、実際どう使っていいのかわかりにくいですね。実際の用例を使って説明を加えます。

```
int      num1, num2;      int型の変数num1とnum2を用意
float    num3;            float型の変数num3を用意
double   num4;            double型の変数num4を用意

scanf("%d %d", &num1, &num2);     ……❶
scanf("%d:%d", &num1, &num2);     ……❷     入力を受け付けて、それぞれの
                                            変数に読み込む
scanf("%f %lf", &num3, &num4);    ……❸
```

❶の部分は、2つの整数値を読み込むときの記述です。このプログラムを実行し

第 **3** 章　データを入力して、結果を表示してみよう —入出力処理

て、数値を読み込ませるときには、この記述（%dと%dとの間に空きを入れている）にある通り、「[整数値][空き][整数値]」というように記述しなくてはなりません。「123　456」と2つの数値の間に空きを入れて入力すると変数num1には123が、変数num2には456が読み込まれます。

❷も、2つの整数値を読み込むときの記述です。このプログラムを実行して、数値を読み込ませるときには、この記述（%dと%dとの間に：を入れている）にある通り、「[整数値]：[整数値]」というように記述しなくてはなりません。「123:456」と入力すると変数num1には123が、変数num2には456が読み込まれます。

❸は、2つの実数値を読み込むときの記述です。このプログラムを実行して、数値を読み込ませるときには、この記述（実数値を扱う%fと%1fで、間に空きを入れている）にある通り、「[実数値][空き][実数値]」というように記述しなくてはなりません。「0.123　4.0」と入力すると変数num3には0.123が、変数num4には4.0が読み込まれます＊。

＊実数値の入力には、3を与えるときにも、3.0のように小数値を含んで入力しなくてはなりません。

3.5　ここまでの知識でどんなことができるのか？

　この章で学んだことを利用して、どのようなことができるでしょうか？ まだはじめの章なのだから、どうせ大きなことはできないと思っているかもしれませんが、決してそんなことはありません。たとえば、次のようなプログラムを作ることができます。

ここまででできること❶
買い物合計金額計算システム

　買った品の金額を入れると、入力するごとに合計金額、消費税の加算金額、釣銭などを表示するシステム＊。

　ただし、あらかじめ買った数の上限数だけ、処理を記述しておく必要があります。

＊システムとは、「ある目的のために連携している集合体のこと」です。ここでは、作成したプログラムとそれを動かすコンピュータというまとまりを指してシステムと表現しています。

▶ **具体的には…**

　この問題に取りかかるには、まず何個の買い物をするのかを決めておく必要があります。ここでは、5個としましょう。

　プログラムでは、変数を使って金額を求めていきます。品物の単価、合計金額は、整数値でよいことがわかります。途中に消費税の計算があるので、実数を使うのか？ と悩むかもしれませんが、金額（＝整数値）がわかればよいので、税率を「0.1」とする以外はすべて整数で大丈夫です。

86

プログラムは、「商品1の価格の入力」「商品2の価格の入力」……としながら、入力が終了するごとに合計を求めていきます。すべての合計を求めたあと、税率をかけて税金を求め、税込み価格を計算します。

釣銭を表示するには、この後、支払い金額を入力し、そこから税込み価格を引くことで求められます。

順序立てて考え、何をしたあと何をすればよいのかを結びつけていきましょう。

ここまででできること❷
リアルタイム打率計算システム

プロ野球中継などでは、打率はその日の打席の結果まで反映させて、常に新しい結果が表示されています。これと同じことを行うことができます。

今までの打席数、ヒット数をあらかじめ変数daseki、hitに代入しておき、新しい打席でヒットを打てば、1を入力、打てなければ0を入力し、変数inputに読み込みます。この読み込んだ結果を利用して、hit+inputをhitの値に、daseki+1をdasekiの値に更新して、hit/dasekiを計算すれば、リアルタイムに打率計算ができるシステムになります。

ただし、あらかじめ打席数の上限数だけ、処理を記述しておく必要があります。

▶ **具体的には…**

まず、これまでの打席数・ヒット数を整数型の変数に記憶させておきます。ここで、はじめの打率も求めておき、それを実数型の変数に記憶させておきましょう。

次に、今の打席、ヒットを打ったのか打たなかったのかで1または0を入力させ、その値を先のヒット数に加えます。次に、打率を再計算するのですが、このとき打席数を＋1することに注意しましょう。

前の段落の処理を何度も記述すれば、その数だけ打率をリアルタイムに求めるシステムが完成です。

ヒットを打てば… 1
打たなければ… 0
↓
変数inputに入れる

どうですか？ 1番目の例は、すぐに発想できたと思いますが、2番目の例のような実際の場面で使えるプログラムを作ることもできるのです。ここまでの知識だけでも、発想次第でさまざまな問題や状況で利用できるプログラムを作り、システムとして利用することができるのです。

ここで、プログラミングが上達する最も大切なことを紹介します。

第 3 章 データを入力して、結果を表示してみよう —入出力処理

> **Point**
>
> 新しい処理方法や関数などを学んだら、**できるだけ多くの利用場面を考えてください**。そして、考えた利用場面からアルゴリズムを考え、プログラムにしてみてください。こうしてできるだけ**多くの場面を考えることがプログラミング上達には欠かせません**。はじめは、サンプルプログラムを少し書き換えて、結果がどうなるのかを試してみて、そこから応用していくのもよいでしょう。

88

理解度チェック！

次のプログラムが正しく実行されるように、空欄ア～オを埋めてください。

```
#include <stdio.h>
int main( )
{
    int num;        // 整数型変数の宣言
    double dnum;    // 倍精度実数型変数の宣言

    printf("整数を入力:");
    scanf("%d", ア );        // 入力した整数をnumに記憶させる

    printf("実数を入力:");
    scanf(" イ ", &dnum);    // 入力した実数をdnumに記憶させる

    // 入力した2つの値を掛け合わせて、実数で結果を表示
    printf(" ウ と エ を掛けると…%fになります¥n", num, dnum, オ );

    return (0);
}
```

解答：ア &num　イ %lf　ウ %d　エ %f　オ num*dnum

第 3 章 データを入力して、結果を表示してみよう —入出力処理

まとめ

●C言語の基本的な記述規則は、次のようにまとめられる。
- 基本的には、上から下へという処理の順番で書き進める。
- 空白、改行、タブは、関数の間に好きなだけ入れることができる。
- {と}は対応しており、{と}で囲まれた部分は、ひとつの処理のまとまりをあらわす。
- 処理ひとつひとつは、;（セミコロン）によって区切られている。
- 足し算は+、引き算は-、掛け算は*、割り算は/であらわすことができ、( )を使って、数学と同じように計算式を書くことができる。
- プログラムはmain()関数から実行される。

●処理の結果を画面に表示させるprintf()関数の記述方法は次のようにまとめられる。

printf() の使い方

printf("XXXXX", Y1,……, Yn);

- "XXXXX" には、画面に表示したい文字列や Yn として与える値に対応する変換仕様を記述する。
- Yn に対応する変換仕様は、次のようにまとめられる。

整数値	%d
大きな値をもつ整数値	%ld
実数値	%f
より精度の高い実数値	%lf
1文字	%c
文字列	%s

- 改行をしたいときには、改行したい場所に「¥n」を記述する
- "XXXXX" の記述において特別な意味を持つものは、%、¥、"、{、}、;があり、これらはC言語の中で特殊な役割を持っている。これらの文字を表示したいときには、その文字の前に「¥」をつけて記述する。
- 整数の表示桁数を調整するときには、変換仕様 %d の % と d の間に表示したい桁数を記述する。
- 小数部の桁を調整するときには、変換仕様 %f の % と f（または lf）の間に、.**[小数部の表示桁数]** として数値を記述する。

●さまざまな値を記憶できる箱として「変数」というものがあり、変数宣言をすることで利用できるようになる。プログラムで利用するときには、

まとめ

[変数の種類] [変数の名前];

として変数宣言を行う。
変数の型は次のようにまとめられる。

変数の型	変数の取り得る値
int	整数値
long int	整数値
float	実数値
double	実数値

変数の型	変数の取り得る値
char	文字
short int	整数値
unsigned int	0以上の正の整数
unsigned long int	0以上の正の整数

● プログラム実行中に値を入力するのは、変数に値を読み込むという処理で実現することができ、scanf() という関数を利用する。scanf() の記述方法は次のようにまとめられる。

scanf() の使い方

scanf("%○" , &変数名, ……, &変数名);

- %○ には printf() で利用した変換仕様 %d や %f などを記述する。
- 変数に値を読み込むときには、**変数名**の先頭に & をつけて記述する。

注 意

double の実数の扱いに注意しましょう

printf で double の値を扱うときは「%f」を使います。このとき「%lf」を使うと、厳密な記述規則では誤りですが、既存のシステムでは正しい動きをします。

しかし、scanf においては、double の値を扱うときは「%lf」でなければいけません。これを「%f」で記述すると動作はしても異常動作となり、おかしな値が入ったりプログラムが異常終了したりするので注意してください。

練習問題 3

Lesson 3-1 さまざまな表示を行うプログラム

次とまったく同じレイアウトで同じ表示を行うプログラムを作成しなさい。

【表示1】
```
C Program number 1.1
print program sample

That's all.
```

【表示2】
```
私の名前は○○です

どうぞよろしく
```

Lesson 3-2 変数を利用して記述を簡単にする

ある会社の通信料金を、基本料金（10時間まで）2000円で、その後1時間ごとに250円かかるとする。このとき、10時間～20時間までの料金一覧を表示するプログラムを作成しなさい。

なお、プログラムは、変数を使用する場合、しない場合とで2種類作ること。

Lesson 3-3 値を読み込むプログラム

海外でスマートフォン・携帯電話を利用する料金を計算するシステムを作成したい。そこで、通話時間（分単位）、Web通信容量（/KB）を入力したときに、月額使用料金を表示するプログラムを作成しなさい。

なお、料金は次の表で決まっているとする。

基本料金	3780円
通話時間（1分）	20円
Web通信料（/KB）	5円

Lesson 3-4 総合応用問題

海外でスマートフォン・携帯電話を利用する料金に、下表の3つの料金プランがあるとする。このとき、通話時間（分単位）、Web通信容量（/KB）を入力したときに、それぞれの料金プランでいくらになるかを対比できるように表示したい。このようなプログラムを作成しなさい。

	プランA	プランB	プランC
基本料金	2800円	3780円	4500円
通話時間（1分）	23円	20円	15円
Web通信料（/KB）	6円	5円	3円

第1部　C言語プログラミングの基本構造

第4章

プログラムの処理の流れを理解し、使いこなす①
―分岐処理―

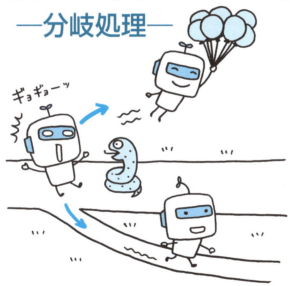

　プログラミングでは、処理の流れを考えることは非常に重要です。この章では、処理の流れをつくる重要な要素である「分岐処理」について学んでいきます。

この章で学ぶこと
- ▶ プログラムの処理の流れの重要要素「分岐処理」とは？
- ▶ ○○のときはこの処理、そうでないときは別の処理をするという分岐処理の大切さ
- ▶ C言語では、どのようにすれば分岐処理を実現できるのか？

第 4 章　プログラムの処理の流れを理解し、使いこなす① —分岐処理

4.1 プログラムの処理の流れの重要要素「分岐処理」とは？

　基本的にプログラムは、記載された内容を、規則に従って順番に処理を進めていきます。しかし、一本の道筋しか作り出せないわけではありません。次のような問題を考えてみます。

> **問題**　**クイズゲーム**
>
> 　次のような選択式の問題を表示して、答えを入力したときに、正解・不正解を表示してくれるプログラムを作成しなさい。
>
> 　選択問題：「①子供の日、②母の日、③父の日」のうち祝日なのは？

　この問題は、今までみてきた問題とどこが違うのでしょうか？ それは、**プログラムの中でなんらかの判断をしている**ということです。ここでは、入力された値が正解であるかどうかを判断し、判断結果にもとづいて「正解」か「不正解」を表示しなくてはなりません。つまり、**条件判断を行い、それによって次に行う処理を決定**しています。このような処理を**分岐処理**といいます。

Fig. 4-1
分岐処理

　このような分岐処理を使ってプログラムの流れを制御するには、**制御文**（control statement）と呼ばれる記述を使います。本章では、分岐処理の大切さと、それぞれの処理の流れがどうなるのかを理解し、C言語での制御文の記述方法を学んでいきましょう。

4.2 条件判断を行って、分岐する処理を行う（if else文とif文）

4.2.1 処理の流れをあらわすと…

　条件判断を行い、それによって次にどの処理をするかを判断する分岐処理は、実用的なプログラムを作成するには欠かせない処理です。

　たとえば「ワープロソフトでデータをファイルに保存するために、メニューから保存のコマンドを選択する」といったときにも、この分岐処理を利用して「**メニューのどれが選択されたのか判断し、それに合わせた処理を行う**」ということを実現しています。

　もっと基本的な例としては、「2つの数字のうち大きいほうを表示する」という単純なプログラムを作るときに、「**2つの数字の大小を判断し、それに合わせて表示を行う**」ということにも不可欠な処理です。

　それでは、3章までの処理とこの章で学ぶ分岐処理がどのように違うのでしょうか？ さまざまな処理が行われていく流れを理解するためには、次のような図でまとめるとすっきり整理できます*。

　この図は、ひとつひとつの処理のまとまりがどんなつながりになっているのかをあらわしています。具体的に、それぞれの処理の流れ図は、次のような意味になります。

＊このような、プログラムの処理の流れを描いた図を、**流れ図**または**フローチャート**（flow chart）といいます。

Fig. 4-2 分岐処理の流れ

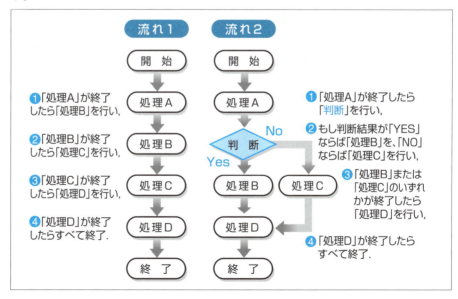

第 4 章　プログラムの処理の流れを理解し、使いこなす①—分岐処理

分岐処理がない「流れ1」では、すべての処理が行われているのに対して、分岐処理がある「流れ2」では、「処理B」と「処理C」のどちらかひとつが選択され、双方が選択されることはありません。

分岐処理がいままでの処理とどのように違うのかイメージできましたか？

それでは「分岐処理って、いったいどんなときに使うの？」かを考えてみましょう。これは実に簡単！

　　問題を言葉で考えたときに、「もし○○だったら……」

という場面で使えばよいのです。いろいろな問題を考えていると、「もし○○だったら……」という言葉は数多く出てきますね。これをC言語でどのように記述するのでしょうか。

4.2.2　もし○○ならば処理1を行い、そうでなければ処理2を行う（if else文）

分岐処理をどのようにC言語で記述するかを、次の問題で考えてみましょう。

例題1　運動不足度診断テスト1

・コンビニに行くときは（1：車で　2：自転車で　3：歩いて）行く
・最近（1：汗をかいた記憶がない　2：たまに汗をかく　3：よく汗をかく）

という2つの質問を行い、それぞれ数字で答えを入力する。
　2つの答えの合計数が、

・4より小さいならば「運動不足です」と表示し、
・4以上ならば「よく運動していますね」と表示する

このような運動不足診断テストプログラムを作りなさい。

まず、例題1をプログラムにするには、どのような処理手順（アルゴリズム）を考えればよいかをまとめてみましょう。

アルゴリズム●●●
1. 1つ目の質問を表示する
2. 答えを入力する。入力された数値は変数ans1に記憶する
3. 2つ目の質問を表示する

4-2 条件判断を行って、分岐する処理を行う (if else文とif文)

4. 答えを入力する。入力された数値は変数ans2に記憶する

5. 変数totalに、ans1とans2に記憶されている数値の合計を代入する

6. **もし、totalが4よりも小さいならば、「運動不足です」と表示、そうでなければ、「よく運動していますね」と表示する**

アルゴリズムの6番が、分岐処理で記述する部分ということになります。それでは、このプログラムはどのようになるのかを次のList 4-1で見てみましょう。

List 4-1
運動不足診断
プログラム1
（分岐処理例題1）

```
#include <stdio.h>

int main()
{
    int     ans1, ans2;──2つの質問の答えを記憶しておく変数をそれぞれ用意
    int     total;────────2つの答えの数値の合計を入れておく変数を用意

    printf("コンビニに行くときは (1: 車で2: 自転車で3: 歩いて) 行く ¥n");
                      └──3択を表示
    scanf("%d", &ans1);──1つ目の質問の答えを入力させ、変数ans1に記憶する

    printf("最近 (1: 汗をかいた記憶がない2: たまに汗をかく3: よく汗をかく ¥n");
    scanf("%d", &ans2);──2つ目の質問の答えを入力させ、変数ans2に記憶する

    total = ans1+ans2;──変数totalにans1とans2に記憶されている数値の合計を代入

    if (total < 4)
    {
        printf("運動不足です¥n");
    }else
    {
        printf("よく運動していますね¥n");
    }

    return(0);
}
```

合計値が記憶されている変数totalの値が4よりも小さいときの処理と、そうでない（4以上）の場合の処理を分岐処理を使って記述

サンプルプログラムのほとんどの部分は3章までに学んだことですが、枠で囲んだifからの部分は、ここで新しく学ぶ分岐処理の記述になります。このサンプルプログラムを実行してみると、枠で囲んだ分岐処理内の表示部が両方選択されることはなく、必ずどちらか一方が選択されているということがわかると思います。

97

第 4 章 プログラムの処理の流れを理解し、使いこなす① —分岐処理

実行例1
```
コンビニに行くときは(1:車で2:自転車で3:歩いて)行く
2
最近(1:汗をかいた記憶がない2:たまに汗をかく3:よく汗をかく
1
運動不足です
```

実行例2
```
コンビニに行くときは(1:車で2:自転車で3:歩いて)行く
3
最近(1:汗をかいた記憶がない2:たまに汗をかく3:よく汗をかく
2
よく運動していますね
```

また、「もし、totalが4より小さいならば」という記述には、数学で使うような大小記号を用いています。これが「totalが4以上」という場合には、「total >= 4」のように記述します。

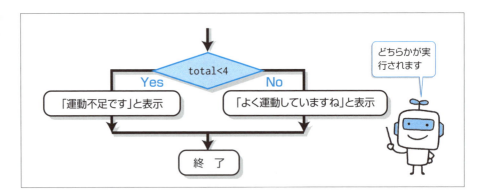

Fig. 4-3 分岐処理の流れ

このように、ifとelseという記述を使って、分岐処理をあらわすことができます。これを **if else（イフ エルス）文** といいます。その名のとおり、「もし〜だったら○○という処理を行い、そうでなかったら△△という処理を行う」ことを指示する **条件文**（conditional statement）です。

4.2.3 もし○○ならば○○の処理を行う（if 文）

他にも分岐処理を記述する方法があります。次の問題でその使い方を見てみましょう。

例題2 運動不足度診断テスト2

・コンビニに行くときは（1：車で　2：自転車で　3：歩いて）行く
・最近（1：汗をかいた記憶がない　2：たまに汗をかく　3：よく汗をかく）

という2つの質問を行い、それぞれ数字で答えを入力する。
　2つの答えの合計数が、

4-2　条件判断を行って、分岐する処理を行う（if else文とif文）

・4より小さいならば「運動不足です」と表示し、

・4以上ならば「よく運動していますね」と表示する

さらに、2つの答えの合計数が2のときだけは「もっと運動しないと体に悪いですよ」と表示する運動不足診断テストプログラムを作りなさい。

この問題では「ある条件のときに表示する項目」をひとつ増やしました。例題1の場合との違いは、例題1では二者択一の処理でしたが、この問題では、「ある条件のときだけ処理が増える」というものです。

この問題のアルゴリズムは、次のようになります。

アルゴリズム ●●●

1. 1つ目の質問を表示する

2. 答えを入力する。入力された数値は変数ans1に記憶する

3. 2つ目の質問を表示する

4. 答えを入力する。入力された数値は変数ans2に記憶する

5. 変数totalにans1とans2の合計を代入する

6. もし、totalが4よりも小さいならば、「運動不足です」と表示、そうでなければ、「よく運動していますね」と表示する

7. **もし、totalが2であれば、「もっと運動しないと体に悪いですよ」と表示する**

これからわかるように、この問題ではアルゴリズムの7番が追加されました。

それでは、このプログラムがどのようになるのかを次のList 4-2で見てみましょう。

List 4-2
運動不足診断
プログラム2
（分岐処理例題2）

```c
#include <stdio.h>

int main()
{
    int     ans1, ans2;
    int     total;

    printf("コンビニに行くときは (1: 車で 2: 自転車で 3: 歩いて) 行く ¥n");
    scanf("%d", &ans1);

    printf("最近 (1: 汗をかいた記憶がない 2: たまに汗をかく 3: よく汗をかく ¥n");
    scanf("%d", &ans2);

    total = ans1+ans2;
```

99

第 **4** 章 プログラムの処理の流れを理解し、使いこなす① —分岐処理

```
    if (total < 4)
    {
        printf("運動不足です¥n");
    }else
    {
        printf("よく運動していますね¥n");
    }

    if (total == 2)
    {
        printf("もっと運動しないと体に悪いですよ¥n");
    }

    return(0);
}
```

　枠で囲んだ部分がList 4-1から追加されたところです。先ほどの記述と違うのは、**「elseの記述がない」**ということです。このように記述すれば、二者択一でなく、「ある条件を満たしたときにだけ特定の処理を行う」というプログラムが実現できます。このような記述を **if文**といいます。if文には、「判断を行うための条件」と、「その条件が成り立ったときに行う処理」を記述します。

```
if (total == 2)           条件
{
    printf("もっと運動しないと体に悪いですよ ¥n");
}
                  条件が成り立ったときに行う処理を記述
```

> *ここの2つのイコール (=) は間に空白を入れてはいけません。
> 　○ ==
> 　× = =

> *この誤りは、プログラミングの入門者が必ずやってしまうといえるほど多いものです。このような誤りがあっても、コンパイラ・リンカではエラーになりませんが、実行してみると意図しない動作をします。よく注意してください。

　また、ここで「totalが2ならば」という条件の記述には、**イコール (=) を2つ並べ**ています*。C言語では、「同じ」ということをあらわすときには、イコール (=) をふたつ並べて記述します。イコール (=) ひとつだけの記述は、変数に値を代入することを意味します。

　もし、条件に「A = B」と書いてしまったときには、AにBが代入できれば常に条件を満たしたと判断されます。if else文の場合、elseの流れに入ることはありません*。

100

Fig. 4-4
分岐処理の流れ

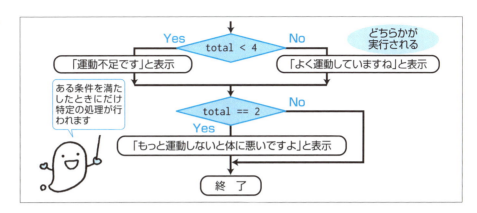

4.2.4 入れ子の分岐処理

　ここまでの例が条件分岐の基本的な記述方法です。これを応用すると、次のような問題もC言語で記述することができます。

例題3　運動不足度診断テスト3

・コンビニに行くときは（1：車で　2：自転車で　3：歩いて）行く
・最近（1：汗をかいた記憶がない　2：たまに汗をかく　3：よく汗をかく）

という2つの質問を行い、それぞれ数字で答えを入力する。
　もし、2番目の質問で1以外と答えた場合には、

・汗をかいたのは、（2：寝汗　3：軽い運動をしたから　4：激しい運動したから）

という追加質問を行う。
　答えの合計値は、
　2番目の質問の答えが1ならば、　　→1番目と2番目の答えの和
　2番目の質問の答えが1以外で、3番目の答えが2ならば、
　　　　　　　　→1番目と2番目の答えの和
　2番目の質問の答えが1以外で、3番目の答えが2以外ならば、
　　　　　　　　→1番目と3番目の答えの和
で求める。
　答えの合計数が、

・4より小さいならば「運動不足です」と表示し、
・4以上ならば「よく運動していますね」と表示する

運動不足診断テストプログラムを作りなさい。

第 4 章　プログラムの処理の流れを理解し、使いこなす①　—分岐処理

　この問題の処理の流れを図でまとめると次のようになります。
　図にしてみると、全体の処理の流れがわかりやすくなったと思います。図からわかるように、ここでは、分岐処理の中で別な分岐処理を行っています。このように、ある処理の中にある処理が入っているという構造を**入れ子**（nesting）といいます。分岐処理が複雑に入れ子になっていると、処理の全体の流れを理解することは難しくなりますが、図にしてまとめてみるとすっきり理解でき、プログラムの誤りも少なくできます。
　このような入れ子の分岐処理も、ここまでに学んだ書き方を応用して記述することができます。そのプログラムを、次に見てみましょう。

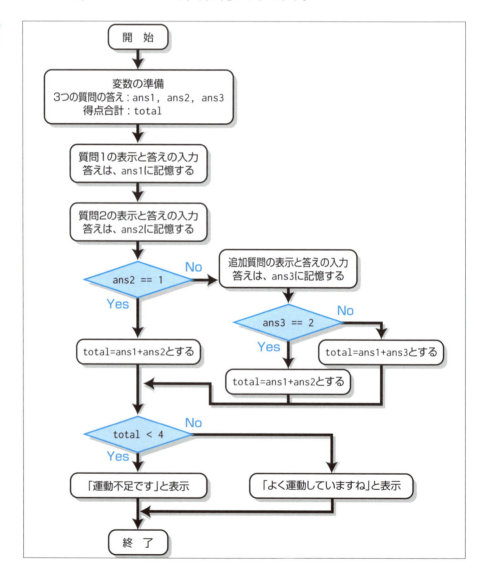

Fig. 4-5
処理の流れ

102

4-2　条件判断を行って、分岐する処理を行う（if else文とif文）

List 4-3
運動不足診断
プログラム3

```c
#include <stdio.h>

int main()
{
    int     ans1, ans2, ans3;
    int     total;

    printf("コンビニに行くときは (1: 車で 2: 自転車で 3: 歩いて) 行く ¥n");
    scanf("%d", &ans1);
    printf("最近 (1: 汗をかいた記憶がない 2: たまに汗をかく 3: よく汗をかく ¥n");
    scanf("%d", &ans2);

    if (ans2 == 1)
    {
        total = ans1+ans2;
    }else
    {
        printf("汗をかいたのは、");
        printf("(2: 寝汗 3: 軽い運動をしたから 4: 激しい運動したから)¥n");
        scanf("%d", &ans3);

        if (ans3 == 2)
        {
            total = ans1+ans2;
        }else
        {
            total = ans1+ans3;
        }
    }
    if (total < 4)
    {
        printf("運動不足です¥n");
    }else
    {
        printf("よく運動していますね¥n");
    }

    return(0);
}
```

2番目の質問の答えが1ならば、1番目と2番目の答えの和を求めて変数 total に入れる

2番目の質問の答えが1でなければ、以下の処理を行う

分岐処理が入れ子になっている*

3番目の質問の答えが2ならば、1番目と2番目の答えの和を求めて変数 total に入れる

＊この例のように、入れ子にするときには、空白を利用して（インデントして）記述すると見やすくなります。

3番目の質問の答えが2でなければ、1番目と3番目の答えの和を求める

このように、if else文の{}で囲まれたブロックの中にまたif else文を記述することで、入れ子構造の記述ができます。どんな複雑な分岐処理でも、C言語でこのようにして記述できるのです*。

＊この方法で記述できない分岐処理はありません。

103

第 **4** 章　プログラムの処理の流れを理解し、使いこなす① ―分岐処理

4.3 複雑な分岐処理を見やすく記述する（switch case）

　前節の方法で、「すべての分岐処理が記述できる」と説明しましたが、複雑な分岐処理をif else文だけで記述したのでは、プログラムが読みにくくなることがあります。そこで、特殊な分岐処理の場合に利用できる記述があります。ただし、すべてのプログラムは、ここで紹介する記述方法を使わなくても記述できます。むしろプログラムに無駄な部分を作らないためには使わないほうが好ましく、**プログラムの読みやすさを求める場合のみに効果がある**ということを覚えておいてください。

　次の問題を例に、その特殊な分岐処理の記述方法を紹介しましょう。

例題4　**多数選択肢がある結果診断プログラム1**

　次のアンケートの質問を表示し、回答を数値で入力する。

・一日の平均睡眠時間は？
　（1：6時間以下　2：6〜8時間　3：8〜10時間　4：10時間以上）
・就寝時間は何時
　（1：22時以前　2：22〜24時　3：24〜26時　4：26時以降）

　このとき、次の表のような得点を与え、得点の合計点を

　　「あなたの健康生活度は○○点です」

という結果で表示するプログラムを作成しなさい。

	回答1	回答2	回答3	回答4
質問1	20	30	60	40
質問2	30	40	20	10

　この問題のプログラムを、前節の方法if else文を利用して作成すると次のようになります。

List 4-4
多数選択肢アンケート1

```
#include <stdio.h>

int main()
{
    int    ans1, ans2;
    int    total;
```

104

4-3 複雑な分岐処理を見やすく記述する（switch case）

```
printf(" 一日の平均睡眠時間は？¥n");
printf("1:6時間以下 2:6〜8時間 3:8〜10時間 4:10時間以上¥n");
scanf("%d", &ans1);
printf(" 就寝時間は何時？¥n");
printf("1:22時以前 2:22〜24時 3:24〜26時 4:26時以降¥n");
scanf("%d", &ans2);
```

```
if (ans1 == 1)
{
    total = 20;
}else
{
    if (ans1 == 2)
    {
        total = 30;
    }else
    {
        if (ans1 == 3)
        {
            total = 60;
        }else
        {
            total = 40;
        }
    }
}
```
............❶

```
if (ans2 == 1)
{
    total = total + 30;
}else
{
    if (ans2 == 2)
    {
        total = total + 40;
    }else
    {
        if (ans2 == 3)
        {
            total = total + 20;
        }else
        {
            total = total + 10;
```
............❷

第 4 章　プログラムの処理の流れを理解し、使いこなす① —分岐処理

```
            }
        }
    }

    printf("あなたの健康生活度は%d点です¥n", total);

    return(0);
}
```

まず、網かけで示した箇所「total = total + 30;」に注意してください。このプログラムでは、はじめてこのような「変数A＝変数A＋定数（変数）」という記述をしています。これは、**変数Aに定数（変数）を加えたものを、変数Aに再び代入する**ということをあらわします。

またこれは、「変数A += 定数（変数）」と記述することもできます。つまり、「total += 30」と記述しても同じ意味になります。

Fig. 4-6
変数に定数を加えて、再び代入する

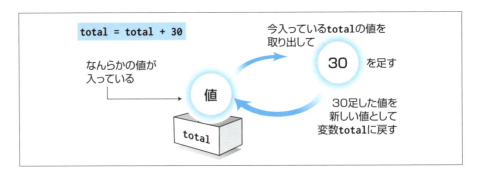

分岐処理の部分を見てみましょう。それぞれの質問に対する得点を判定する処理の記述は❶、❷の部分です。if文の入れ子が多く、ソースプログラムを見てもどんな処理をしているのかわかりにくいですね。

このような場合に、もっと見やすく記述することができます。たとえば、List 4-4 の❶の部分は次のように書いても同じ結果を得ることができます。

```
switch (ans1)
{
    case 1: total = 20;
            break;
    case 2: total = 30;
            break;
    case 3: total = 60;
            break;
```

❶ 変数ans1の値が1ならば、変数totalに20を代入する

```
        case 4: total = 40;
                break;
}
```

どうですか？このように記述すると、プログラムがすっきりしましたね。
この記述では、

「switch(X)として、変数Xの値について比較することを記述します。続けて、
　case 値1: function 1;
　　　　　　　⋮
　　　　　function n;
　　　　　break;

と記述し、もし変数Xの値がcaseのあとに記述されている値1に等しいならば
function 1からfunction nまでの処理をして、breakが登場したらこの分岐処理を
終了する。」

ということをあらわしています。このような分岐処理を記述する制御文をswitch（ス
イッチ）文といいます。上記の書き換えたソースプログラムの場合は、switchの（ ）
の中で比較される変数ans1の値が「1」に等しい（つまり変数ans1に1が入っているな
ら）場合は、「変数totalに20を代入する」という処理を行います。

ここで、ひとつ注意が必要なことは、プログラムが実行されるときに、❶の部分で
条件を満たし処理を進めたあと、break;があったら、❷の部分はまったく実行され
ないということです。

Fig. 4-7
switch case

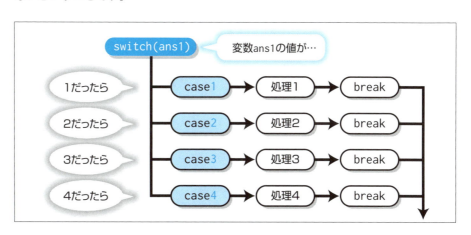

それでは、もうひとつ、switch caseの例題を見てみましょう。

第 **4** 章 プログラムの処理の流れを理解し、使いこなす① —分岐処理

例題5 多数選択肢があるアンケート結果診断プログラム2

一日の睡眠時間を○時間と整数で入力すると、

・8、9時間なら「健康的ですね」

・10時間なら「ゆったり眠れていますね」

・それ以外なら「規則正しい生活をしましょう」

と表示するプログラムを作成しなさい。

この例題では、入力した値（X）に対して

- $X = 8$ と $X = 9$
- $X = 10$
- それ以外

と3種類の分岐処理をする必要があります。このような場合には、どのように記述すればよいのでしょうか？ もちろん、if else 文を使っても記述できますが、ここではプログラムを見やすく記述するため、switch case を使っています。

List 4-5
多数選択肢アンケート2

```c
#include <stdio.h>

int main()
{
    int     ans;

    printf("一日の睡眠時間を整数値で入力してください¥n");
    scanf("%d", &ans);

    switch (ans)
    {
        case 8:
        case 9:     printf("健康的ですね¥n");
                    break;
        case 10:    printf("ゆったり眠れていますね¥n");
                    break;
        default:    printf("規則正しい生活をしましょう¥n");
    }
    return(0);
}
```

108

4-3 複雑な分岐処理を見やすく記述する（switch case）

このプログラムで、前の例題4と異なる点は、breakがないcaseの記述があることと、default（デフォルト）という記述があることです。それぞれ次の意味をあらわします。

■ breakのないcase

breakがないということは、その前のcaseの分岐した処理がまだ続いていると判断されます。そのため、次のcaseの例では、

　　XがX1のときは、処理1、処理2を行う
　　XがX2のときは、処理2だけを行う
　　XがX3のときは、処理3だけを行う

という意味になります。

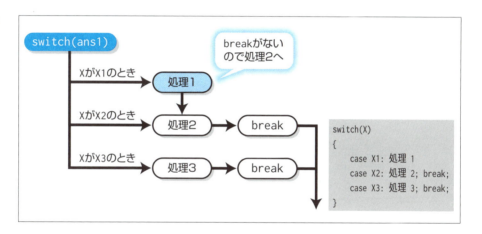

Fig. 4-8
breakのないcaseの
処理の流れは

■ switch文の中のdefault

先にも説明したように、それぞれのcaseの条件に一致した場合、break以降の処理は実行されません。caseで分岐しているあとのdefault:という記述は、それぞれのcaseの条件に当てはまらなかった場合にはここに記述された処理を行うことを意味しています。

```
switch (ans)         ← 変数ansの値について調べる
  {
     case 8:
     case 9:         printf("健康的ですね ¥n");    ← 変数ansの値が8か9の
                     break;                              場合の処理
     case 10:        printf("ゆったり眠れていますね ¥n");  ← 変数ansの値が10
                     break;                                 の場合の処理
```

```
            default:    printf("規則正しい生活をしましょう￥n");
    }
```

> 変数ansの8、9、10以外の場合の処理

4.4 分岐処理の詳細

ここまでに紹介した分岐処理の記述方法の詳細を解説していきます。
まずは、すべての分岐処理の記述が可能な if else 文の使い方からです。

if else 文の使い方

```
if (条件)
{
    [処理1] 条件が真（成り立っている）ときの処理
}else
{
    [処理2] 条件が偽（成り立っていない）ときの処理
}
```

- 条件が成り立っているときは[処理1]に分岐し、成り立っていないときには[処理2]に分岐する。
- 条件には、大小（>、<、>=、<=）や、同じ（==）、異なる（!=）などの比較演算を記述できる。
- さらに、比較演算には、論理演算子を2つ以上組み合わせて用いて「すべての条件を満たす場合」、「どれがひとつの条件を満たす場合」などを記述することもできる。
- [処理1]、[処理2]の内容が1つの演算式、または、ひとまとまりの文だけの場合には、{ }を省略することもできる。
- [処理2]に記述するものがないときには、else 以下を省略することができる。

論理演算子について

ここで、はじめて出てきた**論理演算子**（logical operator）について解説します。

「演算子（operator）」という言葉は、プログラム言語で使われる用語で、さまざまな計算を行う場合の記号を意味します。たとえば、「代入演算子」とは値の代入に利用する記号のこと。C言語ではイコール記号「=」を指します。また「比較演算子」とは、値の大小や、等しいか等しくないかを比較する記号です。C言語では「>（より大きい）」「<（より小さい）」「>=（〜以上）」「<=（〜以下）」、「==（等しい）」「!=（等しくない）」を指します。

そこで論理演算子はというと、論理演算をするための記号ということになるのですが、「論理演算」という言葉をはじめて目にする人も多いと思います。論理演算とは、「正しい：True」「誤っている：False」という2つに判断できる事柄（事象）を2つ以上組み合わせて、ひとつの結果を求めるときに用いる演算のことです。このように解説しても、理解しにくいと思いますので、次の例で説明しましょう。

> 例題　数当てゲーム
>
> 　0〜100までの整数の中からあらかじめ正解（X）を決めておき、数値Yを入力させる。入力された数値と正解との差（X、Yの絶対値）が
>
> ・10以上ならば、「違う」
> ・10以内ならば、「惜しい」
> ・0（正解）ならば、「正解」
>
> と表示するようなプログラムを作りたい。

このときの分岐処理の条件を考えます。2つの数値の差が10以内で「惜しい」と表示するためには、「以下の3つの事象のすべてを満たしたとき」という条件が必要です。それぞれの事象は、正しいか（真）、誤っているか（偽）に判断できます。

> 事象1：YはXから10を引いた数より大きい（Y >= X-10）
> 事象2：YはXに10足した数より小さい（Y <= X+10）
> 事象3：YはXではない（Y != X）

このような条件を組み合わせることを、**論理演算**（logical operations）といいます。論理演算子は、論理演算で条件の組み合わせ方をあらわす演算子です。

では、C言語では、どのような論理演算子があるのかというと、

「AかつB」（AとBのどちらも条件を満たす）をあらわす **AND演算子**（&&）
「AまたはB」（AとBのどちらかが条件を満たす）をあらわす **OR演算子**（||）

という2つ以上の事象の関係をあらわす論理演算子があります＊。これだけで、すべての論理演算を記述できます。

＊他には「AでもBでもない」をあらわすNOT演算子（!）もありますが、ここでは扱いません。

たとえば、前の例で挙げた3つの事象すべてを満たすときという条件は、

((Y >= X-10) && (Y <= X+10) && (Y != X))

と記述できます。また、「運動会は、晴れまたは曇りで、かつグランドが乾いていたら行う」という「(AまたはB) かつC」という条件も、

((晴れ || 曇り) && グランドが乾いている)

というように記述できます。この例のようにかっこ「( )」を使えば、数学での( )の使い方と同じで、その中の演算を先に行うことを意味します。

> **Fig. 4-9**
> 論理演算の例

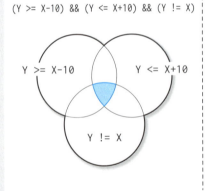
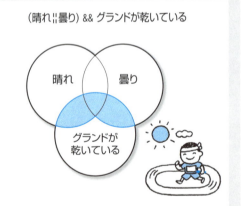

次に、switch文の使い方の詳細について解説します。

> **switch文の使い方**
>
> ```
> switch (判定する変数X)
> {
>     case X1: [処理1];
>             break;
>     case X2: [処理2];
>     case X3: [処理3];
>             break;
>                ︙
>     default: [処理4];
> }
> ```
>
> - 判定する変数 X の値が X1 ならば［処理1］から順に処理を行い、break まで処理をしたら、switch 文の分岐処理を抜け出す。同様に X の値が X2 ならば［処理2］から順に処理を行う。
> - 定めた Xn に当てはまるものがないときは、そのまま switch 文の分岐処理を抜け出す。もし default の記述がある場合は、［処理4］を行い、分岐処理を抜け出す。

4.5 どんなときにどの分岐処理を使えばよいのか？

この章では、分岐処理の記述方法として、if文やif else文を使う場合と、switch文を使う場合の2通りの方法を解説してきました。先にも説明したように、すべての分岐処理はif文で記述することが可能ですが、switch文ではすべての分岐処理を記述することはできません。

それでは、具体的にはどんなときにswitch文を使えるのでしょうか。switch文の記述では、条件の判定は、「X == Y」か「X != Y」かという、ある変数が、特定の値であるかそうでないかの形に限られています。そのため、「X > Y」というような値の大小の条件を記述することはできません。これから実際のプログラムを組み立てる段階で、switch文を利用できるかどうか判断するには、次の図で示した考え方を参考にするとよいでしょう。

第 4 章　プログラムの処理の流れを理解し、使いこなす① —分岐処理

Fig. 4-10
if文を使うとき・
switch文を使うとき

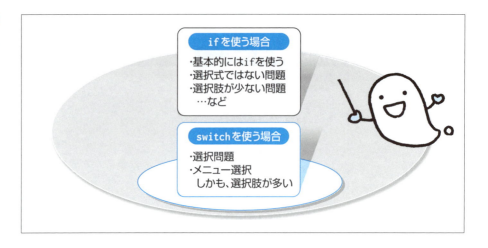

具体的な問題で分岐処理の使い分けを考えてみましょう。

問題A　クイズ形式のプログラム1

次の中で、淡水魚は何番ですか？

　　1：鯛　2：鯖　3：鯉　4：鮪　5：蛸　6：鰹

答えを入力すると、3のときは「正解」、それ以外は「不正解」と表示する。

問題B　クイズ形式のプログラム2

次の中で、いくつ読み方がわかりますか？

　　1：鯛　2：鯖　3：鯉　4：鮪　5：蛸　6：鰹

答えの入力が6なら「博識です」と表示、4か5なら「知識人です」と表示、2か3なら「平均知識です」と表示、0か1なら「市場で修行しましょう」と表示する。

この2つの問題の分岐処理は、どちらも見た目の選択肢の数は6つあります。選択肢の多い問題ですね。ですが、片方は、**switch文で記述するべきではない問題**です。それはA、Bどちらでしょうか？

答えは、Aのほうがif文で記述するべき問題です。なぜなら、Aのプログラムを作るときは、「入力された答えが、3であるか、そうでないか」という2通りの分岐処理

4-5 どんなときにどの分岐処理を使えばよいのか？

だからです。Bのほうは、入力された数値が数種類あり、その数だけその後の分岐処理もあります。このように、見た目には多くの選択肢がある問題でも、条件の数を考えてみるとswitch文を使うべきかどうかが判断できると思います。

　今の段階では、難しいと感じるかもしれませんが、数多くのプログラムを作っていくことで、どのようにすれば無駄がない分岐処理になり効率がよくなるのかが次第に判断できるようになります。それには、はじめから完璧なプログラムを目指すのではなく、一度作り終えたプログラム全体を、**無駄な処理の流れがないかという視点で見直す**ことが大切です*。特に分岐処理の場合には、処理の流れがちゃんと正しい道筋になっているか、

条件すべての道筋を順番にたどってみる

というテストを必ず行ってください。手間をかけるようですが、正しいプログラムを作る近道になることが多いはずです。

* できるかぎり、条件判断の回数が少なくなるように考えると「間違いが少なくなる」だけでなく「速いプログラム」にすることができます。プログラムは速いほど便利ですね。

第 4 章　プログラムの処理の流れを理解し、使いこなす① ―分岐処理

理解度チェック！

Q1～Q6で示した if 文の条件は、どのように記述しますか？ また Q7 の空欄に入る字句を入れてください。

Q1　「もし、整数型変数 num の値が 0 より大きいならば……」という if 文の条件

```
if (          )
{
    ⋮
}
```

Q2　「もし、整数型変数 num の値が 0 以上ならば……」という if 文の条件

```
if (          )
{
    ⋮
}
```

Q3　「もし、整数型変数 num の値が 0 と等しいならば……」という if 文の条件

```
if (          )
{
    ⋮
}
```

Q4　「もし、整数型変数 num の値が 0 以外ならば…」という if 文の条件

```
if (          )
{
    ⋮
}
```

Q5　「もし、整数型変数 num の値が偶数ならば…」という if 文の条件

```
if (          )
{
    ⋮
}
```

Q6　「もし、整数型変数 num の値が偶数かつ 0 以上ならば…」という if 文の条件

```
if (                    )
{
    ⋮
}
```

Q7　switch case は整数の選択肢のどれかの値と一致するならば……という条件が複数あるときにまとめて記載できる記述方法です。case の値によって処理が分岐し、　　　　　　の記述が出てくるまで、順番に記述内容を処理していきます。

解答：**Q1**　num > 0　　**Q2**　num >= 0　　**Q3**　num == 0　　**Q4**　num != 0
　　　Q5　num%2 == 0　　※ a%b は a を b で割った余り。2 で割った余りが 0 なら偶数。
　　　Q6　(num%2 == 0) && (num >= 0)　　※ 2 つの条件を AND の論理演算子で結合するときは &&、2 つの条件を OR の論理演算子で結合するときは || を使います。
　　　Q7　break

まとめ

まとめ

● C言語の基本的な処理の流れのひとつに、分岐処理がある。

● 分岐処理の記述方法には、if else文を使った記述、switchを使った記述がある。
- if else文を使えば、すべての分岐処理の記述が可能である。
- switch文は、選択問題やメニュー選択で選択肢が多い場合に、ソースプログラムを見やすくまとめるために利用するとよい。

● if else文の記述方法は、次のようにまとめられる。

if else 文の使い方

```
if (条件)
{
    [処理1]条件が真(成り立っている)ときの処理
}else
{
    [処理2]条件が偽(成り立っていない)ときの処理
}
```

● 条件が成り立っているときは［処理1］に分岐し、成り立っていないときには［処理2］に分岐する。

● 条件には、大小（>、<、>=、<=）や、同じ（==）、異なる（!=）などの比較演算を記述できる。

● さらに、比較演算には、論理演算子を2つ以上組み合わせて用いて「すべての条件を満たす場合」、「どれがひとつの条件を満たす場合」などを記述することもできる。

● ［処理1］、［処理2］の内容が1つの演算式、または、ひとまとまりの文だけの場合には、{ } を省略することもできる。

● ［処理2］に記述するものがないときには、else以下を省略することができる。

● switch文の記述方法は次のようにまとめられる。

switch 文の使い方

```
switch (判定する変数X)
{
    case X1:[処理1];
            break;
```

117

```
    case X2:[処理2];
    case X3:[処理3];
            break;
              ⋮
    default:[処理4];
}
```

- 判定する変数 X の値が X1 ならば［処理1］から順に処理を行い、break まで処理をしたら、switch 文の分岐処理を抜け出す。同様に X の値が X2 ならば［処理2］から順に処理を行う。

- 定めた Xn に当てはまるものがないときは、そのまま switch 文の分岐処理を抜け出す。もし default の記述がある場合は、［処理4］を行い、分岐処理を抜け出す。

練習問題 4

Lesson 4-1 **分岐を利用したクイズのプログラム**

好きなクイズの問題を1問表示し、答えを3択（1：○○　2：△△　3：□□）で表示する。答えを1～3で入力し、正解ならば「正解です」、間違っていたら「誤りです」と表示するプログラムを作成しなさい。

Lesson 4-2 **多数の分岐を利用した誕生石表示プログラム**

誕生月を入力するとその月の誕生石を表示してくれるプログラムを、if文を使った場合とswitch文を使った場合とで2種類作成しなさい。

	1月	2月	3月	4月	5月	6月
誕生石	ガーネット	アメジスト	アクアマリン	ダイヤモンド	エメラルド	ムーンストーン

	7月	8月	9月	10月	11月	12月
誕生石	ルビー	ペリドット	サファイア	トルマリン	トパーズ	ターコイズ

Lesson 4-3 **奇数・偶数判定プログラム**

メッセージで数字入力を促し、整数を入力させる。
入力された数値が、0より小さい場合は「入力不正」と表示する。
それ以外のときで、

　偶数ならば「偶数」
　奇数ならば「奇数」

と表示するプログラムを作成しなさい。

無駄をなくして効率のよいプログラムを作るには？①

よいプログラム、悪いプログラムといわれることがよくあります。プログラムのよい・悪いというのは、どんな基準で判断されているのでしょうか？

それには、主に次の3つの要素があげられます。

> 1. プログラムが見やすく書かれているか
> 2. プログラムの処理の流れ（アルゴリズム）に無駄がないか
> 3. 変数の利用などに無駄がないか

この3つはそれぞれ独立に考えられるものではなく、見やすくしたがために処理に無駄が出てしまった場合や、変数を無駄なく利用したがために見づらくなってしまった場合などもあり、人によって基準も曖昧なところがあります。

ですが、プログラムを作るときには常に、「どうすれば無駄な変数や処理をなくすことができるかを考える」ことは大切です。それは、コンピュータは仕事を速く処理できる機械なのですから、無駄をなくして速さが向上するのは好ましいことだからです。

初心者がプログラムを記述するときにおかしがちな無駄な処理の記述や、無駄な変数の利用とはどういうものでしょうか。また、それをどのように改良すれば無駄をなくすことができるのでしょうか。以下の例で見ていきましょう。

処理の流れの無駄とは

> **例1 無駄な処理の記述**
> 整数値（num）を入力したとき、0以上3以下のときは「A」を、10以上20以下のときは「B」を、100以上のときは「C」と表示するプログラムを作成しなさい。

このときの分岐処理は、次のように考えたのではないでしょうか？

```
if ( (0 <= num) && (num <= 3) )
{
    printf("A¥n");
}
```
❶

第 4 章　プログラムの処理の流れを理解し、使いこなす① —分岐処理

```
if ( (10 <= num) && (num <= 20) )
{
    printf("B¥n");
}
```
……❷

```
if (100 <= num)
{
    printf("C¥n");
}
```
……❸

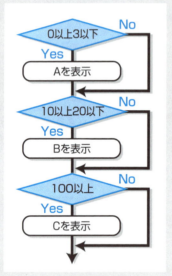

　このような記述でも、確かにプログラムは正しく実行されます。しかし、❶❷❸の関係を注意して見てください。

　条件で❶に該当した場合には、絶対に❷❸に該当することはありません。同様のことが❶❷❸の組み合わせすべてにいえます。ですが、この記述方法では、❶で該当した場合でも、❷❸に該当しないかどうかまで調べるという無駄な処理をしているのです。

　こんなときには、次のように記述したほうが、余計な比較をする必要がなく処理の無駄を省くことができるとわかると思います。

```
if ( (0 <= num) && (num <= 3) )
{
    printf("A¥n");
}else
{
    if ( (10 <= num) && (num <= 20) )
    {
        printf("B¥n");
    }else
    {
        if (100 <= num)
        {
            printf("C¥n");
```

120

```
        }
    }
}
```

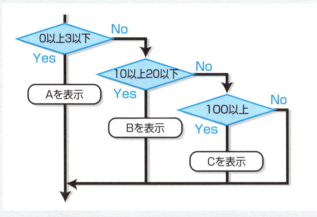

どうですか？

・❷❸の条件に該当するときは、❶ではないときである。
・❸の条件に該当するときは、❶ではなく、❷でもないときである。

という考えのもとにプログラムを作ると上記のようにできるのです。

このように、処理の無駄をなくすためには、「**問題をそのままプログラムにするのではなく、いったん全体の処理の流れをすっきり整理してプログラムを考える**」ということが大切です。特に、複雑な分岐処理を利用するときには、図でまとめるのもよいでしょう。

変数の利用の無駄を減らすことについては、次章の末尾でお話します。

第1部　C言語プログラミングの基本構造

第5章

プログラムの処理の流れを理解し、使いこなす②
―繰り返し処理―

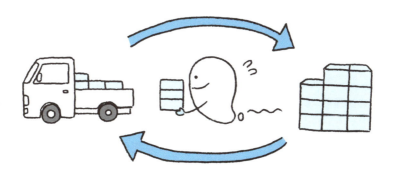

この章では、処理の流れをつくる分岐処理以外のもう一つの大切な要素である繰り返し処理についてC言語プログラミングに必須の技法を学んでいきます。

この章で学ぶこと
- ▶ プログラムの処理の流れの重要要素「繰り返し処理」とは？
- ▶ 人では困難なことを可能にする、繰り返し処理の大切さ
- ▶ C言語では、どのようにすれば繰り返し処理を実現できるのか

第 5 章 プログラムの処理の流れを理解し、使いこなす② ―繰り返し処理

5.1 プログラムの処理の流れの重要要素「繰り返し処理」とは？

　コンピュータが人間より優れているのはどんなことでしょうか？ 近年の優れたAI技術によって何でもコンピュータが優れているような印象を持っているかもしれません。しかし、コンピュータが優れているのは「**速さと正確さ**」だといえます。

　それが最も活きるのは、「**記録された10万件の販売金額データを読み込み、売上合計を集計する**」といった作業を行うときです。人間が暗算をするのでは時間もかかり、ミスも生まれやすい作業です。ですが、コンピュータのプログラムにとってはこれは非常に得意な作業です。

　すなわち、**同じことを何度も何度も行う**ということは、人間にとっては苦手なことでも、コンピュータにとってはとても得意なことで、これこそコンピュータを活用したい場面なのです。そのため、プログラミングするときにも、**繰り返し処理を活かして処理の流れを組み立てる**ことが多くあります。

> **問題**　簡単足し算電卓
>
> 　数値を入力していき、それらを合計した値を表示するプログラムを作成なさい。ただし、数値は何回入力してもよく、0を入力したときに入力は終了とする。

　この問題は、今まで見てきたものとどこが違うのでしょうか？ それは、**ある特定の処理を、何度も繰り返す**ということです。ここでは、入力された値が0になるまでという「不特定回数の繰り返し」をしなくてはなりません。このような、**決められた処理を何度も繰り返す**ことを、**繰り返し** (iteration) **処理**といいます。

Fig. 5-1
繰り返し処理

124

5-2　同じ処理を繰り返す①（for文）

　このような繰り返し処理を使ってプログラムの流れを制御するときも、**制御文**（control statement）と呼ばれる記述を使います。前章の分岐処理と本章の繰り返し処理を使えば、どんなプログラムでも作ることが可能といえるくらい、どちらも大切な処理といえます。完全な理解をして、使いこなせる力を養いましょう。

5.2　同じ処理を繰り返す①（for文）

5.2.1　同じ処理を繰り返したい場合とは？

　同じ処理を何度も繰り返す「**繰り返し処理**」は、コンピュータの意味のある利用には欠かせない処理です。いままでのところで扱ってきたプログラムを思い出してください。確かにさまざまなことをコンピュータにさせることができましたが、それらのことは、**コンピュータを使わなくてもできること**だったと気づくと思います。ですが、この章で扱う繰り返し処理を使えば、人間がやったらとてつもなく時間がかかるような大量の作業を、プログラムを使ってコンピュータに処理させることができるようになります。「繰り返し処理」というプログラミングにおいて重要な考え方を理解するため、まずは次の例題1を考えてみます。

例題1　inch／cmの大きさ対応表の作成1

　服を買うときに、サイズ表示がinchで書かれていて、いったいそれは何cmなの？ と思うことがありますね。そんなときのために、1 inchから5 inchまで、1インチ刻みのcm対応表を作成するプログラムを作成しなさい（1 inchは、2.54cmです）。ただし、罫線を厳密に引く必要はありません。

1 inch	2.54 cm
⋮	⋮
5 inch	12.7 cm

　この問題は今までに学んだC言語の知識で記述することができます。次に、そのサンプルプログラムを見てみましょう。

List 5-1
inch／cm対応表1

```
#include <stdio.h>

int main()
```

第5章 プログラムの処理の流れを理解し、使いこなす② ―繰り返し処理

```
{
    double   inch, cm;  ──── 小数値を扱うので、double型の変数を宣言

    inch = 2.54;  ──────── 変数inchにinchの値2.54を代入

    cm = 1*inch;
    printf(" 1 inch ¦ %.2lf\n", cm);
    cm = 2*inch;
    printf(" 2 inch ¦ %.2lf\n", cm);
    cm = 3*inch;.
    printf(" 3 inch ¦ %.2lf\n", cm);
    cm = 4*inch;
    printf(" 4 inch ¦ %.2lf\n", cm);
    cm = 5*inch;
    printf(" 5 inch ¦ %.2lf\n", cm);

    return(0);
}
```

cmへの換算は、1～5(inch)×2.54で求められる
計算結果を小数点以下2桁まで表示する

実行結果
```
1 inch ¦ 2.54
2 inch ¦ 5.08
3 inch ¦ 7.62
4 inch ¦ 10.16
5 inch ¦ 12.70
```

　この問題では、枠囲みの部分で示したように、5回の計算、5回の表示を行っています。プログラムも簡単に作れます。でも、これであれば、電卓を使ったほうがもっと早く表を作ることができますね。プログラムを作り、コンピュータで処理する意味はありません。

　ですが、もしこの表を1 inchから100 inchまで求めたいとするとどうですか？ 電卓を使って計算していくのも大変な作業ですし、プログラムでいちいち100 inchまでの計算を書いていくのも大変な作業になってしまいます。…八方塞がり…ですね。

　そこで、こんなときのために「次の処理を (n回) 繰り返しなさい」という繰り返し処理の記述が用意されています。いままでのプログラミング方法では、ひとつの処理をするためにそれぞれ1行のプログラムを書いて、手作業で10分で処理できる問題に何十分もかけてプログラムを作らなくてはならないというなんとも効率の悪いことをしていました。しかし、繰り返し処理の記述方法を使えば、手作業でやっていたら何時間もかかる処理を、プログラムを作るだけで数分でできるようになります。

　このようにプログラムで現実の仕事を効率よく行うために欠かせない繰り返し処理は、どのようにしてC言語で実現すればよいのでしょうか。

　繰り返し処理では、プログラムがどのように処理されていくのかという処理の流れが把握しにくいかもしれませんが、正しく概念をつかめばさまざまな応用ができるものです。柔軟なアルゴリズムの考え方が必要になりますので、注意深く問題を見ていってください。

5-2 同じ処理を繰り返す① (for文)

5.2.2 決まった回数繰り返す（for文）

　まずは、最も基本的な繰り返し処理を、前項の問題を100回行う処理にした次の例題2で考えてみましょう。

例題2　inch／cmの大きさ対応表の作成2

　前項の例題1を改良して、今度は1 inchから100 inchまで1インチ刻みのcm対応表を作成するプログラムを作成しなさい（1 inchは、2.54cmです）。ただし、罫線を厳密に引く必要はありません。

1 inch	2.54 cm
⋮	⋮
100 inch	254 cm

　例題1では、5 inchまでの対応表でした。100 inchまで対応させるのにList5-1と同じように記述するのは、面倒であるばかりかとても無駄です。この問題のプログラムは次のように書くことができます。

List 5-2
inch／cm対応表2
（繰り返し処理を使った
inch・cm対応表の作成）

```
#include <stdio.h>

int main()
{
    double  inch, cm;
    int     loop;          ← 100まで数えるための変数loopを導入する
    inch = 2.54;

    for (loop = 1; loop <= 100; loop++)
    {
        cm = loop*inch;
        printf("%3d inch ¦ %.2lf\n", loop, cm);
    }

    return(0);
}
```

変数loopの値を1から順に1ずつ足して100まで変化させながら処理を行う

実行結果

```
  1 inch ¦ 2.54
  2 inch ¦ 5.08
  3 inch ¦ 7.62
  4 inch ¦ 10.16
  5 inch ¦ 12.70
         ⋮
 98 inch ¦ 248.92
 99 inch ¦ 251.46
100 inch ¦ 254.00
```

127

どうですか？1inchから100 inchまでを計算させるのに、例題1の5 inchまでの場合よりも少ない記述で処理が実現できました。枠で囲んだ部分が、繰り返し処理の記述です。この記述の中には、計算1回、表示1回という記述しかありませんが、実行してみるとちゃんと100回の処理を行って表示してくれています。この繰り返しの記述と、繰り返しではない記述とを対比させて見てみましょう。

▶ 繰り返し処理の記述1

```
for (loop = 1; loop <= 100; loop++)
{
    cm = loop*inch;
    printf("%3d inch ｜ %.2lf¥n", loop, cm);
}
```

▶ 繰り返しではない処理の記述

```
cm = 1*inch;
printf(" 1 inch ｜ %.2lf¥n", cm);
cm = 2*inch;
printf(" 2 inch ｜ %.2lf¥n", cm);
cm = 3*inch;
printf(" 3 inch ｜ %.2lf¥n", cm);
     ⋮
```

この2つの記述を比較すると、loopという変数が、1、2、3という数字に対応しているのがわかります。この繰り返し処理では、**loopという変数を1から順に1ずつ足して100まで変化させながら処理を行っている**のです*。変数loopにこのような値の変化をさせているのは次の記述で、それぞれの項目の意味は次のとおりです。

＊loopは単に整数型の変数名です。どんな名前のものでもかまいません。

```
for (loop = 1; loop <= 100; loop++)
```

❶ loopの値に1を代入して処理をはじめる
❷ loopが100以下であれば処理を繰り返す
❸ 繰り返し回数が増えるたび、loopに1を加える

このようにforという記述を使って繰り返し処理を実現することができます。これを **for（フォア）文** といいます。

ここで、「loop++」という記述がありますが、これは「loop = loop+1」と同じ意味の記述で、「**loopの値に1を加える**」ということです。もちろん、この「++」の記述方法は、C言語のプログラムで普通の数学的な計算の記述にも使えますが、特にこの **forを使った繰り返し処理では非常によく使われます**ので覚えておいてください。

128

5-2 同じ処理を繰り返す①（for文）

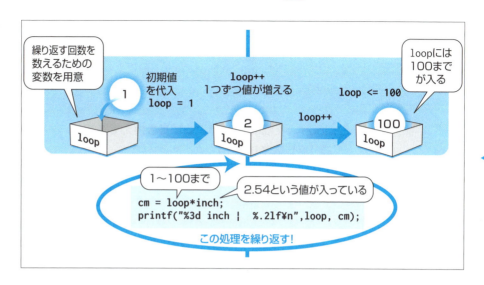

Fig. 5-2
forを使った
繰り返し処理

　forを使った繰り返し処理で()内の条件を変えるとどうなるでしょうか。List 5-2を少し書き換えて、どのような動作になるのか調べてみましょう。

1. loop = 1の数値の部分を次のように書き換えて実行
▶繰り返し処理の記述2

```
for (loop = 50; loop <= 100; loop++)
{
    cm = loop*inch;
    printf("%3d inch | %.2lf¥n",loop, cm);
}
```

実行結果
```
 50 inch | 127.00
 51 inch | 129.54
 52 inch | 132.05
         ：
 98 inch | 248.92
 99 inch | 251.46
100 inch | 254.00
```

　このようにすると、作成された換算表は50～100inchまでになりました。すなわち、この項目は、繰り返し処理をするときに**変化させる変数の初期値**であることがわかります。
　このプログラムでは51回の繰り返し処理を行ったことになります。

2. loop <= 100の部分を次のように書き換えて実行
▶繰り返し処理の記述3

```
for (loop = 1; loop >= 100; loop++)
{
    cm = loop*inch;
    printf("%3d inch | %.2lf¥n",loop, cm);
}
```

129

第 **5** 章 プログラムの処理の流れを理解し、使いこなす② —繰り返し処理

このように変えて実行すると、何も結果を表示せずに終了してしまいました。このことから、この項目は**繰り返し処理を続ける条件**をあらわしていることがわかります。上の例では、この条件（loopが100以上）を一度も満たさないため、処理は行われません。

3. loop++ の部分を次のように書き換えて実行

▶ 繰り返し処理の記述4

```
for (loop = 1; loop <= 100; loop=loop+2)
{
    cm = loop*inch;
    printf("%3d inch ¦ %.2lf¥n",loop, cm);
}
```

実行結果
```
  1 inch ¦ 2.54
  3 inch ¦ 7.62
  5 inch ¦ 12.70
       ⋮
 95 inch ¦ 241.30
 97 inch ¦ 246.38
 99 inch ¦ 251.46
```

このようにすると、プログラムは、1、3、5、7、…、99と1つとびの数で表が作成されました。これから、この項目は**繰り返しを行うときの変数の変化**をあらわしていることがわかります。

4. ここまでのことを応用して、forの()内の部分を次のように書き換えて実行

▶ 繰り返し処理の記述5

```
for (loop = 50; loop > 0; loop--)
{
    cm = loop*inch;
    printf("%3d inch ¦ %.2lf¥n",loop, cm);
}
```

実行結果
```
 50 inch ¦ 127.00
 49 inch ¦ 124.46
 48 inch ¦ 121.92
       ⋮
  3 inch ¦ 7.62
  2 inch ¦ 5.08
  1 inch ¦ 2.54
```

ここで、「--」とあるのは「++」の逆で、1を引くことをあらわします。このようにすると、50からはじまり1までの表が作成されました。

どうですか？これでfor文をどう記述するのか、だいたいのイメージができたと思います。

for文を使った繰り返し処理の流れを次の流れ図でまとめます。

この流れからもわかるように、繰り返し処理のなかには通常、分岐処理も含まれます。それは、「いつまで繰り返すか？」という条件を与えて繰り返しを行うためです。

いつまで繰り返すのかを決めていない繰り返し処理というのも、次のように記述することはできます。しかし、これでは終了する条件がないため、無限に処理が繰り返

130

5-3　同じ処理を繰り返す②（while文とdo while文）

Fig. 5-3
forを使った
繰り返し処理の流れ

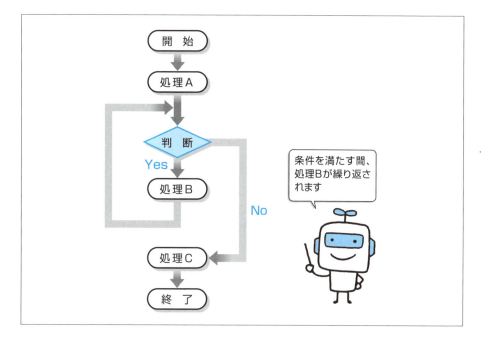

されてしまいます。このような無限に繰り返し処理が行われることを**無限ループ**（infinite loop）といいます。

▶ 無限ループ

```
for (loop = 1; ; loop++)
{
    cm = loop*inch;
    printf("%3d inch ｜ %.2lf¥n",loop, cm);
}
```

条件が与えられていないので、無限に処理を繰り返す＊

＊このプログラムはloopの値が整数型の限界値まで足されると異常終了してしまいます。その限界値は使っているコンピュータやコンパイラによって異なります。

5.3 同じ処理を繰り返す②（while文とdo while文）

5.3.1 ○○となるまで何度でも繰り返す（while文）

　繰り返し処理の中には、繰り返しの初期条件や繰り返しのなかで利用する変数の変化を自由に決めることのできる記述方法があります。すなわち、「**条件が○○となるまで何度でも繰り返す**」という記述方法です。その用例を次の例題で見てみましょう。

第 **5** 章 プログラムの処理の流れを理解し、使いこなす② —繰り返し処理

例題3 **足し算電卓・改良版**

入力された整数値を順に足し、入力するごとにそれまでの合計を表示してくれるプログラムを作成しなさい。

なお、足し算は、0が入力されるまで行うものとする。

前節で学んだfor文では、「100まで」というように、処理をする回数があらかじめ決まっていました。しかしこの例題では、足し算を行う回数はプログラムを実行するたびに異なります。このように処理を行う回数が決められていなく、○○となるまで処理をするプログラムは、for文では記述できません。では、どのようにプログラムを記述すればよいのでしょうか？ 次のサンプルプログラムで見てみましょう。

List 5-3
足し算電卓改良版

```
#include <stdio.h>

int main()
{
    int     num, total;            入力された値を記憶する変数numと、合計値を入れて
                                   おく変数totalを用意

    num = -1;          ❶  それぞれの変数に初期値
    total = 0;            を代入する

    while (num != 0)
    {                                       ❷
        printf("整数値を入力してください¥n");
        scanf("%d", &num);                  条件が成り立っている間、
                                            処理を繰り返す
        total = total + num;

        printf("これまでの合計：%d¥n", total);
    }

    return(0);
}
```

サンプルプログラム中の❶の部分は**変数の初期化**と呼ばれる部分で、いろいろな処理をする前に変数に初期値を代入しています。C言語では、変数宣言をして用意した変数は、**はじめはどんな値が入っているのかわからないため**、通常はこのようにしてある値を代入してから利用します。

サンプルプログラム中の❷の部分が繰り返し処理を記述している部分です。while

5-3 同じ処理を繰り返す②（while文とdo while文）

という記述を使って繰り返し処理を実現しています。これを **while（ホワイル）文** といいます。

前節のfor文と少し似た構造に見えますが、for文よりも記述する項目は少なくなっています。

このwhileを使った繰り返し処理の記述には、次のような意味があります。

これからわかるように、while文では、**繰り返しをする条件だけを与える**ことで繰り返し処理を記述することができます。while文の繰り返し処理の流れを次の流れ図でまとめます。

Fig. 5-4
while文の
繰り返し処理の流れ

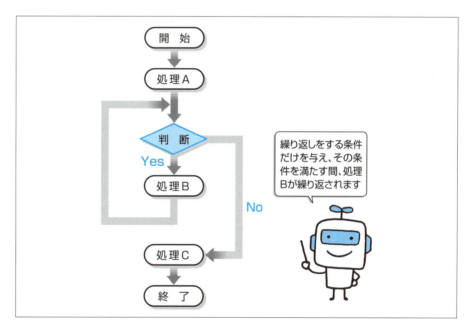

何か気づいたでしょうか？ そう、while文の処理の流れは、for文の処理の流れとまったく同じになります。それぞれの違いは、**変数の変化を記述するかどうか**ということです。そのため、問題に応じて適切なほうを選択すればよいのです。

第 **5** 章 プログラムの処理の流れを理解し、使いこなす② —繰り返し処理

5.3.2 次のことを繰り返す、ただし、○○となったら終了する (do while文)

ここまでに紹介したfor文、while文を使った繰り返し処理では、処理1を繰り返すときに、

「条件判断→処理1→条件判断→処理1→条件判断→…→条件判断→次の処理」

というように、**条件判断を行って繰り返すかどうかを判断**しています。そして、この逆の流れを記述する方法もC言語では用意されています。しかし、この記述方法はあまり利用されていません。が、この記述方法を利用すれば、無駄なくすっきり記述できることもあります。他の人の書いたプログラムにこの記述があっても戸惑わないように、どのような処理の流れであるのかを把握し、理解しておきましょう*。

＊もちろん、使いこなせるにこしたことはありませんが……。一般にあまり使われない記述を利用するときには、コメントをきちんとつけるなどして、ソースプログラムが見やすくなるように特に注意を払ってください。

条件判断より処理のほうを先に行う、

「処理1→条件判断→処理1→条件判断→処理1→…→処理1→条件判断→次の処理」

という流れは、先に紹介したwhile文の繰り返し処理と非常によく似た記述をします。前項の足し算電卓の例題のサンプルプログラムで見てみましょう。

List 5-4
足し算電卓改良版2

```c
#include <stdio.h>

int main()
{
    int    num, total;

    total = 0;        ··········❶

    do
    {
        printf("整数値を入力してください¥n");        ··········❷
        scanf("%d", &num);

        total = total + num;

        printf("これまでの合計：%d¥n", total);
    }while(num != 0);

    return(0);
}
```

134

前項List5-3との違いは、2箇所あります。

- ❶の部分で「num = -1」の初期化の記述がなくなっている。
- ❷の部分で、whileは最後に記述し、whileがあった場所にはdoを記述している。

このように❷の部分ではdoとwhileという記述を使って繰り返し処理を実現しています。これを**do while（ドゥホワイル）文**といいます。

このdo whileの記述を利用すると、❶の部分での変数numの初期化が不要になります。それは、do whileの繰り返しの記述では、**繰り返しをする条件の判断が、一度処理をしたあとにはじめて行われる**からです。

do whileの処理の流れを、流れ図に示すと次のようになります。

Fig. 5-5
whileを使った
繰り返し処理の流れ

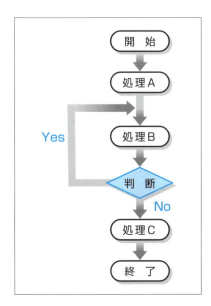

処理Bを一度行ったあとに、条件判断がなされます

どうですか？ 他の繰り返し処理の流れよりも、スマートな形にまとまりますね。do while文を使えばこんなにスマートになるのになぜあまり使用されないのでしょうか？ それは、for文やwhile文では、与えた条件に一致しないときには処理を一度も実行しないため繰り返し処理の部分が明確であるのに対して、do while文は一度だけは繰り返し処理を実行するため、処理のまとまりがわかりづらいということも理由のひとつなのかもしれません。

他には、他の多くのプログラミング言語ではこのdo while文に相当する記述が少ないため、他のプログラミング言語との対応づけが難しいということも、あまり利用されない大きな理由なのかもしれません。

しかし、do while文を使うと記述が簡単になる場合もあります。List 5-4では、printf()やscanf()の処理を行ったあとに、繰り返しをするかどうかの条件判断を行っています。そのため、一番初めの繰り返しの判断のときには、すでにscanf()を使って変数numに値を読み込んでいるので、初期化は不要になるのです。

このように、「**値の読み込みを行い、その値で繰り返しの判断をする場合**」には、無駄な初期化を記述する必要がなくなるため、do while文を利用したほうが便利であることがあります。

5.4 繰り返し処理の詳細

ここまでに紹介した繰り返し処理の記述方法の詳細についてまとめておきましょう。まずは、はじめに紹介したfor文の書き方です。

for 文の書き方

```
for (初期値; 条件; 変化)
{
    [処理];
}
```

- 多くの場合、初期値には「x = 0」、条件には「x < xの最大値」、変化には「x++」と記述し、xの最大値の回数だけ［処理］をx回繰り返す。
- はじめに条件を満たさないときには、［処理］は一度も実行されない。
- 条件を省略した場合は、［処理］を無限に繰り返す「無限ループ」となる。
- ［処理］の内容が1つの演算式、または、ひとまとまりの文だけの場合には、{ }を省略することもできる。

ここで、for文の記述はどのように実行されていくのかという、処理の流れについても詳細にまとめておきます。

```
[処理1] ❶
for (loop = 0; loop < 5; loop++)
        ❷         ❸       ❹
{
    [処理2];
        ❺
}
[処理3] ❻
```

上記は、loopを0から1つずつ増やして、5より小さい間［処理2］を繰り返すという記述です。この場合の繰り返す回数は5回です。普通に考えると、5回の繰り返しであれば、1から5以下「loop = 1; loop <= 5; loop++」と記述すると考えますが、**C言語ではn回の繰り返しを、0からはじめて「loop = 0; loop< n; loop++」のように記述する習慣があります。**

上記のそれぞれの記述部分につけた番号で実行される順番を示すと、次のようになります。慎重に番号を見比べて、どのような手順で処理されていくのかを理解してください。

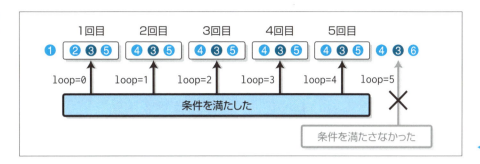

Fig. 5-6
for文の繰り返し処理の流れ

次に、while文の書き方です。

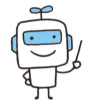

while 文の書き方

```
while (条件)
{
    [処理];
}
```

● 条件が成り立つ間、何度でも［処理］を繰り返す。

●［処理］の内容が1つの演算式、または、ひとまとまりの文だけの場合には、{ }を省略することもできる。

このようにまとめると、elseがない場合のif文の書き方と非常によく似ていることがわかります。while文もif文と同じように、論理式を利用した複雑な条件を与えて利用することができます。

ここで、while文の記述はどのように実行されていくのかという、処理に流れについても詳細にまとめておきます。

```
[処理1] ❶
while (条件) ❷
{
    [処理2]; ❸
}
[処理3] ❹
```

上記のそれぞれの記述部分につけた番号で実行される順番を示すと、次のようになります。慎重に番号を見比べて、どのような手順で処理されていくのかを理解してください。

第 5 章 プログラムの処理の流れを理解し、使いこなす② ―繰り返し処理

Fig. 5-7
while文の繰り返し
処理の流れ

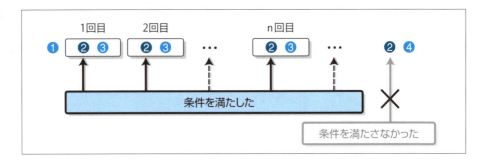

次に、do while文の書き方です。

do while 文の書き方

```
do
{
    [処理];
} while (条件);
```

- 上から順に実行していき、**while** の条件を満たした場合には、**do** の位置に戻って再び [処理] を続け、繰り返しを行う。
- [処理] の内容が 1 つの演算式、または、ひとまとまりの文だけの場合には、`{ }` を省略することもできる。

do while文の記述はどのように実行されていくのかという、処理に流れについても見てみましょう。

```
[処理1] ❶
do ❷
{
  ❸[処理2];
} while (条件);
[処理3] ❺  ❹
```

上記のそれぞれの記述部分につけた番号で実行される順番を示すと、次のようになります。慎重に番号を見比べて、どのような手順で処理されていくのかを理解してください。

138

Fig. 5-8
do while文の繰り返し処理の流れ

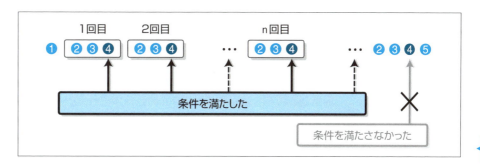

5.4.1 どんなときにどの繰り返し処理を使えばよいのか？

　この章では、繰り返し処理の記述方法として、for文を使う場合、while文を使う場合、do while文を使う場合の3通りの方法を解説してきました。しかし、どの記述方法を用いても、ほとんどの繰り返し処理を記述することができます。多くのプログラマにとって読みやすいプログラムにするため、慣習的な使い分けをするのがよいでしょう。

　そこで、慣習的な規則を次のチャートにまとめました。次のチャートを参考に、どれを使うかを判断するとよいでしょう。

Fig. 5-9
どの場合にどの繰り返し処理を使うのか

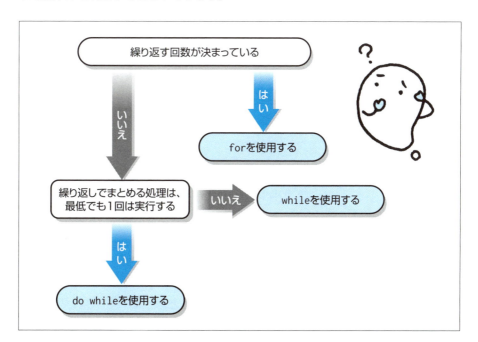

第 5 章　プログラムの処理の流れを理解し、使いこなす② —繰り返し処理

5.5 ここまでの知識でどんなことができるのか？

　前章とこの章で学んだプログラムの処理の流れ「分岐処理」と「繰り返し処理」を利用して、どのようなことができるでしょうか？ 実はここまでで、プログラミングの最も基本的な部分をすべて学んでいるのです。ですからここまでの知識を使えば、たとえば次のような実にさまざまなプログラムを作ることができます。

ここまででできること❶
誕生日や血液型などを使った占いソフト

　誕生日の数字や、血液型を「1：A　2：B　3：AB　4：O」のように一覧から選び数値で入力すると、入力された値を利用して分岐処理を行い、占い結果を表示する。

▶具体的には…

　血液型の占いであれば、1〜4の数値で血液型の入力を行います。そして、その入力によって条件分岐を行い、それぞれの場合でメッセージを出力します。

　これだけでおしまいでもいいのですが、入力間違いにも対応するともっと使いやすくなります。たとえば……4択のところで間違って「5」と入力したときにも、もう一度入力できるようにしたほうがよいですね。そこで、この間違いが入力された場合の条件分岐の記述も繰り返し処理の中に埋め込みます。

　繰り返し処理の終了する条件はどうしたらよいのか考えてみましょう。入力された値によって終了条件を決めるのもよいでしょう。

ここまででできること❷
選択式アドベンチャーゲーム

　文字を使って表示を行い、それぞれの場面で「どうするか？」という選択肢を用意する。その選択によって、さまざまな分岐処理で得点の計算を行い、ゲームにする。

▶具体的には…

　このようなプログラムを作るときには、「表示→入力→入力結果による条件分岐→分岐先での得点計算」という記述を何度も繰り返していけばいいですね。答えによっては、無限に繰り返させるようにすると面白いかもしれません。

【例】問題：次はどうする？
　　　1：「C言語をもっと勉強したい」　2：「そんなこと言えない」
ここで、1と答えない限り、永遠にこの問題が繰り返される。

プログラム自体は単純ですが、センス如何では、面白いものになるはずです。

ここまででできること❸
文字を使ったアニメーション

　アニメーションの基本は、誰でも目にしたことがあるパラパラ漫画ですね。そこで、画面いっぱいに文字を使って絵を表示し、その絵が動くように繰り返し処理をうまく使うと、簡単なアニメーションを作ることができます。

ここまででできること❹
使いやすい買物合計金額計算プログラム

　3章3-5節の買物合計金額プログラムでは、買物数の上限をあらかじめ決めていましたが、while文を使って、0円と入れれば入力が終了するようにします。「値段」「個数」の入力を繰り返し、0で入力が終了したら、合計金額や消費税の加算金額などを表示するシステムにすることができます。

　ここにあげたものは、ほんの一例です。発想を柔軟にすれば、ここまでの知識で実にさまざまなプログラムを作ることができます。
　復習もかねて、上記の3番、4番のサンプルプログラムを紹介します。まずは慎重に処理の流れを把握してください。そして、ぜひ、いろいろ書き換えて機能を拡張したり、応用したりしてみてください。

List 5-5
文字を使ったアニメーションのプログラム例

```c
#include <stdio.h>

int main()
{
    int     loop1, loop2, loop3;

    /* 1画面60文字以上×25行表示できるとする */


    /* 1枚目の絵の描画 */
```

第 5 章 プログラムの処理の流れを理解し、使いこなす② —繰り返し処理

```c
/* 1行分#を表示する */
for (loop2 = 0; loop2 < 59; loop2++)
{
    printf("#");
}
/* 改行文字を59文字分の#のあとに入れて1行60文字 */
printf("\n");

/* 2-12行目に改行を入れる */
printf("\n\n\n\n\n\n\n\n\n\n\n");

/* 13行目にタイトル表示 */
printf("        TeXt アニメーションVer.1\n");

/* 14-24行目に改行を入れる */
printf("\n\n\n\n\n\n\n\n\n\n\n");

/* 1行分#を表示する */
for (loop2 = 0; loop2 < 59; loop2++)
{
    printf("#");
}
printf("\n");

/* すぐ次の表示にならないように、時間稼ぎ */
/* 強引なやり方です。よい方法のヒントは11章で紹介 */
for (loop2 = 0; loop2 < 3000*5; loop2++)
    for(loop3 = 0; loop3 < 65530; loop3++);

/* 2枚目以降の描画 */

/* 13行目の#を左から右に動かす */
for (loop1 = 0; loop1 < 50; loop1++)
{
    /* 1-12行目に改行を入れる */
    printf("\n\n\n\n\n\n\n\n\n\n\n\n");

    /* 左からloop1個空白を入れる */
    for (loop2 = 0; loop2 < loop1; loop2++)
    {
        printf(" ");
    }
```

5-5　ここまでの知識でどんなことができるのか？

```c
        /* #を表示し、改行する */
        printf("#¥n");

        /* 14-25行目に改行を入れる */
        printf("¥n¥n¥n¥n¥n¥n¥n¥n¥n¥n¥n¥n");

        /* 表示がすぐ終わらないように、時間稼ぎ */
        for (loop2 = 0; loop2 < 3000; loop2++)
            for(loop3 = 0; loop3 < 65530; loop3++);
    }

    return(0);
}
```

　このプログラムは、実行する画面（ウィンドウ）の大きさが、横60文字以上、縦25行を想定して作っています。縦がそれ以上ある場合は、画面（ウィンドウ）の文字数を変えて実行してください。

　また、実行するコンピュータの速さにも大きく影響されてしまいます。筆者の環境（ちょっと古くなってきた Core i7-4600 2.1Ghz）でテストして適当な時間になるようにしていますが、もし画面が速すぎて何が表示されているのかわからないときには、色網部分の数字を大きく、逆に遅いときには小さくしてください。

List 5-6
買物合計金額計算
プログラムの例

```c
#include <stdio.h>

int main()
{
    int     tanka, kosuu, total, zeikomi;

    /* 初期化 */
    total = 0;

    /* 繰り返し処理：tankaが0と入力されれば繰り返し終了 */
    do
    {
        printf("単価を入力[0ならば終了]¥n");
        scanf("%d", &tanka);

        if (tanka != 0)
        {
            printf("購入した個数を入力¥n");
            scanf("%d", &kosuu);
```

第 5 章 プログラムの処理の流れを理解し、使いこなす② —繰り返し処理

```
            total = total + tanka*kosuu;
        }
    }while(tanka != 0);

    /* 税込み価格の計算 */
    zeikomi = (int)((double)total * 110/100);

    printf("合計金額：   %d円¥n", total);
    printf("税込み   ：   %d円¥n", zeikomi);

    return(0);
}
```

　どうですか？　このようなプログラムが書けるようになれば、かなりコンピュータが便利な道具だと感じられるのではないでしょうか？

　このプログラムの枠で囲んだ部分の記述は、はじめて出てきた記述です。この説明をしておきます。
　いろいろな計算をする場合に、はじめは整数型で用意していた変数を、**ここの計算のときだけは小数も含んだ計算に利用したい**……ということがしばしばあります。たとえば、この場合のような税金計算などです。
　そんなときには、「**そのときだけこの値を小数とみなす**」とする記述方法があります。変数の前に(double)と付加するのです（(float)でもかまいません）。

別の型に変換

```
zeikomi = (int)((double)total * 110/100);
```
int型の変数totalを一時的にdouble型で扱える
()内の式の計算結果で得られた小数点を含む「値」を整数に変換する

　上の例では、「(double)total」とすると、変数totalを一時的にdouble型で宣言されたものとして取り扱うことができるのです。
　これをさらに応用して、「(int)(式)」という外側の囲みでは、式の計算結果の「値」を整数に変換しています。ただし、実数から整数に変換したときには、小数点以下は四捨五入されます。
　このように「(変数の型)値」とする記述方法を**キャスト**（cast）といい、複雑な計算を行いたいときには、大変便利な機能です。

理解度チェック！

Q1 繰り返し処理には、for ／ do while ／ while の 3 種類の記述があります。
それぞれの条件において、どの繰り返し処理を使うと記述しやすいかを答えましょう。

記述条件	記述しやすい繰り返し処理は？
回数を決めて繰り返し処理を記述したい	ア を使った繰り返し
条件を満たすまで繰り返すが、1 回も処理しないこともある	イ を使った繰り返し
条件を満たすまで繰り返すが、1 回は必ず処理したい	ウ を使った繰り返し

Q2 次の 3 つの記述が、すべて同じ動作になるように空欄を埋めてください。

●記述 1

```
int num;

for(num = 0; num < 10; num++)
{
    printf("%d\n", num+1);
}
```

●記述 2

```
int num  エ  ;

while(num < 10)
{
      オ   ;
    printf("%d\n", num);
}
```

●記述 3

```
int num  カ  ;

do
{
    printf("%d\n", num++);
} while (num <  キ  );
```

解答： **Q1** ア：for　イ：while　ウ：do while
　　　 Q2 エ：= 0　オ：num++
　　　　　　 カ：= 1　キ：11

145

第 5 章 プログラムの処理の流れを理解し、使いこなす② — 繰り返し処理

まとめ

● 繰り返し処理の記述方法には、for 文を使った記述、while 文を使った記述、do while 文を使った記述がある。それぞれの記述方式は、ほぼどの問題でも利用可能であるが、慣例的に、次のように利用されることが多い。

- 繰り返しをする回数が決められてい　　➡ for 文の記述方法
- 繰り返しをする回数が決められてなく、一度も繰り返すべき処理を行わない場合がある　　➡ while 文の記述方式
- 繰り返しをする回数が決められてなく、最低 1 回は繰り返すべき処理を行う
　　➡ do while 文の記述方式

● for 文の記述方式は次のようにまとめられる。

for 文の書き方

```
for (初期値; 条件; 変化)
{
    [処理];
}
```

● 多くの場合、初期値には「x = 0」、条件には「x < x の最大値」、変化には「x++」と記述し、x の最大値の回数だけ [処理] を x 回繰り返す。
● はじめに条件を満たさないときには、[処理] は一度も実行されない。
● 条件を省略した場合は、[処理] を無限に繰り返す「無限ループ」となる。
● [処理] の内容が 1 つの演算式、または、ひとまとまりの文だけの場合には、{ } を省略することもできる。

● while 文の記述方式は次のようにまとめられる。

while 文の書き方

```
while (条件)
{
    [処理];
}
```

● 条件が成り立つ間、何度でも [処理] を繰り返す。
● [処理] の内容が 1 つの演算式、または、ひとまとまりの文だけの場合には、{ } を省略することもできる。

まとめ

● do while文の記述方式は次のようにまとめられる。

do while 文の書き方

```
do
{
    [処理];
} while (条件);
```

● 上から順に実行していき、while の条件を満たした場合には、do の位置に戻って再び［処理］を続け、繰り返しを行う。

●［処理］の内容が1つの演算式、または、ひとまとまりの文だけの場合には、{ }を省略することもできる。

練習問題 5

Lesson 5-1　繰り返し処理で値を入力させ、平均値を求める

　　10人の試験結果（0〜100の「整数」が入力されることのみを考えればよい）を入力させ、平均点（「実数」）を求めるプログラムを作成しなさい。

Lesson 5-2　10個の値の最大値を求める

　　10人の身長データを順にcm単位で入力したとき、一番大きな身長は何cmかを表示するプログラムを作成しなさい。

Lesson 5-3　任意個のデータの最大値と最小値を求める

　　買い物の金額を計算し、整理する会計プログラムを次の仕様で作りなさい。

　「税抜き単価」と「個数」を入力すると、次の出力が得られる。

　1. 合計金額（税抜きと税込み）
　2. 一番単価の安かったものの金額（税抜き）
　3. 一番単価の高かったものの金額（税抜き）

　　　・ただし、すべての商品が課税対象で、税率10%とする（税込み単価：単価＊110/100として小数を利用しない計算方法を利用する）。
　　　・単価に0を入力したら処理を終了する。

Lesson 5-4　総合応用問題1

素数判定

　　正の整数を入力したとき、その数値が素数であれば「素数です」、素数でないなら「素数ではありません」と表示するプログラムを作成しなさい。

Lesson 5-5　総合応用問題2

　　あるインターネットプロバイダの料金は、以下のようになっている。

10時間以内	2000円
10〜20時間まで1時間	210円
20時間を越えると1時間	205円

　　このとき、使用時間を入力すると、料金が表示されるプログラムを作成したい。加えて、一度計算しただけでプログラムが終了するのではなく、使用時間で0と入れたときにだけプログラムが終了し、それ以外は、何度も使用時間の入力、料金の表示ができるようにプログラムを作成しなさい。

無駄をなくして効率のよいプログラムを作るには？②

変数の利用の無駄とは

4章末のコラムでは「処理の流れの無駄」についてお話しました。もうひとつ、「変数の利用の無駄」とはどういうことでしょうか？

それは、変数に名前をつけるときに、字数を短くすることではありません。コンパイルすればどんな長い変数の名前も機械的に別名が割り振られますので、**変数の名前は、むしろ一目見てわかるような、意味のある長めの名前のほうがよい**です。

変数の無駄とは、**必要ない変数宣言をしない**ということです。「なんだぁ、そんなことわかっている」と思うかもしれませんが、これが気をつけていないとうっかりと無駄な変数を用意してしまいがちなのです。

たとえば、2つのfor文の繰り返し処理を連続で書くときに、次のようにしていませんか？

```
for (loop1 = 0; loop1 < 10; loop1++)
{
    ...
}
```
……❶

```
for (loop2 = 0; loop2 < 20; loop2++)
{
    ...
}
```
……❷

❶❷の繰り返し処理は、それぞれ独立した繰り返し処理です。それぞれ独立して繰り返しをするのであれば、❶が終わったときにloop1という変数はもう不必要になっていることがよくあります。それなのに別にloop2という変数を❷の繰り返し処理のためだけに準備するのは無駄です。loop1を再利用すればよいのです。

このように、変数を利用するときには、「**必要がなくなった変数は、他の処理で再利用することができる**」ということを意識すれば、無駄な変数の利用をもっと減らすことができるはずです。

変数を用意するということは、コンピュータのメモリに値を入れる箱を用意することです。そのため、小さなプログラムを作っている間はさほど悪影響がありませんが、大きなプログラムを作るときには、小さな無駄の積み重ねによって、本当に必要な変数を

第 5 章　プログラムの処理の流れを理解し、使いこなす② ―繰り返し処理

メモリ上に確保できなくなることがあるのです。「そんなのメモリを増設すればいい」と考えるかもしれませんが、プログラムを使うのは自分だけ、自分のコンピュータだけということはありません。どんなコンピュータでも実行できるプログラムを作ることも大切なことです。

　**ぜひこれを機会に、今までに作ったプログラムを見直してください。
　きっと前よりもよいプログラムが書けますよ。**

第1部　C言語プログラミングの基本構造

第6章

たくさんの値を記憶する
―配列の利用―

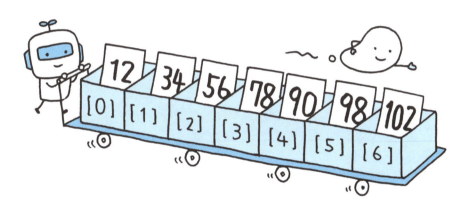

　この章では、実用的なプログラムをつくるときに、この機能を使えばこんなに便利になるといえる、これまでより一歩進んだC言語プログラミング方法を学んでいきます。

この章で学ぶこと
- ▶ 大規模なプログラムを作るときには、たくさんの値を記憶する必要があること
- ▶ たくさんの値を記憶するには、いままでの記述方法ではどう書くのか？
- ▶ たくさんの値を記憶するための、「配列」というC言語の記述方法とは？
- ▶ どんなときに配列を使えばよいのか？

第 6 章 たくさんの値を記憶する —配列の利用

6.1 たくさんの値を記憶する必要性

6.1.1 実用的なプログラムを作るために必要なこと

　前章までに紹介してきたプログラミング技法を使うことで、実にさまざまなプログラムを作ることができます。本章からは、もう一歩進んで、より実用的なプログラムを作ることを考えていきましょう。

　実用的なプログラムには、ワープロや表計算などいろいろなものがあります。これらのソフトウェアを使っているときを考えてみてください。たとえば、表計算ソフトでは、画面いっぱいに並んだ数字を足したり引いたり、集計したり、グラフにしたり……、とさまざまなことができるようになっています。このような機能を実現するには、どのようなプログラミング技術が必要になるのでしょうか？

- 足し算引き算などは、ここまでの章で学んだことでできます。
- 集計は、どのように集計するのかを式にまとめれば、ここまでの章で学んだ知識でできます。
- グラフにすることは、画面に絵を描く方法がわかれば、簡単にできます＊。

＊画面に絵を描く方法は、ハードウェアの仕様や、Windows、UNIXなどのOSの仕様、開発環境の違いによってさまざまに異なります。そのため、本書ではC言語によるグラフィクスプログラムについては扱いません。

　あれ？ それなら、画面に表示すること以外は、もうできるのでしょうか？ 確かに、できるかもしれません。しかし、プログラムをどのように記述していくのかを考えてください。表計算ソフトでは、画面いっぱいに広がる、ときには画面よりもはるかに多い値をプログラムですべて記憶しておかなくてはなりません。もちろん、グラフを描くにも、すべての点の情報を記憶しておかなくてはなりません。

　ワープロソフトを例に考えてみると、入力された文字はすべて記憶しておくようにプログラムを書かなければなりません。画像ソフトなどでは、画面上に描かれたすべての点が何色なのかや位置の情報などを記憶しておく必要があります。

Fig. 6-1　大量のデータや値を記憶する必要性

このように、実用的なプログラムを作るときには、大量のデータや値を記憶させて、うまく利用することが不可欠なのです。

忘れずに間違えずに「100個の適当な数を覚えておくこと」は、人間にとってはとてもできない作業です。しかし、コンピュータにとっては、1つの数を記憶することも10000の数を記憶することも、さほど違いはありません。記憶する場所さえあれば、忘れることや間違えることは絶対にありません。

このような、**人間にとっては単純な作業だが、しかし人間では到底できないような大量の作業をしたいときこそコンピュータに仕事をさせるのに最も適した場面**といえるのです。

6.1.2 ここまでの記述方法での限界

データを記憶することとは、コンピュータでいうならば、「何らかの値（数値）」を記憶することです。C言語では値を記憶させるときには、「変数」を使って記憶させます。では、大量の値を記憶させるときに、「値を記憶させていく変数」の宣言をここまで学んできた方法で記述するとどうなるでしょう？

たとえば、2000個の整数を記憶させる場所を用意する「変数宣言」を行うとすると次のようになります。

＊ここで、変数名を「a1」からではなく、「a0」からにしています。これは、C言語で続き番号をあらわすときには、「0から使用する」という慣例があるためです。

```
int  a0,    a1,    a2,    a3,    a4,    a5,    a6,    a7,    a8,    a9;
int  a10,   a11,   a12,   a13,   a14,   a15,   a16,   a17,   a18,   a19;
   ⋮
int  a1990, a1991, a1992, a1993, a1994, a1995, a1996, a1997, a1998, a1999;
```
＊

どうですか？ このように大量の変数宣言を行って、変数を用意しなくてはなりません。入力していくだけでも大変です。まして、どの変数がどの値をあらわしているのかがわかるように、プログラムを見やすく書くのは至難の業です。

また、次のような原稿用紙に書かれている文字を、文字が書かれている原稿用紙の場所もわかるように記憶させておくにはどうすればよいでしょう。ここまでの記述方法を使ったのでは、次のように変数宣言をして文字を記憶させるしかありません。

第 6 章　たくさんの値を記憶する —配列の利用

Fig. 6-2
原稿用紙に書かれている文字を、その場所ごと記憶させるには

文字をその場所ごと記憶させたい

位置の情報を変数名で表現

【変数宣言】

```
char    x0y0; x1y0; x2y0; x3y0; x4y0; x5y0; x6y0; x7y0; x8y0; x9y0;
char    x0y1; x1y1; x2y1; x3y1; x4y1; x5y1; x6y1; x7y1; x8y1; x9y1;
char    x0y2; x1y2; x2y2; x3y2; x4y2; x5y2; x6y2; x7y2; x8y2; x9y2;
char    x0y3; x1y3; x2y3; x3y3; x4y3; x5y3; x6y3; x7y3; x8y3; x9y3;
char    x0y4; x1y4; x2y4; x3y4; x4y4; x5y4; x6y4; x7y4; x8y4; x9y4;
char    x0y5; x1y5; x2y5; x3y5; x4y5; x5y5; x6y5; x7y5; x8y5; x9y5;
char    x0y6; x1y6; x2y6; x3y6; x4y6; x5y6; x6y6; x7y6; x8y6; x9y6;
char    x0y7; x1y7; x2y7; x3y7; x4y7; x5y7; x6y7; x7y7; x8y7; x9y7;
```

【変数に文字を代入するには】

文字型の変数 x1y0 に I を代入

Ⅰ を扱うには　➡　x1y0 = 'I';*

変数宣言が大変……

*文字型（char型）の変数に文字を代入するときには、シングルコーテーション（'）で文字を囲って代入します。詳しい取り扱いは、第8章の「プログラムで文字を取り扱うには？」で説明します。

　ここでは、位置の情報を変数名でわかるように変数宣言を行ってみました。確かにこの方法だと位置はわかりますが、こんなにたくさんの変数宣言を行うだけでも大変な作業ですし、プログラムでこれらを誤りなく記述していくのも至難の技です。

6.2 配列とは値を入れる箱（変数）をまとめて棚を作ること

前節のとおり、いままで学んできた記述方法では、大量の変数を用意し取り扱うことは、不可能ではないまでも、実に大変な作業となってしまいます。こんなときはどうしたらよいのでしょうか？

ここで、大量のものを整理するときの例として、本を整理するときのことを考えてみます。本が少ないときには、ある本を指すときには、「○○という名前の本」と本の名前をいえば、どの本であるか簡単に区別することができます。しかし、本がだんだん増えてくるとどうでしょう？

まず少し本が増えてきたときには、本を並べておきますね。そして、左（右）から何番目の本といってどの本かを区別することができます。

さらに本が増えたときには、棚に本を入れますね。そして、棚の何段目、左（右）から何番目の本といってどの本かを区別することができます。

そしてさらに本が増えていったときには、棚を増やして、棚に番号をつけて、「何番の棚、何段目の左（右）から何番目の本」というようにして、どの本かを区別することができます。

これは、増えた本を整理するときには、普通にやっていることです。

Fig. 6-3 増えた本を整理するときには

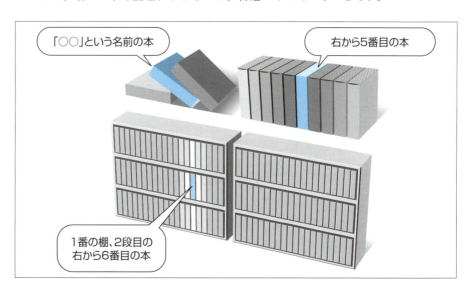

このような本の整理方法を、変数の整理にも適用した方法が、C言語をはじめとする多くのプログラミング言語でも利用できます。C言語でこのような、**複数の変数をまとめて（並べて）管理する方法のひとつを配列**（array）といいます。

第 **6** 章　たくさんの値を記憶する —配列の利用

* ここでいう同じ種類と
は変数の型(int、double、
char など) が同じとい
うことです。

　ここで、変数をまとめて管理する手法の「ひとつ」といったのには、もうひとつの
方法があるからです。**配列が利用できるのは、同じ種類*の変数をまとめて管理する
ときだけです。**違う種類の変数をまとめて管理する方法については、あとの第12章
で解説します。

　それでは、配列を利用してどのようにして変数をまとめて管理することができるの
かを見ていきましょう。

6.3 いろいろな棚（配列）の作り方

　本を本棚で整理するように、変数を整理するにはどのように取り扱えばよいのかを
説明していきます。しかし、本を整理するときには「その棚がいっぱいになったか
ら」次の棚へと整理していきますが、C言語の場合は、**コンピュータが並べられるだ
け、同じ棚に変数を並べることができます。**コンピュータが並べられるだけというの
は、コンピュータに積んでいるメモリの量やコンパイラ・リンカが管理できるメモリ
の範囲ということです。

　しかし、C言語でも棚を何段にも分けて変数を整理することがよくあります。どう
して何段にも分ける必要があるのか？　そして、どんなときに何段にも分けて変数を
整理したらよいのかをここで学んでいきましょう。

6.3.1　一列に並べて、何番目として管理する（1次元配列）

　まずは、データを一列に並べて取り扱う方法を、次の例題で考えてみましょう。

例題1　**値段の管理プログラム**

　商品が一列の陳列棚に値段順に20個並んでいる。このとき、何番目の棚の商
品かを入力すれば、値段を表示してくれるプログラムを作成したい。なお、何番
目の棚かを入力したとき、入力された値が1〜20の間であれば、何度でも棚番
号入力→値段表示を繰り返し、それ以外の入力があったときはプログラムを終了
するものとする。

　それぞれの値段は、20個の商品に同じ値段がないように適当に決めてよい。

　この例題では、棚の番号それぞれに20個の商品の値段を記憶させ、番号が入力さ
れたらその番号に対応する商品の値段を取り出して表示するという流れになります。

156

6-3 いろいろな棚（配列）の作り方

この問題をこれまでの記述方法でプログラムにしてみます。

List 6-1
値段の管理プログラム1
（これまでの記述法）

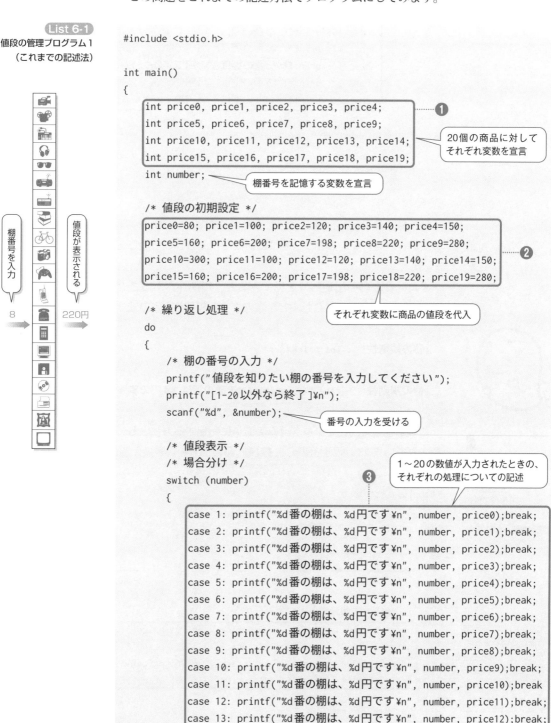

```c
#include <stdio.h>

int main()
{
    int price0, price1, price2, price3, price4;        ┐
    int price5, price6, price7, price8, price9;        │ ①
    int price10, price11, price12, price13, price14;   │ 20個の商品に対して
    int price15, price16, price17, price18, price19;   ┘ それぞれ変数を宣言
    int number;        ← 棚番号を記憶する変数を宣言

    /* 値段の初期設定 */
    price0=80; price1=100; price2=120; price3=140; price4=150;       ┐
    price5=160; price6=200; price7=198; price8=220; price9=280;      │ ②
    price10=300; price11=100; price12=120; price13=140; price14=150; │
    price15=160; price16=200; price17=198; price18=220; price19=280; ┘
                                            ↑ それぞれ変数に商品の値段を代入

    /* 繰り返し処理 */
    do
    {
        /* 棚の番号の入力 */
        printf("値段を知りたい棚の番号を入力してください");
        printf("[1-20以外なら終了]¥n");
        scanf("%d", &number);        ← 番号の入力を受ける

        /* 値段表示 */
        /* 場合分け */
        switch (number)        ③  1～20の数値が入力されたときの、
        {                          それぞれの処理についての記述
        case 1: printf("%d番の棚は、%d円です¥n", number, price0);break;
        case 2: printf("%d番の棚は、%d円です¥n", number, price1);break;
        case 3: printf("%d番の棚は、%d円です¥n", number, price2);break;
        case 4: printf("%d番の棚は、%d円です¥n", number, price3);break;
        case 5: printf("%d番の棚は、%d円です¥n", number, price4);break;
        case 6: printf("%d番の棚は、%d円です¥n", number, price5);break;
        case 7: printf("%d番の棚は、%d円です¥n", number, price6);break;
        case 8: printf("%d番の棚は、%d円です¥n", number, price7);break;
        case 9: printf("%d番の棚は、%d円です¥n", number, price8);break;
        case 10: printf("%d番の棚は、%d円です¥n", number, price9);break;
        case 11: printf("%d番の棚は、%d円です¥n", number, price10);break
        case 12: printf("%d番の棚は、%d円です¥n", number, price11);break;
        case 13: printf("%d番の棚は、%d円です¥n", number, price12);break;
```

第 6 章 たくさんの値を記憶する —配列の利用

```
            case 14: printf("%d番の棚は、%d円です¥n", number, price13);break;
            case 15: printf("%d番の棚は、%d円です¥n", number, price14);break;
            case 16: printf("%d番の棚は、%d円です¥n", number, price15);break;
            case 17: printf("%d番の棚は、%d円です¥n", number, price16);break;
            case 18: printf("%d番の棚は、%d円です¥n", number, price17);break;
            case 19: printf("%d番の棚は、%d円です¥n", number, price18);break;
            case 20: printf("%d番の棚は、%d円です¥n", number, price19);break;
        }
    }while((number >= 1) && (number <= 20));

    return(0);
}
```

❶、❷、❸の記述部分を注意深く見てください。20個の商品に対してひとつひとつ変数宣言を行い、ひとつひとつに値段を代入し、ひとつひとつに対して処理方法を記述しています。

また、❶と❸の記述部分を見てみると、規則性があることに気がつきます。0〜19の数値をxとしてあらわすと、次のような規則性があります。

【❶の規則性】　`int priceX;`

【❸の規則性】　`case X+1: printf("%d 番の棚は %d 円です ¥n", X+1, X);`

このような規則性をプログラムで簡単に記述する方法として、**配列**というものが用意されています。配列を使って、❶、❷、❸の部分を書き換えると次のようになります。

List 6-2
値段の管理
プログラム2
（配列を使った記述法）

```
#include <stdio.h>

int main()        ← 配列の宣言
{
    int price[20];  …………❶
    int number;
                                          ❷        配列の要素ひとつ
    /* 値段の初期設定 */                              ひとつに値を代入

    price[0] =80;   price[1] =100; price[2] =120; price[3] =140; price[4] =150;
    price[5] =160;  price[6] =200; price[7] =198; price[8] =220; price[9] =280;
    price[10]=300;  price[11]=100; price[12]=120; price[13]=140; price[14]=150;
    price[15]=160;  price[16]=200; price[17]=198; price[18]=220; price[19]=280;

    /* 繰り返し処理 */
```

＊このサンプルプログラムのように、=の記号等の前に空白を入れることで、上下にpriceの文字を揃えるように記述しています。このようにしたほうが、見やすいプログラムになります。

158

```
        do
        {
            /* 棚の番号の入力 */
            printf("値段を知りたい棚の番号を入力してください");
            printf("[1-20以外なら終了]¥n");
            scanf("%d", &number);
            /* 値段表示 */
            if ((number >= 1) && (number <= 20))
            {
                printf("%d番の棚は、%d円です¥n", number, price[number-1]);
            }
        }while((number >= 1) && (number <= 20));

        return(0);
    }
```

規則性のある記述をまとめて、簡略化する ……❸

どうですか？ ソースプログラムもずいぶん短くなりすっきりとしました。❶、❷、❸それぞれについて、配列を使った新しい記述の説明をします。

■配列を使った変数宣言と値の代入（❶、❷の記述）

配列を使わない変数宣言では、「price0, price1, ……」と変数をそれぞれ別々にひとつずつ記述していました。それをここでは、price[20]と記述しています。このように、

変数の型　変数名 [変数の個数(n)];

として変数宣言すると、変数がn個並んでいる配列というものを用意することができます。これを**配列の宣言**といい、名づけた変数名は**配列名**となります。

このように配列の宣言をすれば、**1行の記述でn個の値を記憶できる場所を用意で**
きます。すなわち、配列とは番号をつけて複数の変数を管理する方法といえます。変数では、値を入れる箱はひとつでしたが、配列では値を入れる箱が番号順にずらりと1列に並んでいるとイメージしてください。そしてこのひとつひとつの箱を配列の**要素**といいます。ひとつひとつの要素には、[]で囲んだ番号（整数値）がつきます。これを**インデックス**（index）＊といいます。

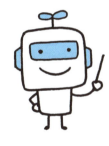

＊添字（そえじ）ともいいます。

第 6 章　たくさんの値を記憶する —配列の利用

Fig. 6-4
配列は複数の変数を管理する方法

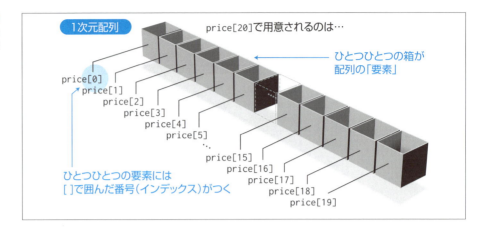

　このように、番号をつけて一列に変数を並べたように管理する配列を **1次元配列** といいます。
　❷では、配列の要素ひとつひとつにそれぞれの商品の値段を入れています。
　int price[20]; として用意された配列に値を代入するときには、次のように記述します。

表6-1
配列に値を代入

配列の1番目の要素に値を代入するとき	price[0]=80;
配列の2番目の要素に値を代入するとき	price[1]=100;
⋮	⋮
配列の最後の要素に値を代入するとき	price[19]=280;

　Fig. 6-4で示したように、配列の要素それぞれには、[0]～[19]までの番号がつきます。
　ここで、注意することは、**配列の一番初めの番号は、[0]であり、[1]ではない** ということです。すなわち、**20個の値を入れる配列であれば、0～19までの番号がついた箱を並べている** ということです。

Fig. 6-5
配列に値を代入する

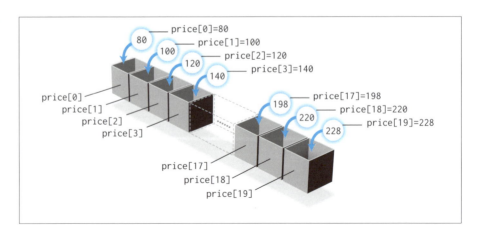

6-3 いろいろな棚（配列）の作り方

■ 規則性のある記述をまとめて簡略化する（❸の記述）

　配列を使わないときの記述ではswitch文を使っていましたが、配列を利用したときにはif文をひとつ記述するだけに変わっています。これは、switch caseでそれぞれが分岐したあとの処理はどれも同じ規則性があるため、それらはまとめてif文で記述できるようになるためです。ここに配列を使うメリットがあります。

　このように処理をまとめて簡略化することは、プログラミングに慣れれば次第に発想できるようになることなのですが、現段階では難しく感じると思います。しかし、このように、**処理をより効率よく記述することは、優れたプログラミングをするには欠かせない**ことです。記述を簡略化するための発想の流れをここでつかんでいきましょう。

6.3.2 処理を簡単化するための発想の流れ

ステップ1 switch文を、if文に分解できないかを考える

　第4章の分岐処理でも説明したように、**switch文は分岐先の処理が多いときに利用し見やすく記述することができる**方法です。そして、**if文はすべての分岐処理を記述することができる**方法です。

　プログラムを整理し簡略化しようとするときには、万能記述方法であるif文の記述に分解して考えていきます。

　先のサンプルプログラムList 6-1のswitch文の部分を、配列とif文を使って記述すると次のようになります。

```
if (number == 1)
{
    printf("%d番の棚は、%d円です ¥n", number, price[0]);
}
if (number ==2)
{
    printf("%d番の棚は、%d円です ¥n", number, price[1]);
}
if (number == 3)
{
    printf("%d番の棚は、%d円です ¥n", number, price[2]);
}
            ⋮
        （省略）
            ⋮
}
if (number == 19)
{
```

161

第 6 章 たくさんの値を記憶する —配列の利用

```
    printf("%d番の棚は、%d円です ¥n", number, price[18]);
}
if (number == 20)
{
    printf("%d番の棚は、%d円です ¥n", number, price[19]);
}
```

ステップ2 数値や変数に規則性がないか、変数に置き換えられないかを考える

処理を分解することを考えたら、次は変数に置き換えることを考えていきます。具体的には、次のふたつのことを考えていきます。

- 数値であらわされているものを、すでに使われている変数で書き換えることができないかを考える
- 数多くの変数があるとき、ある変数が他の変数を利用して表現することができないかを考える

言い方を変えると、**数値や変数に規則性がないかどうかを考える**ということです。これを先の例で考えると、次のような規則性が見つかります。

```
if (number == X)
{
    printf("%d番の棚は、%d円です ¥n", X, price[X-1]);
}
```

すべてのif文の記述で上記のようになっていて、「Xの値は1以上20以下である」と表現することができます。

そこで、すでに使っている変数numberを利用して、数値を置き換えていきます。

```
if (number == 1)
{
    printf("%d番の棚は、%d円です ¥n", number, price[number-1]);
}
if (number == 2)
{
    printf("%d番の棚は、%d円です ¥n", number, price[number-1]);
}
if (number == 3)
{
    printf("%d番の棚は、%d円です ¥n", number, price[number-1]);
```

162

```
}
            ⋮
          (省略)
            ⋮
if (number == 19)
{
    printf("%d番の棚は、%d円です ¥n", number, price[number-1]);
}
if (number == 20)
{
    printf("%d番の棚は、%d円です ¥n", number, price[number-1]);
}
```

ステップ3 置き換えられる記述がないかを考える

　処理をばらばらにして、少ない変数を効率よく利用できるようにプログラムを考えたら、次はばらばらにした処理を再びまとめて書き直すことができないかを考えていきます。もし、ここで元通りにしかならなければ、プログラムは簡単化できません。しかし、多くの場合は、元とは違うまとめ方ができます。また、一段階でまとめたあと、さらによりシンプルにまとめることができるならば、さらにまとめていきます。

　このサンプルでは、何度も登場するif文の中の記述はまったく同じです。そこで、分岐処理の条件を ¦¦ 演算子＊を使ってつなぎ合わせると、次のように書き換えることができます。

＊¦¦は「論理和（または）」または「OR」をあらわす論理演算子です。「x¦¦y」(xまたはy)と書けば、式xと式yのどちらか一方が真ならば真、そうでなければ偽を意味します。p.111「論理演算子について」を参照のこと。

```
if ( (number == 1) ¦¦ (number == 2) ¦¦ (…省略…)
                   ¦¦ (number == 19) ¦¦ (number == 20))
{
    printf("%d番の棚は、%d円です ¥n", number, price[number-1]);
}
```

　これだけでも、プログラムがずいぶんすっきりまとめられましたが、条件がずいぶん長くなっています。この条件についてもう少し考えてみましょう。

　ここでの条件は、「numberの値が1または2または3または……19または20」となっていて、numberは整数です。このことはどういうことでしょうか？

　そう、「**numberは、1以上20以下**」という条件とまったく同じですね。そのため、この記述は最終的に次の記述にできるわけです。

```
if ((1 <= number) && (number <= 20))
{
```

```
        printf("%d番の棚は、%d円です \n", number, price[number-1]);
}
```

＊&&は「論理積（かつ）」
または「AND」をあらわ
す論理演算子です。
「x&&y」(xかつy)と書け
ば、式xと式yのどちら
も真ならば真、そうで
なければ偽を意味しま
す。p.111「論理演算子
について」を参照のこ
と。

&&は「論理積（かつ）」をあらわす論理演算子＊です。これで、変数numberの値が1以上かつ20以下だったら、printf()の処理を行うという記述にすっきりとまとめることができました。

> **memo**
> さらに、コンピュータの処理の速さを考えると、「<=（以上）、>=（以下）」という比較よりも、「<（より大きい）、>（より小さい）」のほうがわずかですが処理が速いです。速度の最適性を求めるならば、if ((0 < number) && (number < 21))と記述するほうがよいでしょう。

このような考え方でList 6-1のプログラムは、if文を使ったすっきりとした記述に置き換えることができました。「配列を使えば変数宣言をまとめて行える」という覚え方はせずに、「**配列を使って変数宣言をまとめられれば、処理もより簡単化してまとめて書くことができるようになる**」ということに重点を置いてください。配列を使わなくても、どんなプログラムも記述することができます。もし、**配列を使っても処理が簡単に記述できないのであれば、そんな配列は利用しなくてもかまわない**といってもよいでしょう。

さらに、問題によっては、このステップ1～3を何度も繰り返すことでよりすっきりと書き換えることもできることがあります。それには、多くのプログラムを作って訓練することが必要になるでしょう。プログラムを作るときには、**なにも考えないでプログラムを作っても意味はありません**。常に、どうしたらより簡単に記述できるかという意識をもってプログラムを考えてみてください。

6.3.3　棚を作り、何段目の何番目として管理する（2次元配列）

前項では、変数を並べて管理する1次元配列という配列を扱いましたが、配列の扱い方はこれだけではありません。より拡張した使い方を次の問題で考えてみます。

> **例題2　表の作成と集計**
>
> 3人で4種類のゲームを行ったときの得点をゲームごとにそれぞれ入力し、各人の得点と合計得点を次のような表として表示するプログラムを作成しなさい。

6-3 いろいろな棚（配列）の作り方

	ゲーム1	ゲーム2	ゲーム3	ゲーム4	合計
A君	10	40	7	28	85
B君	20	30	13	27	90
C君	5	40	11	29	85

ただし、表を表示するときに罫線まで忠実に再現しなくてよい。

まず、この問題のアルゴリズムを考えてみます。

アルゴリズム ●●●

1. ゲーム1の3人の得点を入力し、それぞれの値を記憶しておく
2. ゲーム2の3人の得点を入力し、それぞれの値を記憶しておく
3. ゲーム3の3人の得点を入力し、それぞれの値を記憶しておく
4. ゲーム4の3人の得点を入力し、それぞれの値を記憶しておく
5. 3人それぞれの合計得点を計算
6. 得点、合計を表にして表示する

次に、これをプログラムに記述していきますが、ここでは一人ひとりの得点を記憶する変数を前項で学んだ1次元配列を使って記述してみます。

List 6-3
得点と合計の表の作成
（1次元配列の利用）

```c
#include <stdio.h>

int main()
{
    int A_point[4], B_point[4], C_point[4]; /*A君B君C君の得点を記憶する配列*/
    int A_total, B_total, C_total;          /* 3人の合計得点を記憶する変数*/
    int loop;

    /* 得点の入力 */

    for (loop = 0; loop < 4; loop++)
    {
        printf("A君のゲーム%dの得点を入力してください\n",loop+1);
        scanf("%d", &A_point[loop]);
        printf("B君のゲーム%dの得点を入力してください\n",loop+1);
        scanf("%d", &B_point[loop]);
        printf("C君のゲーム%dの得点を入力してください\n",loop+1);
        scanf("%d", &C_point[loop]);
    }

    /* 合計得点の計算 */
```

> 12回分の得点の入力処理を、1次元配列と繰り返しの組み合わせで実現

❶

第 6 章　たくさんの値を記憶する —配列の利用

```
    A_total = 0; B_total = 0; C_total = 0;
```

> 合計得点を記憶する変数は0で
> 初期化しておく

```
    for (loop = 0; loop < 4; loop++)
    {
        A_total = A_total + A_point[loop];
        B_total = B_total + B_point[loop];
        C_total = C_total + C_point[loop];
    }
```

> 合計得点の計算を1次元配列と
> 繰り返しの組み合わせで実現 ❷

❸

> A君の得点結果の表示処
> 理は配列の要素をひとつ
> ひとつ並べた方法

```
    /* 表の表示 */
    printf("%4d|%4d|%4d|%4d|%4d|\n",
                    A_point[0], A_point[1], A_point[2], A_point[3], A_total);
```

```
    for (loop = 0; loop < 4; loop++)
    {
        printf("%4d|", B_point[loop]);
    }
    printf("%4d|\n", B_total);
```

❹

> B君、C君の得点結果の
> 表示処理は、繰り返し処
> 理を導入して記述

```
    for (loop = 0; loop < 4; loop++)
    {
        printf("%4d|", C_point[loop]);
    }
    printf("%4d|\n", C_total);
```

```
    return (0);
}
```

実行結果

```
A君のゲーム1の得点を入力してください
10
B君のゲーム1の得点を入力してください
20
C君のゲーム1の得点を入力してください
5
A君のゲーム2の得点を入力してください
40
B君のゲーム2の得点を入力してください
30
C君のゲーム2の得点を入力してください
40
A君のゲーム3の得点を入力してください
7
B君のゲーム3の得点を入力してください
13
C君のゲーム3の得点を入力してください
11
A君のゲーム4の得点を入力してください
28
B君のゲーム4の得点を入力してください
27
C君のゲーム4の得点を入力してください
29
  10|  40|   7|  28|  85|
  20|  30|  13|  27|  90|
   5|  40|  11|  29|  85|
```

　このサンプルプログラムで、❶、❷、❸、❹の枠で囲んだ部分には、1次元配列が使われています。前項の復習になりますが、見ていきましょう。

6-3 いろいろな棚（配列）の作り方

■ 得点の入力処理をどうするか（❶の部分）

まず、単純な方法を考えてみると、3人×4ゲームなので12回の入力処理を行わなくてはなりません。そのときの考え方を、xには0〜3が入るとしてまとめると、次のようになります。

```
printf("A君のゲーム x+1の得点を入力してください ¥n");
scanf("%d", A_point x);
printf("B君のゲーム x+1の得点を入力してください ¥n");
scanf("%d", B_point x);
printf("C君のゲーム x+1の得点を入力してください ¥n");
scanf("%d", C_point x);
```

上記のような単純な記述を4ゲーム分で4回繰り返して書く必要があります。しかし、ここで、規則性があることを利用します。上記xの部分を変数loopに置き換え、4回同じ処理を繰り返すようにすればよいのです。このように考え、**1次元配列と繰り返し処理を組み合わせて書き換え**をするとList 6-3の❶のように記述できるわけです。

■ 得点の合計処理はどうするか（❷の部分）

単純な合計得点は、次のように4ゲームの得点を足していくことで求められます。

```
A_total = A_point[0] + A_point[1] + A_point[2] + A_point[3];
B_total = b_point[0] + B_point[1] + B_point[2] + B_point[3];
C_total = C_point[0] + C_point[1] + C_point[2] + C_point[3];
```

この足し算では、配列の [ ] の中の値が1つずつ増えていっています。こんなときも**繰り返し処理を使って記述**すればすっきりまとめられ、List 6-3の❷の部分のように書き換えられます*。

■ 結果を表示する処理はどうするか（❸、❹の部分）

4ゲームの得点が配列に代入され、合計得点も求められたあと、その結果を表にして画面に表示します。❸ではA君の得点結果の表示処理を、いままで学んできた方法で行っています。この記述では、❷の部分と同じように、配列の [ ] の中の値が1つずつ増えていっています。そこで、ここにも**繰り返し処理**を導入して、B君とC君の得点結果の表示処理を書き換えたものが❹の記述です。

■ さらに配列を利用する

さて、ここまでの解説をふまえてList 6-3をもう一度ながめてみてください。このプログラムでは、ゲーム1〜4という部分の規則性を利用した1次元配列を使いまし

＊この問題の場合は、1次元配列として4つの変数をまとめて扱っています。4つだけならば、繰り返し処理を使わなくても記述は簡単のように思えます。でも、数がもっと増えた場合を考えると、記述が大変です。数が多い場合の処理に対応できるようになるためにも、ここはやはり繰り返し処理を導入し、記述方法に慣れたほうがよいでしょう。

第 6 章 たくさんの値を記憶する —配列の利用

た。そこでさらに、A〜C君という3人の処理についても同じ処理をしていることがわかります。これは、たとえば❶の部分で次の記述としてまとめるとよくわかると思います。

【❶の規則性】
```
printf(" □君のゲーム●+1 の得点を入力してください ¥n");
scanf("%d", □_point● );
```

この部分は、すでに●の部分を配列と繰り返しを利用して記述しました。ですが、同じ箇所に□にあるような規則性もあります。□の種類はA、B、Cの3種類です。これについても、●の部分と同じように配列と繰り返しを利用して記述することができないでしょうか？ そのためには、得点を記憶する1次元配列をさらに配列として記述する必要があります。List 6-3をさらに書き換えると次のようになります。

List 6-4
得点と合計の表の作成
（2次元配列の利用）

```c
#include <stdio.h>

int main()
{
    int point[3][4]; /* A君B君C君の得点を記憶する配列 */   ……❶
    int total[3];    /* 3人の得点合計を記憶する配列 */
    int loop, loop2;

    /* 得点の入力 */
    for (loop = 0; loop < 4; loop++)
    {
        for (loop2 = 0; loop2 < 3; loop2++)
        {
            switch (loop2)
            {
                case 0: printf("A君"); break;
                case 1: printf("B君"); break;
                case 2: printf("C君"); break;
            }
            printf("のゲーム%dの得点を入力してください¥n", loop+1);
            scanf("%d", &point[loop2][loop]);
        }
    }

    /* 合計得点の計算 */
```

（2次元配列を利用）
（「2次元配列＋繰り返し処理」へと書き換え、分岐処理を行う）……❷

6-3 いろいろな棚（配列）の作り方

```
    for (loop2 = 0; loop2 < 3; loop2++)
    {
        total[loop2] = 0;
        for (loop = 0; loop < 4; loop++)
        {
        total[loop2] = total[loop2] + point[loop2][loop];
        }
    }
```
❸「2次元配列＋繰り返し処理」へと書き換えた

```
    /* 表の表示 */
    for (loop2 = 0; loop2 < 3; loop2++)
    {
        for (loop = 0; loop < 4; loop++)
        {
        printf("%4d", point[loop2][loop]);
        }
        printf("%d|\n", total[loop2]);
    }

    return (0);
}
```
❹「2次元配列＋繰り返し処理」へと書き換えた

このサンプルプログラム List 6-4 の❶、❷、❸、❹の部分について解説します。

2次元配列を用意（❶の部分）

❶の部分では、

変数の型　変数名 [X][Y];

という記述をしています。これは、「配列名[Y]」という1次元配列を、さらに1次元配列のようにまとめて用意するという配列の宣言です。このように、**1次元配列をさらに1次元配列として記述したものを2次元配列**といいます。

2次元配列＋繰り返し処理へと書き換え、分岐処理を行う（❷の部分）

❷の部分では、「変数の並び→1次元配列＋繰り返し処理」としたのと同じように「1次元配列の並び→2次元配列＋繰り返し処理」という書き換えを行っています。そのため、繰り返し処理が二重になっています。

また、switch 文によって表示する文字の分岐処理を行っています。配列を使えば、変数をまとめて「配列名[番号]」として番号で管理することができるのですが、「A」「B」「C」という文字の並びを使って管理することはできません。そのため、この問題

第 6 章 たくさんの値を記憶する —配列の利用

のようにA、B、Cと表示したい場合などには、分岐処理を利用する必要があります。

■2次元配列＋繰り返し処理へと書き換える（❸、❹の部分）

❸、❹の部分でも、❷で「変数の並び→1次元配列＋繰り返し処理」としたのと同じように「1次元配列の並び→2次元配列＋繰り返し処理」という書き換えを行っています。そのため、繰り返し処理が二重になっています。

このようにして、1次元配列の並びをさらにまとめて、2次元配列で表現することで、プログラムがすっきり記述できます。この問題では、3人×4ゲームという計12個の変数であったので、配列を使わなくてもそのまま記述することができますが、これが1000人×20ゲームのようになることを考えてみてください。配列で管理しないと、そんなプログラムを書くことは果てしなく大変な作業になってしまいます。

6.4 配列の使用方法の詳細

配列を使った例題をとおして、配列とはどういうものでどのように使うのかというイメージができたと思います。そこで、配列の扱い方について詳細な説明を進めます。

6.4.1 変数の復習

配列とは変数を並べて（さらにそれを並べて）取り扱う方法です。そこでもう一度、C言語で利用できる変数にはどのようなものがあり、どのような変数宣言で利用できるかをまとめましょう。

表6-2
変数の型

記憶する値	変数宣言で利用する変数の型	補足
整数	int	
	long int	intより大きな桁表現に利用
	short int	intより小さな桁表現に利用
	unsigned int	正の整数値のみのとき利用
実数	float	小数値の精度が低い
	double	小数値の精度が高い
文字	char	1文字分の記憶

ここでまとめた変数の型がすべてではありませんが、これらの**基本的なC言語の変数は1つの値のみを記憶することができます**。2つ以上の値を記憶するときには、変数を複数用意するか、配列を利用する必要があります。

170

6-4　配列の使用方法の詳細

6.4.2　配列の宣言の記述方法

2つ以上の変数をまとめて、番号をつけて1つの配列名で管理する1次元配列は、次のような配列の宣言で記述することで利用できます。

表6-3
配列宣言の記述方法

記憶する値	1次元配列の配列宣言の記述	
整数	`int`	**配列名[並べて扱う変数の数]**
	`long int`	**配列名[並べて扱う変数の数]**
	`short int`	**配列名[並べて扱う変数の数]**
	`unsigned int`	**配列名[並べて扱う変数の数]**
実数	`float`	**配列名[並べて扱う変数の数]**
	`double`	**配列名[並べて扱う変数の数]**
文字	`char`	**配列名[並べて扱う変数の数]**

たとえば、`int array[20];`のように配列宣言をすれば、20個の整数値をまとめて管理することができます。

これら1次元配列は、さらに2つ以上の1次元配列を並べて1つの配列名で管理する2次元配列として利用することもできます。そのときには、次のようにして配列宣言を行います。

1次元配列：`int array0[20], array1[20],……, array50[20];`
　　↓
2次元配列：`int array[50][20];`

1次元→2次元配列とまとめたのと同じように、2次元→3次元配列、3次元→4次元配列……、とまとめることもできます。このように、**何重にもまとめた配列を多次元配列**と呼びます。

ここで注意することがあります。次のように、**大きさがばらばらな配列や異なる種類の変数をまとめてひとつの（多次元）配列とすることはできません。**

【**（多次元）配列にまとめることができない変数（配列）の組み合わせ例**】

---

① `int     array0[5], array1[10], array2[100];`———— 大きさが異なる
② `int     array0[10];`
　 `double array1[10];`———— `int`型と`double`型では型が異なる

171

第 6 章　たくさんの値を記憶する —配列の利用

6.4.3　配列の扱い方

　前項のように配列宣言を行い、値を記憶する場所を用意した配列を、どのようにし
てプログラム内で取り扱うかをまとめます。

　1次元配列を int array[100]; として配列宣言した場合には、

```
array[0] = 20; array[1] = 100; …… array[99] = 80;
```

のようにして配列のひとつひとつの要素に値の代入を行うことができます。すなわ
ち、「**配列名[n]**」**とすることで、これまでに利用してきた変数と同じようにひとつず
つの値を取り扱うことができます。**

　ここで注意することは、「**配列名[n]**」のnの部分の整数は、**0からはじめる**という
ことです。int array[100]; の場合には、array[0]〜array[99] の100個の値を記憶
できます。

　また2次元配列を、実数を扱う型doubleを使い、double array[50][10]; として宣
言した場合には、

```
array[0][0] = 1.2; array[0][1] = 2.2; array[0][9] = 7.21;
array[49][0] = 0.8; array[49][9] = 0.128;
```

のようにして小数点を含んだ値の代入を行うことができます。ここでも、配列の大き
さを[50][10]としていれば、[0]〜[49]、[0]〜[9]の整数値でそれぞれの値を代入
したり、取り出したりすることができます。

　2次元を超える配列の場合も同じように、[整数]を重ねて記述すれば値の代入、
取り出しを行うことができます。

6.5　どんなときに配列を使えばよいのか？

　配列の使い方は理解できたと思いますが、いったいどんなときに配列を使えばよい
のでしょうか？ 逆に、どんなときには配列を使わないほうがよいのでしょうか？

　先にも説明したように、配列を用いなくてもプログラムを記述することは可能で
す。しかし、配列を使わなければ、現実的な問題としてプログラムを作る時間がかか
りすぎる場合があります。また、配列を使って記述すれば、ソースプログラムがとて
も簡潔にわかりやすく記述できる場合もあります。

6-5 どんなときに配列を使えばよいのか？

配列を使うべき場合、使うべきでない場合を、次の場面を例にして考えてみましょう。

平均身長は？

入力する値が多い場面で……
(a) ある個人の、年齢、生年月日、身長などさまざまな100種類のデータを入力する場合
(b) あるクラスの、100人の得点データを入力し、合計得点だけを表示する場合
(c) ある学校の、100人の身長データを入力し、100人それぞれの身長と平均を表示する場合

上記で配列を使ってデータを管理するべきものはどれでしょうか？
(a)、(b)、(c)のどれも、100個のデータを取り扱っていますが、100個の関係がそれぞれ違っています。それは次のようにまとめられます。

(a) **100種類のデータがあり、それぞれに関連はない。**
(b) **100個の関連したデータを扱っているが、結果は合計値だけでよい。**
(c) **100個の関連したデータを扱っていて、結果にも100個のデータが必要。**

このことから考えると、この場面では次の理由によって「(c)だけが配列を利用するべき場面」と判断できます。

(a) 関連しないデータをまとめても、プログラムが見づらくなる。そのため、**データに関連性がないときには記述面で大きな支障がないかぎり配列は使わないほうがよい。**
(b) このような問題では、そもそも入力した値をすべて記憶しておく必要はない。すなわち、**無駄に配列を利用して不必要なデータを記憶しないほうがよい。**
(c) このように**関連した数多くのデータを取り扱う場合には、配列を利用したほうがソースプログラムを簡潔に書ける。**

この例題からわかるように、ただ変数が多くなったからといってなんにでも配列を使うべきではなく、**問題の中で意味が深く関係している変数が多い場合に配列を使うべき**です。
さらに、配列を使ったほうがプログラムを簡潔に記述できるときにも配列を使うべきですが、逆に**配列を使うとプログラムが複雑になるときには配列を使う必要はありません。**

プログラミングに慣れていない間は、アルゴリズムを構築するときに繰り返し処理を発想するのは難しいと思います。そんなときには、次節で紹介するように配列と繰り返し処理を使わずにプログラムを書いて、それを「配列＋繰り返し処理」に書き換えできないかと考えていくとよいでしょう。ただし、書き換えたプログラムからもう一度アルゴリズムを見直してください。アルゴリズムを見直さないかぎり、「配列＋繰り返し処理」を自由に使いこなせるようにはなりません。

6.6 配列を「繰り返し処理」と組み合わせて何倍も便利に！

6.3.3の例題でも紹介したように、配列は繰り返し処理と組み合わせて記述することで、

- プログラムが簡潔に記述できるようになる
- 膨大なデータをプログラムで操作することができるようになる

といった、実用的なプログラムを効率的に組み立てるには欠かせないことができるようになります。

しかし、「配列＋繰り返し処理」を、アルゴリズムを考えるときに発想することは、プログラミングに熟達しないとなかなか難しいでしょう。そこで、まずは配列も繰り返し処理も利用していないでプログラムを作り、それを書き換えることでどう発想すればよいのかを学んでほしいと思います。

基本的な書き換え規則を次にまとめました。これを参考に多くのプログラミングに挑戦してください。

[配列も繰り返し処理も利用しないで作る]

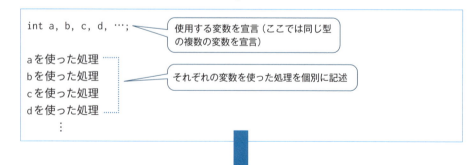

［配列＋繰り返し処理に書き換える］

```
int array[X];
int loop;
```

同じ型の複数の変数を、X個の要素を持つ配列としてまとめる

処理を繰り返す数を記憶しておく変数を宣言

処理の共通部分をfor文を使って繰り返すようにする

```
for (loop = 0; loop < X; loop++)
{
    左記の変数 a，b，c，d ……を使った処理の共通部分で
    a，b，c，d ……を配列array[loop]に置き換えて記述する
}
```

変数**a，b，c，d**……を使った処理の**共通ではない部分を個別に記述する**

（ただし、変数aを使った処理の結果を変数bを使った処理などで利用するときには、aの処理はif文やswitch文を使って、for文の処理の中で記述する）

6.7 ここまでの知識でどんなことができるのか？

　この章で学んだことを利用して、どのようなことができるのでしょうか？ この章で学んだ配列は、簡単にいうならば、大量のデータをまとめて取り扱う手法です。これまでの変数だけを使う方法でも、大量のデータを扱うことは不可能ではないですが、そのようなプログラムを記述することは大変な作業です。

　配列を使って大量のデータを取り扱う方法を利用すれば、いままでよりもっと実用的で大規模なプログラムを作ることができます。具体的にどのようなものができるのか次にあげてみます。

ここまででできること❶ 在庫管理システム

　品物の番号と場所の番号をあらかじめ登録しておき、その品物の番号を入力すると、品物がどこにあるかを番号で表示する。

　さらに、値段などの情報も一緒に登録しておくならそれらも一緒に表示する。

▶具体的には…

　このシステムの場合、1つのものに対して、「品物の番号」「場所をあらわす数値」「値段」など大量の数値が情報としてあります。このように、ある**1つのものに対して、整数値（実数値）の情報だけがいくつもある場合には、配列を使ってまとめる**とすっきりと取り扱うことができます。

ここでは、10個ある品物の番号を「0～9」として、それぞれに「場所をあらわす数値」「値段」の数値を記憶しておく配列を作ることにしましょう。

まず、品物が10個あるのでそれを整数型1次元配列であらわすものとします。（int data[10];）。

次に、それぞれの品物について「場所をあらわす数値」「値段」の2つの数値を記憶したいので、先の1次元配列の先に2種類の値を入れる箱を作ります（int data[10][2];）*。

あとは、この2次元配列にデータを与え、そのあと、商品番号入力→該当する配列の要素の値を表示、とすれば完成です。

＊もちろん、int data[2][10];やint data[10], data2[10];としてもよいですが、data[2][10]としたときには2つのまとまりを10まとめることであり、data[10][2]としたときには10のまとまりを2つまとめるという意味の違いがあります。問題の意味を正確にあらわすことは見やすさにもつながるので、どの表現がわかりやすいのかを考えて使い分けましょう。

ここまででできること❷
スポーツ振興くじ当たり判定プログラム

スポーツ振興くじでは、13試合をホームチームの「勝ち」「引き分け」「負け」をそれぞれ「1」「0」「2」とあらわしています。そして予想結果は、「全部当たり」「1試合はずれ」「2試合はずれ」までは払い戻しがあります。

やったことのある人はわかると思いますが、結果を見て当たっているのか当たっていないのかを調べるのは大変手間がかかります。

そんなときには、2次元配列で予想結果を、1次元配列で結果を入力して比較することで当たっているのかを判定し、結果を表示します。

▶ 具体的には…

このプログラムの場合、試合結果を入力する数値は13試合分あるので、これを1次元配列にまとめておきます。

また、予想してあるデータは、最大10試合までとし、int yosou[10][13];として全予想データが入る2次元配列を用意しておきます。あとで、「1・0・2」の値が入ることを考え、**はじめに「1・0・2」以外の値を2次元配列の要素すべてに代入しておくと、予想していない部分で誤って当たりの判定になるのを回避しやすいでしょう。**

あとは、繰り返し処理の中で試合結果と予想データを比較し、予想が当たっている数を数えあげて、判定を行っていけば完成です。

ここまででできること❸
交通機関検索システム

出発地点から、数箇所の中継地点を経由して目的地まで行くときの最安料金や最短時間を計算し、最適な料金と時間を表示する。

6-7 ここまでの知識でどんなことができるのか？

　各地点間の交通機関の料金、時間をそれぞれ1次元配列に記憶させておき、多重に繰り返し処理を行いすべての組み合わせを計算する。繰り返し処理の中では、計算した値を、いままでに計算した最安料金・最短時間と比較し、それよりも安い・短いときにはこれを最安料金・最短時間として記憶させ、繰り返しを続ける。

▶**具体的には…**

　このシステムの場合、それぞれの区間の料金・時間を配列としてまとめ、それをさらに区間の数だけ配列にしてまとめると考え、2次元配列を利用するとよいでしょう。

　そして、それぞれの経路の合計金額を求めるため、総当りで計算を行っていきます。総当り計算をする部分には、繰り返し処理を効果的に使うとよいでしょう。

第 6 章 たくさんの値を記憶する —配列の利用

理解度チェック！

次の質問に答えましょう。空欄には字句や数字を入れてください。

Q1 配列とは、複数の _____ の変数を、番号をつけて同じ名前で管理するものです。

Q2 5個の整数型変数（名前はdata）を宣言して利用準備するには、どのように記述しますか？

Q3 Q2の宣言により5個の値を記憶させることができます。空欄に入る数字はそれぞれ何ですか？

```
data[  ]=1;
data[  ]=1;
data[  ]=1;
data[  ]=1;
data[  ]=1;
```

Q4 3つの整数型変数をまとめて配列をつくり、それをさらに4つまとめて配列にするときの宣言は、どのように記述しますか？

解答：**Q1** 同じ型あるいは同じ種類　**Q2** int data[5];　**Q3** 上から0、1、2、3、4　**Q4** int data[4][3];　※ data[3][4]ではないので注意

補足解説　Q3での配列名のあとの[ ]の中の数字（番号）は添字（インデックス）と呼びます。**添字の番号は、必ず0から始まる**ことに注意してください。

これは、次の仕組みをイメージして覚えておきましょう。
- 配列はコンピュータのメモリ上で、連続して値を記憶する場所として準備される。
- メモリは先頭から順番に利用する。
- 配列名の data と記載すると、配列の先頭を意味するメモリの場所を示す。
- そのあとの添字は、data という**先頭の場所から何個先の場所を使うか？**という意味であるので、**0個先の場所＝先頭の場所**となる。

また、本文では扱いませんでしたが、配列は宣言時に、値を並べて初期化ができます。

```
int data[4] = { 1, 2, 3, 4 };
```

のように記載します。すると data[0] に 1、data[1] に 2、data[2] に 3、data[3] に 4 をまとめて代入して初期化することができます。

6-7 まとめ

まとめ

◉大量のデータをまとめて取り扱う方法として、「配列」という記述方法がある。

◉変数を並べた1次元配列の配列宣言は、次のようにまとめられる。

記憶する値	1次元配列の配列宣言の記述	
整数	int	配列名[並べて扱う変数の数]
	long int	配列名[並べて扱う変数の数]
	short int	配列名[並べて扱う変数の数]
	unsigned int	配列名[並べて扱う変数の数]
実数	float	配列名[並べて扱う変数の数]
	double	配列名[並べて扱う変数の数]
文字	char	配列名[並べて扱う変数の数]

◉1次元配列にさらに「[数値]」をつけて「配列名[数値][数値]」としてまとめて管理することができる。これを「2次元配列」という。

◉2次元配列をさらにまとめて3次元配列、さらにまとめて4次元配列というように「多次元配列」としてまとめて管理することもできる。

◉配列に値を代入したり値を参照したりするときには、ひとつひとつの要素を「配列名[番号]」として取り出し、変数と同じように取り扱うことができる。

◉配列を「配列の型 配列名[数値]」として宣言した場合には、「配列名[0]」から「配列名[**数値-1**]」の値を取り扱うことができる。「配列名[1]」からではない。

◉配列を繰り返し処理と一緒に利用することで、プログラムが簡潔にまとめられることがある。これが配列を利用する最も意義のある利用方法である。

179

練習問題 6

Lesson 6-1　配列を利用した組み合わせの探索

サイコロを振ったときに、それぞれのサイコロの目に対して次の表のような得点が与えられるゲームを考える。

サイコロの目	1	2	3	4	5	6
得点	30	10	15	2	8	28

このゲームを2回繰り返したときの合計得点の表を、配列と繰り返し処理を利用して求め、表示するプログラムを作成しなさい。

Lesson 6-2　2次元配列を利用した表の作成

2つのテストの点数を20人分入力し、それぞれのテストの平均点を求め、得点の分布がわかるように、次の例のような表として結果を表示するプログラムを作成しなさい。

【表示結果の例】
```
テスト1：平均60点
テスト2：平均40点
                        テスト1    テスト2
平均＋20点以上              2         4
平均＋10点以上＋20点未満     3         2
平均－10点以上＋10点未満    10        12
平均－20点以上－10点未満     3         0
平均－20点未満              2         2
```

Lesson 6-3　総合応用問題1

0より大きい10個の異なる数字を入力したときに、大きいものから順番に並び替えて表示するプログラムを作成しなさい。

- 10個のデータを配列に記憶させ、10回の繰り返し処理でそれぞれ最大値を求める。
- 入力した値を記憶している配列と、結果を格納する配列を別に用意するとよい。
- 簡単にプログラムを作成するには、一度最大値として求めた値には0を代入しておくとよい。このようにすれば、同じものを2度最大値として見つけることはなくなる。

Lesson 6-4　総合応用問題2

時間の違う30曲の音楽データ（それぞれの曲番号が1～30とついている）があるとき、これらを5曲まとめて20分以内に、しかし20分に一番近くなるようにオリジナルプレイリストを作成したい。どの組み合わせで曲を選べばよいかを求めるプログラムを作成しなさい。ただし、30曲それぞれは2分～5分で、同じ時間の曲はないものとする。曲の時間はプログラムを実行したときに入力するものとし、それぞれの曲の時間も結果に表示すること。

- 30曲の時間は、すべて秒で入力し、配列に格納するとよい。
- 多重の繰り返し処理を行い、どの曲を選んだかを記憶する変数を5つ用意する必要がある。

大きなプログラムを作るときの心得

　C言語の記述方法や使い方を学び、さまざまな問題をプログラムにする方法がわかってきたと思います。そうすると必然的に、作るプログラムのサイズも大きくなってきます。大きなサイズのプログラムを作るときにはどんなことに注意する必要があるでしょうか？

小さなまとまりごとに作りあげる

　ひとつ結論から先にいうと、「**けっして大きなプログラムを一度に作らない**」ということがプログラムを早く完璧なものにする秘訣です。これはどういうことかというと、プログラムを作るときには、小さなまとまりごとに処理を書いていき、それぞれの処理が正しく動いているかをテストしながら全体を作っていくということです。

　プログラミングの初心者ほど、与えられた問題をはじめから一度に組み立てがちです。そしていざ実行して、エラーが出たり全然違う処理結果になったときに、修正したいのだけどプログラムが長くてどこが間違っているのかわからなくなってしまった……なんてことがよくあります。

　では「少しのまとまりにする」とは、どのように分割することを考えればよいのでしょうか？　まず、間違えやすい箇所は、そこだけで処理を作り実行テストをしていきます。プログラミング初心者が間違えやすい箇所としては次のことがあげられます。

（1）入力処理における変数への代入方法
（2）計算式の実数と整数の扱い方
（3）分岐処理や繰り返し処理の条件の記述

　また、テストの仕方は状況により違いますが、多くの場合は次のようにするとよいでしょう。プログラムの動きが確認できます。

（1）値を入力し変数に代入したあと、printf()を使ってその値を表示してみる。
（2）ひとつひとつの値と計算結果の値をprintf()を使って表示してみる。
（3）条件を満たしたときと満たさないときで、それぞれにprintf("処理1¥n")のようにしてどこの部分がどんな順番で動いているのかを確認する。

　これと同じことは、デバッグで間違っている箇所を見つけるときにも利用できるので、ぜひ覚えておいてください。

　また、このように小さい部分に分けてプログラミングするということは、それぞれの

小さな処理をまとめあげて大きな処理を組み立てていくことにもつながります。このようにして作ったそれぞれの部分を保存しておけば、他のプログラミングをするときにも利用できる大きな財産として蓄えていくことができます。

まず、少ないデータで試作プログラムを作る

　もうひとつ、大きなプログラムをするときの秘訣は、100個やそれ以上のデータを取り扱う場合でも、はじめは1～5個くらいのデータだけでプログラムを作るということです。配列と繰り返し処理を使ってデータを取り扱えば、データ数が増えてもプログラムはほとんど書き足す必要はありません。ですから、その問題の分岐処理や繰り返し処理などを考慮して、**すべての処理の流れをたどることのできる最低限のデータで試作プログラムを作る**ようにするとよいでしょう。

　この他にも小さな秘訣はたくさんありますが、ここでもうひとつだけあげるなら「**数多くのプログラムを作ること**」です。プログラミングは

10％のセンス＋70％の経験＋20％のよい教わり方

だと思います。最後の20％に本書が役に立つことを祈ります。みなさんは大事な70％をしっかり身につけるために、着実に一歩ずつ進んでいきましょう。

第 **1** 部　C言語プログラミングの基本構造

第 **7** 章

データを保存する・保存したデータを読み込む
―ファイルの利用―

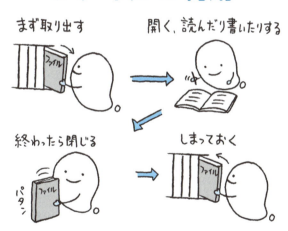

この章では、大量のデータをプログラムで取り扱うにはきわめて重要なC言語プログラミング方法を扱います。

この章で学ぶこと
- ▶ データを保存すること、保存したデータを読み込むことの大切さ
- ▶ プログラムでのファイルの取り扱いについて
- ▶ ファイルを利用してデータを入力するにはどのようにすればよいのか？
- ▶ ファイルを利用してデータを出力するにはどのようにすればよいのか？

第 7 章　データを保存する・保存したデータを読み込む —ファイルの利用

7.1　データを保存すること、保存したデータを読み込むこと

　6章では膨大なデータをプログラム内でまとめて取り扱う方法のひとつ、「配列」を学びました。配列を使えば100や200の数値を読み込んで、いろいろな処理をするプログラムを記述することができます。

　しかし、そのようなプログラムを作って実行してみて、「ん？なんか効率悪いなぁ」と感じませんでしたか？　そう、100や200の入力データを処理することができても、実行するたびに入力するということは、なんとも大変な作業です。

　また、プログラムがだんだん大きくなるにつれて、結果の表示が画面内で見えなくなることもあります。結果を残しておきたいときにも、表示されたデータをカットアンドペーストして保存するのは、なんとも手間がかかり非効率的です。

　このように、入力するデータや出力したデータをなんらかの形で保存することができないということはどういうことでしょうか？　たとえばそのプログラムがワープロだとすると、途中まで書いた文章を保存しておいて、あとで読み込んで続きを書く、といったことができないということです。別の例でいうと、そのプログラムがメールソフトだった場合、一度メールを読んでしまうともう二度と読み返すことができないのです。

　こうして考えてみると、普段使っているソフトウェア（プログラム）のほとんどすべてのものに「**データを保存する**」、「**保存したデータを読み込む**」という2つの処理が入っていることがわかると思います。

　さらに、普段使っているソフトウェアで「データを保存する」、「保存したデータを読み込む」という操作を思い出してください。保存や読み込みということは「**ファイルにデータを保存する**」、「**ファイルからデータを読み込む**」ということを行っていますね。現在のほとんどすべてのコンピュータでは、何かを保存しておきたいというときには、「**ファイルに保存**」ということを行います。そのため、より実用的なプログラムを作るには**ファイルを操作することはきわめて重要な処理**です。

　本章では、C言語でどのようにしてファイルを操作し、保存・読み込みを行えるようにすればよいのかを説明していきます。

Fig. 7-1
ファイルに保存・ファイルから読み込む

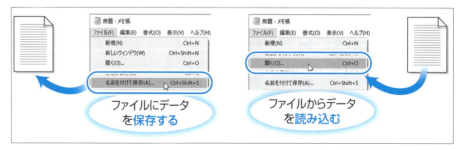

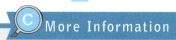

コンピュータにおけるファイルの種類

　1章でも解説したように、コンピュータ上のファイルは、大きく分けてテキストファイルとバイナリファイルの2種類に分類されます。C言語ではテキストファイルもバイナリファイルも取り扱うことができますが、本書では扱いが簡単なテキストファイルのみを取り上げます。そのテキストファイルの中身についてもう少し詳しく説明します。

　テキストファイルとは、エディタなどでそのファイルを開いたときに文字や記号が人間にわかるように記述されているファイルです（逆に、バイナリファイルをエディタで開くと変な文字や記号が表示されるばかりで人間が読んでわかるものにはなっていません）。C言語のソースプログラムを作るときにも、このテキストファイルを利用しています。

　テキストファイルは、人の目に見える文字や記号の他にも、「改行」「スペース」など見えない記号が書かれていることがあります。テキストファイルを取り扱うときには、これらの「**改行**」や「**スペース**」などの記号も**1文字**＊として取り扱います。さらに、**日本語の1文字は2文字として取り扱わなくてはなりません。**

＊この場合の1文字とは"半角で"1文字のことです。全角のa、全角のスペースなどは日本語の1文字と同じく2文字（つまり半角2文字分）として扱われます。

　全角文字が半角文字2文字分であることは、C言語だけの規則ではなく、コンピュータで日本語を取り扱うときの一般的な規則です。

　また、別な表現では、半角文字を1バイト文字、全角文字を2バイト文字ということがあります。これは半角文字1文字を表現するのに1バイト（＝8bit）を、全角文字1文字を表現するのに2バイト（＝16bit）を利用しているためです。ちなみに、中国語など文字数がさらに多いものでは、3バイト（＝24bit）以上を使っていることもあります。

　最近のWindowsでは標準の文字コードでUTF-8が使われるようになり、可変長マルチバイトが採用されています。すなわち、文字によって1文字あたり1～4バイトが使われます。本章では可変長マルチバイトの複雑さを避けるため、すべて半角英数字記号でファイルの中身を取り扱うものとします。

7.2 ファイルを利用してデータを入力するにはどのようにすればよいのか？

7.2.1 大量のデータを入力して結果を表示させる

　大量のデータをプログラムに入力しなくてはならない場合があります。次の例題で、どのようにすればファイルを利用してデータを入力することができるかをみていきます。

例題1　膨大なデータからの成績評価

　野球選手10人（背番号0～9）の打者の成績を評価するため、1塁出塁1point、2塁打2point、3塁打3point、ホームラン4pointとして過去40打席の成績をもとに得点を計算したい。
　そこで、10人それぞれの打席の結果をポイントで入力し、10人の全打席のポイント数と合計した成績を表示するプログラムを作成しなさい。

　この問題は、前章までの手法でも記述できる問題です。まずは、いままでに学んできたようにアルゴリズムを考え、いままでの記述方法でプログラムを書いてみましょう。
　簡単にアルゴリズムをまとめると次のようになります。

アルゴリズム ●●●

1. 10人の選手のデータを入力し記憶するため、以下を10回繰り返す
   ① 40打席のデータを入力し記憶するため、以下を40回繰り返す
   （ア）ポイントを入力し、記憶する
2. 10人の選手の合計成績を求めるため、以下を10回繰り返す
   ① 40打席の合計ポイント数を、繰り返し処理を使って求める
3. （繰り返しを利用しながら）結果を表示する

　ここで、どのように変数を利用するかを考えてみると、次のようにすればよいことがわかります。

- 40打席のデータがあるので、これをまとめて1次元配列にする
- さらに10人のデータがあるので、1次元配列をまとめて2次元配列にする

7-2　ファイルを利用してデータを入力するにはどのようにすればよいのか？

このアルゴリズムをもとにしてプログラムを作成すると次のようになります。

List 7-1
成績集計プログラム1
（プログラム実行時にひ
とつひとつのデータを
入力していく）

```c
#include <stdio.h>

int main()
{
    int     point[10][40];
    int     total[10];
    int     loop1, loop2;

    /* ポイントの入力 */
    for (loop2 = 0; loop2 < 10; loop2++)
    {
        for (loop1 = 0; loop1 < 40; loop1++)
        {
            printf("背番号%2dの%d打席目のポイントを入力\n", loop2, loop1+1);
            scanf("%d", &point[loop2][loop1]);
        }
    }

    /* 合計得点の計算 */
    for (loop2 = 0; loop2 < 10; loop2++)
    {
        total[loop2] = 0;
        for (loop1 = 0; loop1 < 40; loop1++)
        {
            total[loop2] = total[loop2] + point[loop2][loop1];
        }
    }

    /* 結果の表示 */
    printf("-----結果-----\n");
    for (loop1 = 0; loop1 < 40; loop1++)
    {
        for (loop2 = 0; loop2 < 10; loop2++)
        {
            printf("%3d¦", point[loop2][loop1]);
        }
        printf("\n");
    }

    printf("---¦---¦---¦---¦---¦---¦---¦---¦---¦---¦\n");
    for (loop2 = 0; loop2 < 10; loop2++)
```

> 10人の選手の40打席のデータを入れる場所を2次元配列として確保

> ポイントの合計値を入れる場所を10人分

```
    {
        printf("%3d¦",total[loop2]);
    }
    printf("¥n");

    return(0);
}
```

7.2.2　入力するデータをテキストファイルにしておくと……

　List 7-1 では、入力処理と合計値計算処理でそれぞれ独立して繰り返し処理を行っています。これは、それぞれの処理を構造的にわかりやすく記述するためですが、処理の効率を求めるときには、一度の繰り返し処理で入力と合計値計算を行うのがよいでしょう。

　まずはこのプログラムを一度実行してみてください。……データを400個も入力しなくてはなりませんね。そして、このあとプログラムを使うユーザーから

「**あっ、集計方法はホームランなら2倍の8点にして計算しなおしてみて**」

なんていわれたら……！　プログラマーからすれば、嫌がらせのように感じますが、こんなことは頻繁にあります。このようなユーザーのさまざまな要求に応えられてこそ一人前のプログラマーです。

　ですが「優れたプログラマーなら大変な作業を耐えろ！」というのではありません。**こういうユーザーのさまざまな要求に対応できるようなプログラムを作ることが優れたプログラマーの条件**といえるでしょう。

　そこで、入力するデータをあらかじめテキストファイルに入れておき、プログラムはこのテキストファイルからデータを読み込むようにしておけば、一度入力したデータは何度でも使うことができますし、入力の手間も一度で済みます。

　ここでは、入力するデータを左のようにテキストファイルに作っておくことにします。それぞれの行には整数値しか記入しない（空白も入れない）で下さい。400行もありますが、一度だけの手間ですので我慢してください。

　これまではプログラムを実行してから入力していた値を、このようなテキストファイルを利用してプログラムに渡すようにしたプログラムを次に考えていきます。

400個入力しなおし!?

得点を入力した
テキストファイル
「deta1.txt」

3
1
2
1
0
・
・
・
4

＊今回は都合上、最後400行目に必ず改行を入れることにします。

7-2 ファイルを利用してデータを入力するにはどのようにすればよいのか？

List 7-2
成績集計プログラム2
（テキストファイルを利
用したデータの入力）

```c
#include <stdio.h>

int main()
{
    int     point[10][40];
    int     total[10];
    int     loop1, loop2;
    FILE    *FP;

    /* ファイルを読み込み可能状態にする */
    FP = fopen("data1.txt","r");

    /* ポイントの入力 */
    for (loop2 = 0; loop2 < 10; loop2++)
    {
        for (loop1 = 0; loop1 < 40; loop1++)
        {
            printf("背番号%2dの%d打席目のポイントをファイル入力¥n", loop2, loop1+1);
            fscanf(FP,"%d", &point[loop2][loop1]);
            printf("%d¥n", point[loop2][loop1]);
        }
    }

    /* ファイルの使用を終了する */
    fclose(FP);
    /* 合計得点の計算 */
    for (loop2 = 0; loop2 < 10; loop2++)
    {
        total[loop2] = 0;
        for (loop1 = 0; loop1 < 40; loop1++)
        {
            total[loop2] = total[loop2] + point[loop2][loop1];
        }
    }

    /* 結果の表示 */
    printf("-----結果-----¥n");
    for (loop1 = 0; loop1 < 40; loop1++)

    {
        for (loop2 = 0; loop2 < 10; loop2++)
        {
```

❶ ファイルを扱うための変数宣言

❷ 用意してあるテキストファイル「data1.txt」
を読み込み可能状態にする

❸ 「data1.txt」からデータを読み込む

❹ 読み込みを終えたら「data1.txt」を閉じる

189

```
            printf("%3d¦", point[loop2][loop1]);
        }
        printf("¥n");
    }
    printf("---¦---¦---¦---¦---¦---¦---¦---¦---¦---¦¥n");
    for (loop2 = 0; loop2 < 10; loop2++)
    {
        printf("%3d¦", total[loop2]);
    }
    printf("¥n");

    return(0);
}
```

どうですか？ 数行の変更を加えただけで、いままではプログラムを実行してから値をひとつひとつ入力していたものが、あらかじめ用意したファイルから一気に値を読み込むものになりました。変更を加えた枠囲みの箇所について説明していきます。

■ ファイルを扱うための変数宣言（❶の部分）

この部分は、**変数宣言**であることは場所や書き方から推測できると思います。ファイルを扱うためには、**FILE**（大文字で表記）という型の変数を用意します。ただし、これまでの変数宣言とは異なり「*」という記号が名前の前についています。

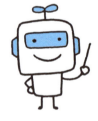

ファイルポインタの宣言

```
FILE    *変数名;
```

C言語では、このように「*」をつけた変数を**ポインタ変数**といい、特にこのFILE型のものは、**ファイルポインタ**（file pointer）と呼びます。これはファイルを操作しているときに、今ファイルのどこを読み込んでいる（書き込んでいる）のかを示し、その場所を保存しておくポインタ型の変数です。

ポインタ変数について、本書では13章で扱いますが、**C言語の最大の壁はポインタの理解であり、ポインタがC言語のよさでもある**といわれるほど大切な部分です*。

■ ファイルのオープン（❷の部分）

この部分は、**ファイルのオープン**と呼ばれる処理で、C言語でファイルを操作するときには欠くことのできない部分です。fopen()*という関数を使います。この場合のファイルオープン処理では次の2つのことを行っています。

＊本格的にC言語を学ぶときには本書を終えたあと、『C言語ポインタ完全制覇』（小社刊）などでより深く学んでください。

＊fopenは「ファイルオープン」または「エフオープン」と呼びます。最初のfはfileのエフです。

ファイルのオープン
- ファイルを**読み込み可能**にする
- ファイルポインタ（ファイルのどこを見ているか）をファイルの先頭で初期化する

　　　　　　　　　　　　　　読み込み用としてオープンするファイル名

ファイルポインタ = fopen("ファイル名", "r");

　　　　　　　　　ファイルの先頭で　　　ファイルを読み込み用にオープン
　　　　　　　　　初期化する代入式　　　するようモードを設定

* `read`の頭文字をとって「r」と表記しています。

■ ファイルからデータを読み込む（❸の部分）

ここで新しい関数`fscanf()`*が出てきました。キーボードからのデータの入力を扱うのが`scanf()`であるのに対して、**ファイルから読み込むのが`fscanf()`**です。使い方もとても似ていて、はじめの引数（関数の括弧内の数値や変数のこと）にファイルポインタが加えられているだけです。

* `fscanf`は「エフ・スキャンエフ」と呼びます。最初のfはfileのエフです。

■ ファイルのクローズ（❹の部分）

この部分は、**ファイルのクローズ**と呼ばれる部分で、**ファイルをオープンして使用したあとは絶対に必要な処理**です。「開けたらちゃんと閉める」と考えると、当然のことですね。`fclose()`*という関数を使います。

ファイルのクローズを忘れてもプログラムは実行できることが多いのですが、忘れたために**コンピュータ上の他のファイルを破壊したり、プログラムの実行に異常をきたしたりする場合もあります。必ず記述するようにしましょう。**

* `fclose`は「ファイルクローズ」または「エフクローズ」と呼びます。最初のfはfileのエフです。

どうですか？「ファイル」という新しいものを取り扱うといっても、とても簡単な書き換えだけで実現できましたね。

7.3 ファイルを利用してデータを出力するにはどのようにすればよいのか？

次に、結果が画面に入りきれる大きさではないときや、一度処理した結果は保存しておきプログラムを動かさなくてもいつでもすぐに見られるようにしておきたいときを考えてみます。

これはちょうど前節と逆の考えで、「ファイルに結果を出力すればよい」ということになります。この方法も次の例題を通して見てみましょう。

第 7 章　データを保存する・保存したデータを読み込む —ファイルの利用

例題2　グラフの描画

　サッカーチームA、Bの10試合の対戦結果を入力すると、得点をグラフで表示するようなプログラムを作成したい。
　このとき、最大の得点は10点とし、A対Bの結果が4－2、3－5のときは次のようなグラフになるようにする。

```
     A   ¦   B
  ****¦**
   ***¦*****
```

7.3.1　結果を画面に表示するプログラム

　まずは、ファイルを利用せずに、これまで学んできたように画面に表示するプログラムで考えてみます。この問題のアルゴリズムを考えてみると、次のようになります。

アルゴリズム ●●●

1. 以下のことを10回繰り返す
    ①試合の対戦結果を入力し、2×10の2次元配列に格納する
2. 以下のことを10回繰り返す
    ①「10－（Aのn試合目の得点）」だけの空白を表示する
    ②Aのn試合目の得点だけ「*」を表示する
    ③チームの結果の区切り線「¦」を表示する
    ④Bのn試合目の得点だけ「*」を表示する
    ⑤改行を表示する

　このアルゴリズムにもとづいてプログラムを記述すると次のようになります。

List 7-3
対戦結果表示プログラム1（画面に結果を表示する）

```c
#include <stdio.h>

int main()
{
    int     score[10][2];
    int     loop1, loop2;
```

7-3　ファイルを利用してデータを出力するにはどのようにすればよいのか？

```c
/* 得点結果の入力 */
for (loop1 = 0; loop1 < 10; loop1++)
{
    printf("A対Bの第%d試合結果を数字2つで入力してください\n",loop1+1);
    scanf("%d %d", &score[loop1][0], &score[loop1][1]);
}

/* 結果表示 */
printf("----A-----|-----B----\n");
for (loop1 = 0; loop1 < 10; loop1++)
{
    for (loop2 = 0; loop2 < (10-score[loop1][0]); loop2++)
    {
        printf(" ");
    }
    for(loop2 = 0; loop2 < score[loop1][0]; loop2++)
    {
        printf("*");
    }
    printf("|");
    for(loop2 = 0; loop2 < score[loop1][1]; loop2++)
    {
        printf("*");
    }
    printf("\n");
}

return(0);
}
```

> プログラムの実行時に2つの数値をキーボードから入力

このプログラムでは、一度に2つの数値を入力するようにしています。プログラムの実行時に、2つの数値を空白をはさんで入力します。これを行っているのが枠で囲んだ部分です。

実行例

```
A対Bの第1試合結果を数字2つで入力してください
2 1
A対Bの第2試合結果を数字2つで入力してください
2 2
A対Bの第3試合結果を数字2つで入力してください
1 3
A対Bの第4試合結果を数字2つで入力してください
3 4
A対Bの第5試合結果を数字2つで入力してください
```

第 7 章 データを保存する・保存したデータを読み込む —ファイルの利用

```
1 2
A対Bの第6試合結果を数字2つで入力してください
2 4
A対Bの第7試合結果を数字2つで入力してください
2 3
A対Bの第8試合結果を数字2つで入力してください
3 2
A対Bの第9試合結果を数字2つで入力してください
2 5
A対Bの第10試合結果を数字2つで入力してください
1 0
----A-----|-----B----
        **|*
        **|**
         *|***
        ***|****
         *|**
        **|****
        **|***
        ***|**
        **|*****
         *|
```

7.3.2 結果をファイルに書き込むプログラム

　このList 7-3で表示している結果のグラフを、ファイルに書き込むようにした場合のプログラムを次に紹介します。

List 7-4
対戦結果表示プログラム2（ファイルに結果を書き込む）

```
#include <stdio.h>

int main()
{
    int     score[10][2];
    int     loop1, loop2;
    FILE    *FP;              ← ファイルポインタの宣言

    /* 得点結果の入力 */
    for (loop1 = 0; loop1 < 10; loop1++)
    {
        printf("A対Bの第%d試合結果を数字2つで入力してください\n",loop1+1);
        scanf("%d %d", &score[loop1][0], &score[loop1][1]);
    }

    /* ファイルを書き込み可能状態にする */
    FP = fopen("result.txt","w");
```

❶ FILE *FP; ← ファイルポインタの宣言

❷ FP = fopen("result.txt","w"); ← 結果を書き込むファイル「result.txt」のオープン＊

＊「result.txt」ファイルが存在しない場合は、ここで新たに作成されます。

194

7-3　ファイルを利用してデータを出力するにはどのようにすればよいのか？

```
/* 結果表示 */
fprintf(FP,"----A-----¦-----B----¥n");          ③
for (loop1 = 0; loop1 < 10; loop1++)
{
    for (loop2 = 0; loop2 < (10-score[loop1][0]); loop2++)
    {
        fprintf(FP," ");
    }
    for(loop2 = 0; loop2 < score[loop1][0]; loop2++)
    {
        fprintf(FP,"*");
    }
    fprintf(FP,"¦");
    for(loop2 = 0; loop2 < score[loop1][1]; loop2++)
    {
        fprintf(FP,"*");
    }
    fprintf(FP,"¥n");
}
fclose(FP);
return(0);
}
```

ファイルに処理結果を書き込む

④ 書き込みを終えたら「result.txt」を閉じる

このプログラムを実行し、対戦結果の数字を入力し終えても画面には何も表示されません。しかし「result.txt」というファイルが作られ、このファイルをエディタなどで開いて見てみると中に結果のグラフが書き込まれているのがわかります。

ファイルに書き込む場合にも、前節と同じように、前のサンプルプログラムの書き換えを行えばできることがわかります。変更を加えた枠囲みの箇所について説明します。

■ ファイルを扱うための変数宣言（❶の部分）

この部分は、前節と同じ、**変数宣言**です。すなわち、ファイルを扱うためのファイルポインタの用意をしています。

■ ファイルのオープン（❷の部分）

この部分も前節と同じように、**ファイルのオープン**と呼ばれる処理です。この場合のファイルオープン処理では次の2つのことを行っています。

195

第 7 章　データを保存する・保存したデータを読み込む —ファイルの利用

ファイルのオープン
- ファイルを**書き込み可能**にする
- ファイルポインタ（ファイルのどこを見ているか）をファイルの先頭で初期化する

　　　　　　　　　　　　　書き込み用としてオープンするファイル名

ファイルポインタ ＝ fopen("ファイル名", "w");

　　　　　　　ファイルの先頭で　　　ファイルを読み込み用にオープン
　　　　　　　初期化する代入式　　　するようモードを設定

すなわち、前節のファイルからの読み込み処理ではreadの1文字をとって「r」、ここではファイルへの書き込み処理なのでwriteの1文字をとって「w」となっています。

■ **ファイルに処理結果を書き込む（❸の部分）**

＊fprintfは「エフ・プリントエフ」と呼びます。最初のfはfileのエフです。

ここで新しい関数fprintf()＊が出てきました。画面に処理結果を出力するのがprintf()であるのに対して、**ファイルに出力するのがfprintf()**です。使い方もきわめて似ていて、はじめの引数（関数の括弧内の数値や変数のこと）にファイルポインタが加えられているだけです。

■ **ファイルのクローズ（❹の部分）**

この部分は前節とまったく同じ、**ファイルのクローズ**と呼ばれる部分で、**ファイルをオープンして使用したあとは絶対に必要な処理**です。この処理を忘れると、コンピュータ上の他のファイルを破壊したり、プログラムの実行に異常をきたしたりする場合があることを念を押しておきます。

どうですか？ ファイルへの書き込みの場合もとても簡単な書き換えだけで実現できました。ただし、ファイル書き込みにした場合には画面には処理結果が表示されなくなります。画面にも結果表示をしたいときには、printf()とfprintf()を同じように並べて記述します。

7.4 結果を保存しておき、次回プログラムを実行したときに保存データを読み込む

ここまでで学んだファイルの利用法は、キーボードからデータを入力したり、画面に結果を表示していたものを、単純にファイルからの入出力に切り替えるだけのもの

7-4 結果を保存しておき、次回プログラムを実行したときに保存データを読み込む

でした。この節では、より実用的なファイルの利用方法を次の例題を用いて紹介します。

例題3 アンケートの集計

あなたの好きなスポーツは？

　　1：野球　　　　　2：サッカー　　　3：テニス
　　4：バスケット　　5：マラソン　　　6：その他

というアンケートを行い、回答を集めるためのプログラムを作成したい。

　このアンケートのプログラムは誰でも実行できるようにしておき、各自が好きなときに実行して回答するものとする。

　さらに、アンケートに答えたあとには、現在までの回答人数と回答の割合（%）を表示するようにしたい。

こういうアンケートを行っているWebページを見たこともあるでしょう。このようなプログラムも、ここまで学んだことでできるのです*。ずっと実際の利用場面に近いものになってきましたね。

　さて、このようなプログラムはどのようにして作ればよいのでしょうか？　まずはアルゴリズムから考えてみましょう。

　この問題の基本部分である、アンケートに答えて集計するという部分のアルゴリズムをまとめると次のようになります。

> *実際にWeb上で動かすときには、CGIプログラミングの知識も必要になります。

アルゴリズム ●●●

1. アンケートの質問を表示する
2. 入力された回答を記憶する
3. それぞれの回答の数÷全回答数で割合を求める
4. 集計結果を表示する

ここで問題になるのは、

- プログラムを何度も実行する
- 1回の実行では、1つの回答を入力する
- 回答の集計は、いままでに得られた回答すべてで行う

という部分です。ここまでのプログラムでは、**変数を使って値を記憶させていても、プログラムの実行が終われば記憶させた値を取り出すことはできません。**

197

第 7 章 データを保存する・保存したデータを読み込む —ファイルの利用

そこで、ファイルを利用して処理する方法が登場します。それは、**プログラムが終了するときに記憶しておきたい値をファイルに書き込んでおき、再びプログラムが実行されたときには保存したファイルを変数に読み込んでから処理をする方法**です。このようにすれば、どれだけ多くの値でも、プログラムを何度起動しても利用することができます。

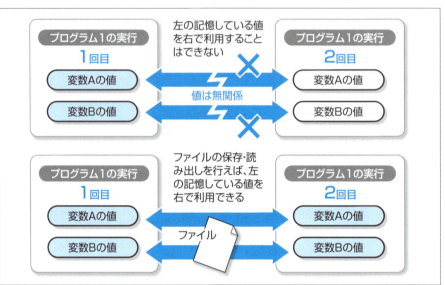

Fig. 7-2
ファイルを利用しないと値を再び利用することはできない

ファイルを利用すれば、値を何度でも利用できる

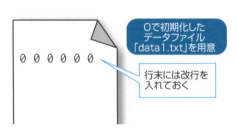

0で初期化したデータファイル「data1.txt」を用意

行末には改行を入れておく

　このことをふまえて全体のアルゴリズムをまとめてみます。ただし、はじめにデータファイルとして左のようなテキストファイルを用意しておくとします。

アルゴリズム ●●●

1. ファイルからアンケート回答の各項目の回答数を読み込む（1次元配列に格納する）
2. アンケートの質問を表示する
3. 入力された回答を記憶する
4. 各回答数の総和で全回答数を求める
5. それぞれの回答の数÷全回答数で割合を求める
6. 集計結果を表示する
7. 今回の回答を加えた各項目の回答数をファイルに書き込む

7-4　結果を保存しておき、次回プログラムを実行したときに保存データを読み込む

このアルゴリズムにもとづいてプログラムを記述すると次のようになります。

List 7-5
アンケート集計
プログラム

```c
#include <stdio.h>

int main()
{
    int     result[6];
    int     ans, total, loop;
    FILE    *FP;

    /* データファイルのオープン */
    FP = fopen("data1.txt","r");

    /* データファイルからの読み込み */
    fscanf(FP,"%d %d %d %d %d %d",&result[0], &result[1], &result[2],
                            &result[3], &result[4], &result[5]);

    /* ファイルクローズ */
    fclose(FP);

    /* アンケートの表示と結果の入力 */
    printf("あなたの好きなスポーツは？\n");
    printf("1: 野球      2: サッカー   3: テニス\n");
    printf("4: バスケット  5: マラソン   6: その他\n");
    scanf("%d", &ans);

    /* 集計 */
    result[ans-1] = result[ans-1] + 1;
    total = 0;
    for (loop = 0; loop < 6; loop++)
    {
        total = total + result[loop];
    }

    /* ファイルオープン */
    FP = fopen("data1.txt","w");

    /* 結果表示　画面とファイル */
    printf("集計結果 1:野球 2:サッカー 3:テニス 4:バスケット 5:マラソン
      6:その他\n");
    for (loop = 0; loop < 6; loop++)
```

①

第 7 章 データを保存する・保存したデータを読み込む —ファイルの利用

```
    {
        printf("%d: %2d%% ", loop+1, 100*result[loop]/total);
        fprintf(FP,"%d ", result[loop]);
    }
    printf("\n");
    fprintf(FP,"\n");

    /* ファイルクローズ */
    fclose(FP);

    return(0);
}
```

②

結果を画面に表示し、ファイル
へも書き込む

　特に難しい箇所はないと思いますが、記述上の注意する箇所を枠で囲んであります。それぞれについて次に説明します。

■ 1行が長すぎる場合は改行（❶の部分）

　ここでは、途中で改行をして2行にしています。このように変数を並べて記述している場合には、変数名と変数名の間で任意の空白や改行を入れることができます。たとえば次の例で␣ で示した箇所には空白や改行を入れることができます。1行が長くなりすぎた場合には、適当な空白を入れたり、改行を利用すると見やすくなります。

- `printf ␣(␣"%d %d これはテストです\n"␣,␣a␣,␣b␣);`

- `a␣=␣b␣*␣30␣/␣20;`

■ 結果の画面表示とファイルへの書き込み（❷の部分）

　ここでは、処理結果の画面表示とファイルへの書き出しを行っていますが、**画面に表示するものとファイルに書き出すものは違う値**です。画面には「○%」と表示していますが、ファイルには数値だけを書き出しています。また、「%」を表示するために「%%」と2回繰り返して記述しています。注意してください。

　このようにファイルへの入出力を利用すれば、実にさまざまな応用が考えられます。

7.5 ファイルを利用するときにはエラー処理も必須

　この章のプログラムを動かしていて、なにか不便だなと感じるところはありませんでしたか？　たとえば読み込むはずのファイルが存在しなかったり、ファイル名を間違えて記述したときに、ソースプログラムをコンパイルするときにはなにもエラーが出なかったのに、プログラムの実行ができないことがあります。しかもそのようなときには、なぜプログラムが実行できず、異常終了してしまうのかがわかりにくいことがしばしばです。

　市販されているソフトウェアでは「ファイル名が違います」などのメッセージを表示してくれるものもあります。このように、プログラムが予定した正規の道筋にならなかったときに**異常を知らせたり、異常から回復させたりする処理のことを**エラー処理といいます。

　ここではファイル操作と密着した**プログラムのエラー処理**について説明します。

More Information

エラー処理にはどんなことが求められるの？

　エラー処理のわかりやすい場面は、1～3の数値で選択問題の入力をしなければならないのに、4や5といった数値を入力したときです。ここまでのプログラムでは、プログラムはおかしな挙動をしたり、エラー終了したりしていました。ですが、4や5が入力されたときに「値が範囲を超えています。再入力してください」と再入力をうながすようにしていれば、ユーザーにとってもっと使いやすいプログラムになります。

　つまり、**ユーザーにとってより使いやすいプログラムを提供する**ことは、プログラムを作るときに欠くことのできない考えです。これは、エラー処理に限らずプログラミングをするときには必ず意識していくことが大切です。

　上記のエラー処理の例はユーザーの立場からの説明でしたが、作る側、プログラマーからみてエラー処理はどのように心がければよいのでしょうか？　これには完全な解答はありませんが私が心がけていることとしては、**意図したときにだけプログラムが終了するようにし、異常終了をなくす**ということです。

　エラー処理を実装することは大変手間がかかる作業ですが、この考え方を前提として、ユーザーにとって使いやすくなるように心がけてください。

7.5.1 実用的なファイルのオープン方法

エラー処理の第一歩として、「ファイルからデータを読み込もうとしたのに、そのファイルが存在しなかった」という場合に、「ファイルが開けません」というメッセージを表示してプログラムを終了させる処理を考えていきましょう。

List 7-6 ファイルオープンのエラー処理例

```c
#include <stdio.h>

int main()
{
    FILE    *FP;

    /* エラー処理を含むファイルのオープン */
❶   if ((FP = fopen("file.txt","r")) == NULL)    ← ファイルのオープンに失敗
    {                                                したかどうかを判断
        printf("ファイルが開けません¥n");
❷       return(1);
    }

    /* ここからの処理は、ファイルが開けたときのみ実行される */
    printf("ファイルが正しくオープンできました¥n");

    /* ファイルクローズ */
    fclose(FP);

    return(0);
}
```

このサンプルプログラムを実行すると、ファイルが存在しなければ「ファイルが開けません」、存在すれば「ファイルが正しくオープンできました」と表示してくれます。すなわち、ファイルがオープンできないときもプログラムをコントロールしているのです。

このサンプルプログラムで❶、❷の記述が新しい部分です。次に解説していきます。

■ **ファイルのオープンに失敗したかどうかを判断（❶の部分）**

この部分は、ファイルのオープンに失敗したかどうかをif文を使って判断し、分岐処理を行っています。しかし、この条件の記述は、いままで学んだものとかなり違っています。いままでの条件文では、ふたつの関係は「A == B」や「A > B」のように、単純な比較だったのでわかりやすかったと思います。さて、ここでは「(A = X)

7-5 ファイルを利用するときにはエラー処理も必須

== B」という記述が出てきました。これは次の2ステップの意味を持ちます。

① A に X を代入する

(A = X) == B　　② A == B の比較をする

すなわち、このサンプルプログラムでは次の2つの処理をあらわしています。

① FP に fopen() の結果を代入する

(FP = fopen("file.txt","r")) == NULL　　② FP == NULL の比較をする

　ここでもうひとつ疑問が残ります。**NULL**ってなんでしょう？ このNULL（「ヌル」と呼びます）というのはC言語で「何も指さないポインタ」をあらわす記号です。FPはファイルポインタというポインタ型で、fopen()でファイルを開けないときにはNULLになるという決まりになっています。このような記述をすることで、「ファイルが開けたのか？」という条件を記述することができるのです＊。

> ＊この記述の意味を完全に理解することは今の段階では難しいかもしれませんが、この記述はとても多く使われます。はじめは丸暗記でもよいですから覚えておいてください。

■ 処理を抜け出すときにreturn文（❷の部分）

　いままでのプログラムではmain()の処理のまとまりのなかに唯一のreturn(0)という記述がありましたが、ここでは**return(1)**という記述も用いています。プログラムを順番に実行していき、このreturn文にたどり着いたときには一番大きな処理のまとまり（ここではmain()のまとまり）を抜け出すことをあらわします。すなわち、main()の中でreturn文があればプログラムを終了することを意味します。

　さらに、return(X)のXに与える数値は、処理を抜け出すときにどんな値を記憶して抜け出すかをあらわします。通常は、正常に終了したときには「0」を、エラー処理などでプログラムの正規の流れからはずれて終了するときには「0以外」を与えます。このようにすれば、OSなどでプログラムが正しく終わったのかどうかを判断させることができるようになります。

203

第7章 データを保存する・保存したデータを読み込む —ファイルの利用

7.6 ファイルの利用方法の詳細

これまでの例題をとおして、C言語でファイルを利用することのイメージがつかめたと思います。そこで本節では、ファイルを利用するときに使うC言語の関数の詳細についてまとめて説明します。

7.6.1 ファイルを操作できる状態にする、操作を終える (fopen、fclose)

例題でも見てきたとおり、プログラムでファイルを操作するためには、ファイルオープンの処理が必要で、ファイルの操作を終了したときにはファイルクローズの処理が必要です。このファイルオープンとファイルクローズの処理の実用的使い方の詳細を次にまとめておきます。

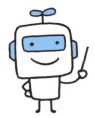

fopen()、fclose() の使い方

```
if (([ファイルポインタ]=fopen("ファイル名","X")) == NULL)
{
    [ファイルオープンできないときの処理];
    return(1);
}

[ファイルを利用したさまざまな処理];

fclose([ファイルポインタ]);
```

- ファイルポインタとは「`FILE * 変数名 ;`」として変数宣言された変数を意味する。
- ファイル名には、ディレクトリ名を含めることができる。
- `X` には、どのように使うようにファイルをオープンするのかを決める文字が入る。
    - ➡ファイルの先頭から読み込むとき ･･･････････････r
    - ➡ファイルの先頭から書き込むとき ･･･････････････w
    - ➡現在あるファイルの最後から追加して書き込むとき ･･a
- ファイルをオープンしたら、必ずファイルのクローズをする。ただし、ファイルのオープンに失敗したときには、その必要はない。

＊「a」はappend（追加する）の頭文字です。

ここではじめて紹介したのは、「現在あるファイルの最後から追加して書き込む」＊

という使い方です。このように"a"を使いファイルをオープンすれば、現在書かれているファイルの中身を残したままデータを追加したファイルを作ることができます。

7.6.2 ファイルから読み込む、ファイルに書き込む（fscanf、fprintf）

例題で見てきたように、ファイルオープンしたあと、実際にファイルからデータを読み込んだりファイルにデータを書き込んだりするときには、fscanf()やfprintf()を利用します*。

＊他にもファイルに読み込む／書き込む関数もありますが、ここでは扱いません。

これらの関数の使い方の詳細を次にまとめます。

fscanf()の使い方

fscanf ([ファイルポインタ],"XXXXX", Y1, ..., Yn);

- ファイルポインタとは「FILE *変数名;」として変数宣言された変数を意味する。
- XXXXX には、読み込みたい値の書式を記述する。
- 読み込みたい値の書式には、printf()で利用した %d などの変換仕様を用いる。
- Y には、変数のポインタ（コンピュータ上で変数が用意されている場所の情報）を記述する。ここまでに紹介した変数に値を読み込む場合には、変数名の先頭に & をつけたものを記述する。

fprintf()の使い方

fprintf ([ファイルポインタ],"XXXXX", Y1, ..., Yn);

- ファイルポインタとは「FILE *変数名;」として変数宣言された変数を意味する。
- XXXXX には、書き込みたい値の書式を記述する。ここに文字や数字をそのまま記述すれば、それがファイルに書き込まれる。
- 変数を書き込むときには、書き込みたい値の書式に、printf()で利用した %d などの変換指定を用い、Y には変数を記述する。

これらの関数は、scanf()やprintf()と記述方法が非常によく似ているので、すぐになじめると思います。

第 7 章　データを保存する・保存したデータを読み込む —ファイルの利用

理解度チェック！

次の質問に答えましょう。

Q1 ファイルを取り扱うためには、どのファイルのどの場所を今扱っているのかを記憶するために ［　　　　　　　］ と呼ばれる変数を利用します。

Q2 Q1の変数（変数名をここではFPとします）を利用するための変数宣言はどのように記述しますか？

［　　　　　　　　　　　　　　　　　　　　　］

Q3 ファイル（ファイル名をここではdata.txtとします）に読み書きする場合、それぞれどのように記述しますか？右側のコメントをヒントにして記述してください。

［　　　ア　　　］　//ファイルを読み込めるように準備する

［　　　イ　　　］　//ファイルから整数を1つ読み込み、numに記憶

［　　　ウ　　　］　//ファイルを使い終わったら、必ず最後にfclose

※fcloseしたあとは、次のように別な用途にFPを再利用できます。

［　　　エ　　　］　//ファイルを書き出せるように準備する

［　　　オ　　　］　//ファイルから整数を1つ書き出し、numに記憶

［　　　ウ　　　］　//ファイルを使い終わったら、必ず最後にfclose

解答：Q1 ファイルポインタ　**Q2** FILE　*FP
Q3 ア：FP = fopen("data.txt", "r");　イ：fscanf(FP, "%d", &num);　ウ：fclose(FP);
　　　エ：FP = fopen("data.txt", "w");　オ：fprintf(FP, "%d", num);

補足解説　fscanfやfprintfは、初めにファイルポインタを記載する以外は、scanfやprintfと同じように利用できます。
　ファイル名だけを指定したファイルは、ソースプログラムと同じフォルダにある場合にだけ読み込み・書き出しができます。別なフォルダにあるファイルに対してファイル名を指定するときには、相対パスや絶対パスでフォルダ名も含めたファイル名で記載する必要があります。

まとめ

- プログラムの実行結果を保存しておくときや、大量の入力データを何度も利用するときなどには、ファイルを利用したプログラムが有効である。

- コンピュータでファイルといったときには、人が読み取れる文字の情報で記述したテキストファイルと、コンピュータで実際に使用する2進数形式のバイナリファイルがある。

- C言語でファイルを操作するときには、ファイルオープンの処理をはじめに行わなくてはならない。

- ファイルから読み込む関数fscanf()を使えば、いままで学んできたscanf()と類似した記述でデータをファイルから読み込むことができる。

- ファイルに書き込む関数fprintf()を使えば、いままで学んできたprintf()と類似した記述でデータをファイルに書き込むことができる。

- ファイルの読み込みと書き込みを組み合わせることで、プログラムの実行状態を保存することができ、次の実行時に以前の実行結果を反映させることができる。

- 使いやすいプログラムを作るには、異常が起きたらどうするかという「エラー処理」をプログラムで記述し、制御することが望ましい。

練習問題 7

Lesson 7-1 数値ファイルの清書

あるファイル（read1.txt）には、整数値データ（0以上最大9999）が次のように、1行に8つ、4行書かれている。

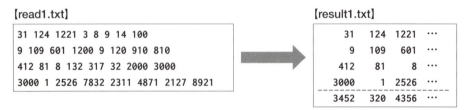

このデータを縦の列で数値が右揃えになるようにし、5行目に「-」で線を引き、6行目に合計値が書き込まれているファイル（result1.txt）を作成するプログラムを作りなさい。

Lesson 7-2 アクセスカウンタ

ホームページを閲覧しているときに、アクセスカウンタと呼ばれる「そのページが何回閲覧されたか」を表示する仕組みがある。これは、ホームページにアクセスしたときにあるプログラムが動くようになっていて、そのプログラムが何回実行されたのかを調べている。すなわち、実行回数をファイルに保存しておき、プログラムを実行するときにはそのファイルを読み込んで実行回数に1を加えてまた保存するということを行っているわけだ。

このようなときに利用できるアクセスカウンタプログラムの基本として、プログラムの実行回数をカウントし、「○回目の実行です」と表示するプログラムを作成しなさい。

Lesson 7-3 総合応用問題

あるライブコンサートは全席指定で、

A席（0〜9の10席）	5000円（税込み）
B席（10〜29の20席）	4000円（税込み）
C席（30〜79の50席）	3700円（税込み）

の3種類の席が用意されている。このチケットの予約システムの基本プログラムを作りたい。
プログラムは実行するごとに

- 現在の空席状況（合計の空席数と空席の番号）が表示され、
- 座席番号を入力すると予約を行い、金額を表示する

という処理を行う。
2回目以降に実行したときには、前の予約が反映されていなくてはならない。
このような座席予約システムのアルゴリズムを考え、実際にプログラムを完成させなさい。

第2部

アルゴリズムを組み立てる

第 8 章　プログラムで文字を扱うには？ —文字と文字列の取り扱い
第 9 章　文字列をもっと自在に扱うには？ —文字列処理の関数利用
第10章　新しい機能を設計する —独自に関数を作る
第11章　関数を呼び出して活用する —標準ライブラリの利用
第12章　データをまとめて管理する —構造体
第13章　アドレスとポインタを活用し中級プログラミングに挑戦
第14章　プログラミングの道はまだまだ続く —その他の記述方法

第1部では、C言語プログラミングの基本的構造や記述規則について学び、条件分岐や繰り返しといった制御構造を理解しました。ここまでの知識で、多くのプログラミング言語の共通規則を学んだといえますが、これだけでは目的に合わせたプログラミングを行うことはできません。

　そこで、第2部ではC言語を使って少し応用的な問題への取り組みを始めます。そのためには、第1部の理解に漏れがあってはいけません。たとえ10%でもわからないところが残っていれば、この先ほとんどの内容を正しく理解することができません。理解に漏れがあると思っていれば、第2部に進む前に第1部を復習して下さい。十分に理解してからこの先の学びを進めていきましょう。

　第2部では、基本的な考え方を組み立てて、より大きな処理のまとまりを作っていくことが大切となります。アルゴリズムの組み立てる力をここでしっかり養いましょう。

　アルゴリズムを組み立てるには、論理的な思考力が必要です。この力を養うには、答えを知る知識吸収型の学びではなく、自分で一歩ずつ考える試行積み上げ型の学びが必要です。各章の例題や問題を進めるにあたっても、タイパ重視の学びではなく、答えと違ってもいいので自分で考えて道筋を作ることを大切にしてください。この学びの姿勢の違いは、本書を終えた段階で大きなプログラミング能力の違いになります。

　検索したプログラムをつぎはぎすることしかできないプログラマーにならないでください。状況に合わせた最適な処理を組み立てられるプログラマーに向けて一歩を踏み出していきましょう。

第2部　アルゴリズムを組み立てる

第8章

プログラムで文字を扱うには?
―文字と文字列の取り扱い―

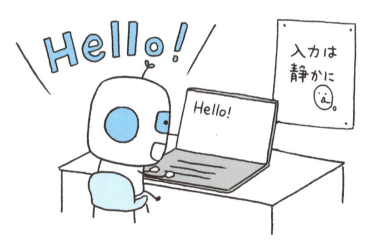

この章では、プログラムの利用場面を広げ、ユーザーに使いやすいプログラムを提供するのには欠かせないC言語プログラミング方法を学んでいきます。

この章で学ぶこと

- ▶ プログラムの利用場面を格段に広げることのできる「文字列」とはどんなものか?
- ▶ 文字列を扱うときには、配列が欠かせないこと
- ▶ 文字列を表示する・読み込むにはどうしたらよいのか?

第 8 章　プログラムで文字を扱うには？ —文字と文字列の取り扱い

8.1 プログラムで文字を扱うということ

普段使っているソフトウェアを考えてみましょう。数値だけの入力を扱っているものはほとんどないといってもよいくらい、文字が利用されています。たとえば、ワープロソフトは文字を入力しなくては成り立ちません。もっと単純なものでは血液型占いプログラムを作るときにも、血液型を「A、B、O、AB」で入力するほうがわかりやすいでしょう。

しかし、ここまでに学んできた、プログラムで文字を扱う方法では、**ソースプログラムに書かれている文字をそのまま画面に表示する**ことしかできません。文字を入力したり、入力した文字を他の文字と比較したりするプログラムを作ることはまだできません。そこで本章では、

- 文字を入力して、それを表示するにはどうしたらよいのか？
- いままでの方法では質問に答えるときに「1：YES　2：NO」のように番号づけしてすべて数値で取り扱ってきました。それを、「Yes・No」や「Y・N」で答えられるようにするにはどうしたらよいのか？

といった、プログラムで文字を取り扱う方法について学んでいきます。

プログラムで文字を取り扱うことは、プログラムでできることを格段に広げることにもなります。たとえば身近なところでは、データの入力・検索ができるアドレス帳などのプログラムを作ること、さらには顧客管理システムなど非常に実用性の高いプログラムを作ることもできるようになります。

このようにプログラムにおいて重要な意味をもつ「文字を取り扱う」ことは、はじめは、やや理解しにくいところがあるかもしれません。それは、**コンピュータはそもそも数値しか扱えない**ため、文字を扱うことにはさまざまな辻褄合わせがあるからです。ですが、少し慣れればすぐに使いこなせるようになります。確実に一歩ずつ進めていきましょう。

Fig. 8-1
文字を扱って、実用性の高いプログラムを作る

8.2 C言語で文字列を扱うにはどうしたらよいのか？

ここまでの章でも、C言語で文字を扱う方法として、いくつかのことを紹介してきました。それらをここで、もう一度まとめてみましょう。

まず、文字を記憶する変数宣言はchar型を使います。

> char 変数名;

この記述で、1文字を記憶する箱（変数）を用意することができます。ただし、1つの変数には、1つの文字しか記憶させることができません。しかし、日本語のひらがなや漢字を記憶するには、2文字分の変数を用意しなくてはなりません。

ここまではこのように紹介してきました。しかし、普段文字を扱うときは1文字だけということはあまりありません。たいてい2文字以上のまとまった意味のある言葉を扱います。プログラム言語では、このような2文字以上の文字を、文字を並べているということから「文字列」という表現をします。文字列をC言語で扱うにはどうしたらよいのでしょうか？　まずは基本的な文字列の取り扱い方法について本節で学んでいきましょう。

Fig. 8-2 文字と文字列

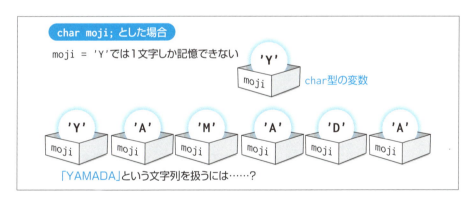

8.2.1 文字列を扱うには配列を使う

2文字以上の文字をどう扱えばよいかの答えは、ここまでに学んできたことの中にあります。6章で、数多くの数値を取り扱うときには配列を用いることを学びました。そう、文字列の場合でも数多くのデータが並んでいると考え、「1次元配列」をイメージすればよいのです。たとえば、4文字「Yeah」という文字列を記憶するための

第 **8** 章 プログラムで文字を扱うには？ —文字と文字列の取り扱い

配列mojiは、次のようにchar型を使って宣言し、文字を代入して記憶させます。

```
char moji[5];

moji[0] = 'Y';
moji[1] = 'e';
moji[2] = 'a';
moji[3] = 'h';
moji[4] = '¥0';
```

5つの要素をもつchar型の配列mojiを宣言

それぞれの要素に1文字ずつ代入

ここで注意することは、**文字を代入するときには、「'」（シングルコーテーション）で文字を囲む**ということです。このように表現するのは、それぞれの文字が「変数名」なのか「文字」をあらわしているのかを区別するためです。C言語では、何もつけないでアルファベットを記述すれば、それは変数または関数の名前として扱われます。

また、最後の行に注目してください。**文字列を扱うときには最後に必ず '¥0' を入れる必要があります**。これは、**空白の文字**[*]を意味します。そのため、**配列は「記憶させたい文字数＋1」の大きさで用意しなくてはなりません**。「Yeah」は4文字なのに、配列宣言で5つの要素を用意したのは、最後に '¥0' を入れるためです。

＊この空白の文字¥0を
NULL文字（ヌル文字）
といいます。¥0で1文
字を意味しています。

8.2.2 文字列の代入方法

しかし上記のように、文字列を代入するときに1文字ずつ代入文を書いていたのでは、文字数が多いときには大変な作業になってしまいます。そこでもっと便利な代入方法が用意されています。次の例題を使って紹介します。

この例題は、このままでは実用性が見えないものですが、実に多くのことを学ぶことのできる問題です。注意深く見て下さい。

例題1 **入力された英字小文字を大文字に置き換えるプログラム**

入力された英数字文字列のそれぞれの文字について、英小文字であればそれらをすべて英大文字に置き換えて表示するプログラムを作成したい。

ただし、英数字は1行最大80文字まで入力でき、日本語や空白等は入力しないものとする。

この問題のアルゴリズムは、次のようになります。

214

8-2　C言語で文字列を扱うにはどうしたらよいのか？

> **アルゴリズム** ●●●
>
> 1. 文字列を入力し、それらを1次元配列に記憶する
> 2. 配列の各要素である1文字ずつについて次の処理をする
>   ①もしその文字が英字小文字であれば、その大文字を表示する
>   ②①の条件以外であれば、その文字をそのまま表示する

次に、このアルゴリズムをもとにしたサンプルプログラムを紹介します。

List 8-1
小文字を大文字に置き換えるプログラム1

```c
#include <stdio.h>

int main()
{
    char    input[81];      ← 文字列を記憶するための1次元
    int     loop;              配列を用意する

    /* 初期化 */
    for (loop = 0; loop < 81; loop++)
    {
        input[loop] = '\0';   ← 配列を、何もない文字 '\0' で初
    }                            期化する

    /* 入力 */
    scanf("%s", input);       ← 文字列の入力を受け付ける

    /* 出力 */
    printf("入力された文字\n%s\n", input);   ← 配列inputに記憶されている
                                               文字列を画面に表示する

    /* 1文字ずつの検査と表示 */
    for (loop = 0; loop < 81; loop++)
    {
        switch (input[loop])
        {
            case 'a': printf("A"); break;    ← 小文字であれば大文字を表示、
            case 'b': printf("B"); break;       そうでないときにはそのまま
            case 'c': printf("C"); break;       表示する
            case 'd': printf("D"); break;
            case 'e': printf("E"); break;
            case 'f': printf("F"); break;
            case 'g': printf("G"); break;
            case 'h': printf("H"); break;
```

❶ ❷ ❸ ❹ ❺

215

第 8 章　プログラムで文字を扱うには？ —文字と文字列の取り扱い

```
            case 'i': printf("I"); break;
            case 'j': printf("J"); break;
            case 'k': printf("K"); break;
            case 'l': printf("L"); break;
            case 'm': printf("M"); break;
            case 'n': printf("N"); break;
            case 'o': printf("O"); break;
            case 'p': printf("P"); break;
            case 'q': printf("Q"); break;
            case 'r': printf("R"); break;
            case 's': printf("S"); break;
            case 't': printf("T"); break;
            case 'u': printf("U"); break;
            case 'v': printf("V"); break;
            case 'w': printf("W"); break;
            case 'x': printf("X"); break;
            case 'y': printf("Y"); break;
            case 'z': printf("Z"); break;
            default : printf("%c", input[loop]);
        }                                        ❻
    }
    printf("¥n");

    return(0);
}
```

　いくつかここまでで紹介していない関数の使い方をしていますが、ひとつひとつの関数などは見たことのあるものばかりですね。枠で囲んだ部分の、新しい使い方について解説していきます。

■ 文字列を記憶するための1次元配列を用意する（❶の部分）

　本章のはじめでも解説しましたが、単純な、文字を記憶する変数では1文字しか記憶できません。そのため、**文字列を記憶するときには、このように1次元配列として取り扱います**。ここでは、1行最大80文字までを扱うので、最後につける「何もない文字（'¥0'）」の分も入れて81個の要素を用意します。

■ 配列を初期化する（❷の部分）

　ここまででも説明しましたが、**変数や配列を宣言したときには、そこに何の値が入っているかは決められていません**。そこで、数値の変数や配列のときには0を代入して「初期化」ということを行ってきました。これは文字に対しても同じことがいえ

216

ます。

しかし、文字の場合何を代入して初期化したらよいのでしょうか？ プログラムの世界ではこの場合**「何もない文字」を代入する**という初期化を行います。普段の生活で「何もない文字」なんていう文字はありませんが、これはコンピュータで文字を便利に扱うために生まれた特殊な考え方です。この「何もない文字」をあらわす記述がここで紹介した「'￥0'」です。

ここで、これまでにも類似した記述があったことを思い出してください。printf()を使ったとき「改行」をあらわすのに「￥n」という記述を使いました。この「何もない文字」である「￥0」も同じ種類の「￥○」という記述だということがわかると思います。文字をあらわすので、「'」（シングルコーテーション）で囲んでいます。

■ 文字列の入力を受け付ける（❸の部分）

第3章のscanf()の説明では、入力された値を読み込むときには、次のような変換仕様を使うと説明してきました。

表 8-1
変換仕様と変数の型、値

変換仕様	変数の型	変数の値
%d	int	整数値
%f	float	実数値
%lf	double	精度の高い実数
%c	char	文字

この規則に従って80文字を1文字ずつ入力する処理を記述すると次のようになってしまいます。

```
scanf("%c%c%c%c%c%c%c …＜省略＞… %c%c%c",
        &input[0], &input[1], &input[2], &input[3], &input[4], &input[5],
            ⋮
            ⋮
        &input[75], &input[76], &input[77], &input[78], &input[79]);
```

文字列を1行入力するたびにこのような記述をしなければならないのでは、プログラム作成に途方もない時間がかかってしまいます。

そこで、ひと続きの文字列をまとめて読み込むための便利な記述方法が❸の部分です。**ひと続きの文字列を変換仕様で「%s」*** としてあらわします。これは**文字型の1次元配列**を意味します。

ただし、注意しなくてはならないことがあります。「abcdefg…」のように空白や改行がないひと続きの文字列の場合は、この「%s」を使って、scanf()で変数に記憶させることができます。しかし、「I am hungry.」のように文字の間に**空白が入ってしまったときには、文字が続いているはじめの部分のみが変数に記憶されます**。具体的

＊この「s」は文字列を意味するstringからきています。

に、このサンプルプログラムList 8-1を実行してさまざまな文字列を入力してみたとき、どのような結果が表示されるかを確認すればそのイメージがはっきりわかると思います。入力例を次にいくつかあげてみましょう。

表 8-2
空白が入る文字列の入力とその結果

＊このプログラムでは小文字を大文字に変換して表示するのでしたね。

入力	表示結果＊	記憶されなかった文字
I like soccer.	I	like soccer.
I'm happy.	I'M	happy.
2-years later.	2-YEARS	later.

＊gets_s()は、著者は「ゲッツ アンダーバー エス」と呼んでいます。getのあとのsは文字列を意味する「string」のsです。アンダーバーのあとのsは、セキュリティのsを意味します。gets_s()は、古くから使われてきたC言語規格で利用されていたgets()が持っていたセキュリティ上の問題を解決するために作られた記述です。gets()はC11というC言語の規格から廃止になり、今後はgets_s()を利用することになりました。

この例題では、「連続した80文字までを入力できる」としているので、scanf()を使った記述方法でも正しく文字列を読み取ることができました。しかし、現実にもっとよく使われる場面を考えると、文字列の入力では空白が入ることがよくあります。

そのようなときには、**次の文字専用の入力関数gets_s()** ＊を使います。

> **gets_s()の使い方**
>
> gets_s(文字配列名, 読み込む最大文字数);

この例題では、scanf("%s", input);の箇所をgets_s(input, 80);と書き換えることで、最大80文字までの空白を含んだ入力でも正しく配列に記憶することができます。

Fig. 8-3
scanf()とgets_s()

空白も含むならgets_s()

配列に記憶されている文字列を画面に表示する（❹の部分）

この部分は、配列inputに記憶されている文字列を画面に表示する記述です。一見すると単なるprintf()の記述のように見えますが、いままでのprintf()の使い方では、ひとつの値を表示するのに「%d」や「%c」などの変換仕様を使っていました＊。ここでは「%s」と記述しています。これは、**文字型の1次元配列**を意味します。

＊p.82を参照のこと。

1文字を表示するのにprintf()の解説で紹介した「%c」を使ったのでは、80文字の1次元配列を表示するだけでも途方もなく長い記述をしなくてはなりません。そのため、このような文字型の1次元配列をまとめて表示してくれる変換仕様「%s」が用意されているのです。

8-3　コンピュータでは文字をどのように扱っているの？

■ 小文字であれば大文字を表示、そうでないときにはそのまま表示する
（❺、❻の部分）

　この部分は、ここまでに学んできた、分岐処理と配列の記述に沿ったものです。1次元配列それぞれの要素の値、すなわち1文字ずつについて、アルファベットの小文字であれば大文字を表示、そうでないときにはそのまま表示します。❻の部分では、1文字だけの表示なので、printf()で変換仕様「%c」を利用しています。

　これでList 8-1は理解できたと思います。このような記述方法であれば、文字を取り扱うといってもいままでの知識を少し応用するだけです。ですが、ワープロやエディタで文字の検索機能をプログラムで作ることを考えてみてください。「1文字ずつ比較していき、その次の文字が……」と考えていくと、これもまた途方もなく複雑なアルゴリズムとなり長い記述をしなくてはならないですね。

　そこで、C言語では文字をもっと簡単に便利に扱うためのさまざまな記述方法が用意されており、多くのプログラマーもそれらを活用しています。ここからは、文字をより便利に簡単に扱う方法について解説し、この例題のプログラムを改善したものも紹介していきます。次節から解説する内容は、**プログラム入門者でも必須の知識**であり、これらの記述をどう活用するかが、優れたプログラマーへの一歩につながります。確実な理解をしていきましょう。

8.3　コンピュータでは文字をどのように扱っているの？

　前節のList 8-1での分岐処理はswitch caseを使って1字ずつの場合分けを行うというなんとも長い記述ですね。これまでのように数値の分岐処理などでは、**分岐条件の規則性**を見つければ記述をまとめることができました。この場合も、アルファベットの順番に文字を比較するという、人間にとっては非常にわかりやすい規則性があります。このような文字の規則性をまとめることはできないのでしょうか？ この答えを出すには、「コンピュータで文字をどのように扱っているのか」を知る必要があります。

　ただし、本節では、「プログラマーの目から見たコンピュータでの文字の扱い方」として解説を進めます（このため、厳密ではない表現もしていきます）。とにかくイメージをしっかりとらえることができれば、これから先のプログラミングに大変役に立つと思います。自分なりのイメージを作って理解してください。

219

第 8 章　プログラムで文字を扱うには？ ―文字と文字列の取り扱い

8.3.1　すべての文字は番号で管理されている!?

まず、C言語にとって文字がどう扱われているかを知るため、次のサンプルプログラムを作成してください。

List 8-2
文字と数値の関係1
（文字を数値に変換する）

```
#include <stdio.h>

int main()
{
    char    input;

    /* 入力 */
    scanf("%c", &input);     ← 1文字を入力し、変数inputに記憶する

    /* 出力 */
    printf("入力された文字[%c][%d]\n", input, (int)input);

    return(0);               ← 文字が記憶されている変数inputを、整
}                              数に変換してその値を取り出す
```

このプログラムでは、次の2つの処理をしています。

1. 文字を入力し、文字型の変数inputに記憶する。
2. 変数inputに記憶されている文字と、**その文字を「数値に変換した値」**を表示する。

このList 8-2の枠で囲んだ部分を見て、「あれ？」と感じたと思います。それは文字型の変数inputに対して、「(int)input」として「%d」という変換仕様で表示していることだと思います。実はこの記述は、5章で解説した「キャスト」を利用しています（p.144ページ参考）。つまり、**「文字型変数→整数型変数」と変換して値を取り出し、整数値に変換したものを表示する**という意味になります。

文字も数値

「実数→整数」や「整数→実数」など数字同士であれば切り捨てや小数点の付加をすればよく、すぐにイメージできると思います。しかし、1章で解説したように、コンピュータの内部では「文字も数字もすべて同じ扱い」がされています。そのため、**文字もすべて数値**としてあらわすことができるものなのです。

それでは、文字がどんな数値としてあらわされているのかを見るため、このList 8-2のプログラムを実行して、いろいろな1文字を入力してみてください。結果は次のようになるはずです。

8-3 コンピュータでは文字をどのように扱っているの？

表 8-3
入力した文字が数値に
変換される

入力文字	数値	入力文字	数値	入力文字	数値
a	97	A	65	0	48
b	98	B	66	1	49
c	99	C	67	2	50
⋮	⋮	⋮	⋮	⋮	⋮
z	122	Z	90	9	57

この結果から、次のことがわかります。

▶ アルファベットの小文字、大文字は違う数値であらわされている

アルファベットの「a」と「A」、「b」と「B」、……「z」と「Z」のように、アルファベットの小文字と大文字は違う数値であらわされています。

▶ アルファベットの小文字、大文字はそれぞれ数値であらわすと順番に並んでいる

アルファベットの小文字「a」「b」「c」……は97、98、99……と順番に並んでいます。同じように、大文字についても65、66、67……と順番に並んでいます。このように、文字をあらわす数値も、**アルファベットの順に並んでいる**のです。

ただし、**小文字のあらわす数値のほうが大文字のあらわす数値よりも大きい値である**ことに注意してください。

さらに、小文字と大文字をあらわす数値の間には、

小文字の数値＝大文字の数値＋32

という関係があります。

▶ 数字の文字と文字をあらわす数値は一致しない

文字として入力した「0」「1」「2」……「9」は、それぞれ数値であらわしたときには48、49、50、……57となっています。すなわち、**数字をあらわす文字は、文字をあらわす数値と一致しない**のです。ただし、「0」から「9」までは順番に並んでいます。このことから、数をあらわす文字を字面どおりの数値にするには、

文字をあらわす数値－48

の結果を利用すればよいことがわかります。

このように、文字を数値に変換してあらわすと、プログラムで扱うときに文字の並びは規則的に並んでいることがわかると思います。ここでは「文字→数値」として表示しましたが、実は**コンピュータの中では文字もすべて数値として扱われている**と考えることができるのです。

第 8 章　プログラムで文字を扱うには？ —文字と文字列の取り扱い

＊このような表をASCII
コード表といいます。

そこで、次に文字がどんな数値であらわされているのかを表にまとめました＊（現在の多くのコンピュータではこの表に従っていますが、一部番号が異なっていることもあります）。

表 8-4
文字と数値の対応

10の位＼1の位	0	1	2	3	4	5	6	7	8	9
0	[無,¥0]									
1	[改行]									
2										
3			[空白]	!	"	#	$	%	&	'
4	(	)	*	+	,	-	.	/	0	1
5	2	3	4	5	6	7	8	9	:	;
6	<	=	>	?	@	A	B	C	D	E
7	F	G	H	I	J	K	L	M	N	O
8	P	Q	R	S	T	U	V	W	X	Y
9	Z	[	¥	]	^	_	`	a	b	c
10	d	e	f	g	h	i	j	k	l	m
11	n	o	p	q	r	s	t	u	v	w
12	x	y	z	{			}				

数値であらわせる！
順番に並んでいる！

今度はこの表を利用して、先とは逆の「数値→文字」に変換して表示するプログラムを作成してみましょう。次のようになります。

List 8-3
文字と数値の関係2
（数値を文字に変換する）

```
#include <stdio.h>

int main()
{
    int     num;

    /* 入力 */
    scanf("%d", &num);

    /* 出力 */
    printf("入力された数値[%d][%c]¥n", num, (char)num);

    return(0);
}
```

数値を入力し、変数numに記憶する

数値が記憶されている変数numを、文字に変換して取り出す

　枠で囲んだ部分では、「(char)num」としています。この記述が「数値→文字」に変換する（キャストする）ことをあらわしています。
　このプログラムを実行し、「65」と入力すれば「A」が表示されるはずです。いくつか値を入力して表8-4の関係を理解してください。ただし、この表を暗記する必要はまったくありません。**文字は数値であらわすことができ、その数値は順番に並んでい**

るということを理解することが重要なのです。

8.3.2 文字型の1次元配列の中身

　前項では、文字型の変数を数値に変えて表示し、その中身を調べてみました。しかし、プログラムにおいて文字は、1文字としてだけではなく単語や文として扱われることが多いでしょう。そんなときには、文字型の変数を1次元配列にして取り扱うと説明してきました。数値を扱った配列では「ひとつの配列の要素＝ひとつの意味ある数値」となっていましたが、文字型1次元配列の場合はどのようになっているのでしょうか？

　その答えを考えるため、どんな場面で文字を使うプログラムを作るかを考えてみましょう。まず、文字を扱う場面といえば、質問応答型のプログラムのように人間の言葉でコンピュータの操作をするときや、ワープロで文章を作るときなどです。これらの場面に共通しているのは、**人間の言葉を扱う場面**であることです。人間の言葉を扱うということは、これまで数値で扱ってきたことと何が違うのでしょうか？ それは、どんな言葉を扱うかがわからないということです。これはプログラミングの場面において、何文字を扱うのかがわからないということです。そこで、プログラミングでは、次のように文字を取り扱うようにしています。

- **扱う文字の最大数を決めて［最大文字数＋1］の要素の文字型1次元配列で取り扱う。**
- **文字を記憶するときには、「何もない文字（ヌル文字）」を最後に入れる。**

　すなわち、「Yes・Y・No・N」という4種類の文字を記憶する可能性があるときには、最長文字の「Yes」を考慮して4（3＋1）文字分の1次元配列を用意します。そして、それぞれの文字を次の図のように代入します。

Fig. 8-4
文字型の1次元配列に
文字列を代入する

第 8 章　プログラムで文字を扱うには？ ─文字と文字列の取り扱い

　　　　　青い網かけのところには、「何もない文字」(すなわち文字番号で0番、C言語の記述では'¥0')が入ります。灰色の網かけのところには、どんな文字が入っていてもかまいません。ここで「あれ？」と感じると思います。いままで扱ってきた数値の配列では、「どんな値が入っていてもよい」などという扱い方はしませんでした。が、文字の配列では「どんな文字が入っていてもよい」という部分があるのです。
　　　　　さらに、このようにして扱えば、記憶した文字型1次元配列を画面に表示するときに、**「1次元配列の先頭から'¥0'の前までを表示しなさい」** と指示することによって長さの違う文字を同じように取り扱うことができるのです*。
　　　　　このイメージをとらえたうえで、次のことを覚えておきましょう。

＊ '¥0'が入っていない文字列を表示しようとすると、読めない文字が入ってしまい、正しく表示されません。

Fig. 8-5
'¥0'を入れることにより、長さの違う文字列を扱いやすくなる

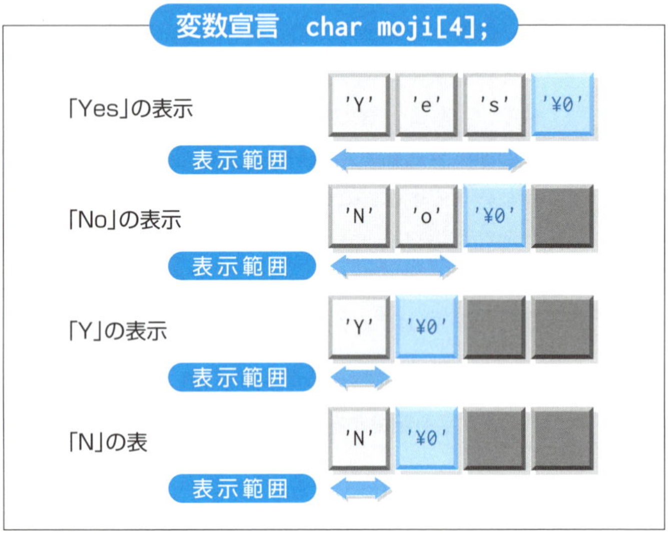

```
変数宣言  char moji[4];
```

「Yes」の表示　　'Y'　'e'　's'　'¥0'
　　表示範囲 ←─────→

「No」の表示　　'N'　'o'　'¥0'　■
　　表示範囲 ←────→

「Y」の表示　　'Y'　'¥0'　■　■
　　表示範囲 ←──→

「N」の表　　'N'　'¥0'　■　■
　　表示範囲 ←──→

Point
1. 文字型の1次元配列を使うときには、そこに記憶させる[最大の文字数＋1]で配列の宣言をし、準備しておく。
2. 配列の値を表示させるときには「何もない文字('¥0')」までという扱い方をする。そのため、文字列を配列に代入するときには、**はじめに文字配列のすべての要素に「何もない文字('¥0')」を代入して初期化しておくと取り扱いやすい。**
3. 記憶させた文字列の最後には「何もない文字('¥0')」という意味のある文字が入っているので、**ここを変更してはならない。**

　　　　　1、2はここまでのことがイメージできていれば理解できると思いますが、3についてはすぐにイメージできないと思います。次に3の補足説明をします。

いま、char moji[6]; として配列を宣言し、scanf("%s", &moji); として「ABC」を入力したとします。このとき、文字型1次元配列mojiの中身は次のようになっています。

Fig. 8-6
文字型1次元配列moji
に「ABC」を記憶させる

このとき、1番目（moji[0]）、2番目（moji[1]）、3番目（moji[2]）の文字はmoji[1] = 'B';のようにして代入してもなんら問題がありません。

ここで1文字追加することを考えてみましょう。一見何も文字がないように見える4番目（moji[3]）にmoji[3] ='E';として代入すると、次のようになります。

Fig. 8-7
moji[3]に文字を代入
する

この図をよく見てください。前の図中で青い網で示した部分は「何もない文字＝'¥0'」が入っている部分でした。この文字配列をprintf("%s¥n", moji);として画面に表示させると、**mojiの先頭から'¥0'があらわれるまで、または配列の最後の要素までが表示されます**。上記の場合、「何もない文字（'¥0'）」はなくなり、文字配列の先頭から最後まで文字が表示されて、「ABCE?」*というおかしな表示になってしまいます。このような文字列を表示しようとしたときには、プログラムが暴走してしまうことがあります。

＊「?」にはどんな文字が入ってくるのかわかりません。

もし、1文字を追加する場合は、**その次に「何もない文字（'¥0'）」も代入**しなければなりません。

Fig. 8-8
文字を追加した場合には、その次に'¥0'も
代入する

225

第 **8** 章 〉 プログラムで文字を扱うには？ —文字と文字列の取り扱い

8.3.3 文字を比較する？

普段の生活においては、「文字を比較する」ということを考えた場合には、「同じ文字か？ 違う文字か？」という比較方法だけが考えられると思います。しかしプログラムの世界では、数字と同じように文字も「どちらが大きいか？ どちらが小さいか？」という比較もできるのです。と、いきなりいわれても、どういうことかわからないと思います。これを次の例題を使って解説していきます。

例題2 **入力された文字が、小文字英字か大文字英字かそれ以外かを調べる**

入力された1文字について、その文字が小文字英字か？ 大文字英字か？ それ以外の文字か？ を調べ、それぞれ次のような表示をするプログラムを作成したい。

小文字英字の場合	→小文字英字です
大文字英字の場合	→大文字英字です
それ以外の場合	→英文字以外の文字です

例題1の一部分のような問題です。これを使って「文字を比較する」ということを解説していきます。

まず、ここまで学んできた方法でこのプログラムを記述すると次のようになります。

List 8-4
入力文字の
判定プログラム1

```c
#include <stdio.h>

int main()
{
    char    input;

    /* 初期化 */
    input = '¥0';

    /* 入力 */
    scanf("%c", &input);

    /* 分岐処理と出力 */
    switch (input)
    {
        case 'a':    case 'b':    case 'c':    case 'd':
        case 'e':    case 'f':    case 'g':    case 'h':
        case 'i':    case 'j':    case 'k':    case 'l':
        case 'm':    case 'n':    case 'o':    case 'p':
```

226

8-3 コンピュータでは文字をどのように扱っているの？

```
        case 'q':       case 'r':       case 's':       case 't':
        case 'u':       case 'v':       case 'w':       case 'x':
        case 'y':       case 'z':
    printf("小文字英字です\n");
    break;
        case 'A':       case 'B':       case 'C':       case 'D':
        case 'E':       case 'F':       case 'G':       case 'H':
        case 'I':       case 'J':       case 'K':       case 'L':
        case 'M':       case 'N':       case 'O':       case 'P':
        case 'Q':       case 'R':       case 'S':       case 'T':
        case 'U':       case 'V':       case 'W':       case 'X':
        case 'Y':       case 'Z':
    printf("大文字英字です\n");
    break;
        default:
            printf("英文字以外の文字です\n");
    }

    return(0);
}
```

このList 8-4は、caseの改行を少なくしてまとめてありますが、List 8-1とほとんど同様なので理解できると思います。しかし、このプログラムの記述方法ではなんとも膨大な量のcaseを記述しなくてはなりません。

実は、この膨大な分岐をもっと簡単に記述する方法があります。それには、8-3-1項で紹介した「文字を意味する数値」を利用します。たとえば、**小文字英文字**ということは、**'a' 以上 'z' 以下**です。そして、**それらの文字をあらわす数値は97以上122以下**としてあらわすことができます*。同様に**大文字英文字**ということは、**'A' 以上'Z' 以下**。**その文字をあらわす数値は65以上90以下**としてあらわすことができます。

このことを利用して先のList 8-4を書き換えると次のようになります。

＊p.222の表を参照してください。

List 8-5
入力文字の
判定プログラム2

```c
#include <stdio.h>

int main()
{
    char    input;

    /* 初期化 */
    input = '\0';

    /* 入力 */
```

227

第 **8** 章 プログラムで文字を扱うには？ —文字と文字列の取り扱い

```
    scanf("%c", &input);

    /* 小文字英文字の判定 */
    if ( (input >= 'a') && (input <= 'z') )  ········❶
    {
        printf("小文字英字です¥n");
    }else
    {
        /* 大文字英文字の判定 */
        if ( (input >= (char)65) && (input <= (char)90) )  ········❷
        {
            printf("大文字英字です¥n");
        }else
        {
            printf("英文字以外の文字です¥n");
        }
    }

    return(0);
}
```

> 入力された文字（input）が'a'以上'z'以下であるかを判断

> 入力された文字（input）が、文字をあらわす数値で65以上90以下であるかを判断

先のList 8-4の複雑なswitch文の記述を、このList 8-5では❶❷のように簡潔に記述することができました。

❶は、**入力された文字（input）が'a'以上'z'以下であるか**というif文の記述です。これは次のように記述することもできます。

```
if ( (input >= (char)97) && (input <= (char)122) )*
```

> ＊(char)97という記述は97という数値を文字として扱うというもので、キャストと呼ばれる記述です。

❷は、**入力された文字（input）が、文字をあらわす数値で65以上90以下であるか**というif文の記述です。これは次のように記述することもできます。

```
if ( (input >= 'A') && (input <= 'Z') )
```

L＜S？
A＜a？

これらの記述から、次のことがわかります。

- **文字も数字と同じように大小比較することができる。**
- **文字の大小関係は、文字をあらわす数値によって決まる。**

8-4 文字の基本的取り扱い方の整理

8.4 文字の基本的取り扱い方の整理

ここまでに説明してきたことが、C言語で文字を取り扱う場合の最も基本的な部分です。文字をより便利に取り扱う記述方法は次章で説明しますが、まず、これまでのことを次の例題でもう一度復習してみましょう。

例題3 **入力された英字小文字を大文字に置き換えるプログラム**

入力された英数字文字列・記号（空白も含む）のそれぞれの文字について、その中に英小文字があれば、それらをすべて英大文字に置き換えて表示するプログラムを作成したい。

ただし、英数字記号で1行最大80文字まで入力でき、日本語は入力しないものとする。

この例題は、先の例題1とほぼ同じですが、「空白も入力してよい」というところが拡張されています。この問題をこれまでに学んできたことをすべて利用して考えてみましょう。

まず、アルゴリズムは次のようになります。

アルゴリズム ●●●

1. 空白を含む入力文字列を文字型1次元配列に記憶する
2. 文字型1次元配列のそれぞれの要素（文字）について、以下のことを行う
   ①その文字が英小文字であれば、その文字番号に32（97−65）を引いた文字番号の文字を表示する
   ②①ではないときは、そのままの文字を表示する

List 8-6
小文字大文字変換
プログラム2

```c
#include <stdio.h>

int main()
{
    char    input[81];
    int     loop;

    /* 初期化 */
```

229

第 **8** 章 プログラムで文字を扱うには？ —文字と文字列の取り扱い

❶ ……………
```
for (loop = 0; loop < 81; loop++)
{
    input[loop] = '¥0';
}
```
文字型1次元配列を '¥0' で初期化する

```
/* 入力 */
```
❷ ……………
```
gets_s(input, 80);
```
文字列を入力し、文字型1次元配列に格納する

```
/* 1文字ずつの検査 */
```
❸ ……………
```
loop = 0;
while ( (input[loop] != '¥0') && (loop < 81) )
{
```
文字列を順番に1文字ずつ調べて、「'¥0' ではない」かつ「loopが最大文字数より小さい」かぎり処理を繰り返す

```
    /* 小文字の場合の処理 */
```
❹ ……………
```
    if ( (input[loop] >= 'a') && (input[loop] <= 'z') )
    {
```
入力された文字 (input) が 'a' 以上 'z' 以下であるかを判断

❺ ……………
```
        printf("%c", (char)( (int)input[loop] - 32 ) );
    }else
    {
        printf("%c", input[loop]);
    }
    loop++;
}
```
小文字英字を大文字英字に変換し、画面に表示する

```
    return(0);
}
```

　どうですか？ 空白文字も取り扱えるように例題1よりも拡張をしているのですが、プログラムはずいぶんすっきりまとめることができました。

　何ヶ所かこれまでとは異なる用例や記述があります。それら枠で囲んだ部分について解説をしていきます。

■ 文字型1次元配列を '¥0' で初期化する（❶の部分）

　この部分は、文字列を格納する文字型1次元配列を「何もない文字（'¥0'）」で初期化しています。このようにすれば、さまざまな文字を読み込んでも、読み込んだ文字以外は '¥0' が1次元配列に記憶されているとして扱うことができます。

■ 文字列を入力し、文字型1次元配列に格納する（❷の部分）

　この部分は、プログラム実行時に文字列を入力し、それを文字型1次元配列に格納しています。scanf("%s", ○○) とした場合には、空白を含んだ文字列を読み込むことができませんが、このようにgets_s()を用いることで、空白を含んだ文字列を改

230

行まで（または配列の最大要素数まで）記憶させることができます。

■ 条件を満たすかぎり、文字列を順番に1文字ずつ調べる（❸の部分）

　この部分は、単純な繰り返し処理に見えますが、少し注意が必要です。この繰り返しの条件は、「文字列を順番に1文字ずつ調べて、'¥0'か配列の最後の要素であるときまで」というものです。そこで、繰り返し処理の前に、loopという繰り返し数を記憶する変数を0で初期化し、繰り返し処理の中で1つずつ増加させています。そのうえで、while文の記述を使い「今調べている文字（input[loop]）が'¥0'ではないかつ**loopが最大文字数より小さい**かぎり処理を繰り返す」という記述をしています。

■ 入力された文字（input）が'a'以上'z'以下であるかを判断（❹の部分）

　この部分は、switch caseを使って小文字の文字を見つけることもできます。しかし、より簡単な記述をするため、「今の文字が'a'以上で'z'以下である」という文字の大小比較を利用した記述をしています。

■ 小文字英文字と大文字英文字の間の規則性を利用する（❺の部分）

　この部分はこのプログラムの中で一番理解が難しい部分だと思います。ここでやっていることは、**小文字英字を大文字英字にする**ということです。そこで、小文字英字と大文字英字の間の規則性を見つけて、その規則性を利用した記述をしています。

　まず、小文字の'a'と大文字'A'の間にはどのような規則性があるか考えてみます。そこで、8-3-1項で説明した「文字を数値であらわした表」を利用して考えてみると、'a'は97、'A'は65となっています。そう、文字をあらわす数値で表現してみると、「大文字の'A'＝小文字の'a'－32」という規則性があることがわかります。さらに表をよく見ると、これはAだけでなく、

　　アルファベットすべての大文字＝その小文字－32

となっているのがわかると思います。ただし、この計算が成り立つのは、文字を数値であらわしたときです。このように文字を数値としてあらわすときには、「(int)文字変数」という記述＊を用います。ここまでの説明に対応する記述は、次の部分です。

＊これを文字から数値へのキャストといいます。

＊これを数値から文字へのキャストといいます。

　さらに、最後は文字として表示したいので、この先頭に(char)を付加してさらに文字に変換し＊、printf()で画面に表示しています。

8.5 基本的な文字の取り扱い方の詳細

基本的な文字の取り扱い方のイメージができたと思います。そこで、ここまで学んできた基本的な文字の取り扱い方の詳細についてまとめてみます。

Point
- 一般に文字を取り扱うときには何文字かのつながり（文字列）で利用する。
- 文字列を記憶するときには、文字型1次元配列を利用する。
- 文字列を記憶する文字型1次元配列の大きさは、想定される文字長の最大＋1で用意する。
- 文字列を記憶させるときには、文字列の最後に何もない文字 `'¥0'` を記憶させる。
- 文字はコンピュータ内部では数値であらわされているので、その数値の大小関係を利用して文字の比較をすることができる。

これがここまでに学んできた文字（文字列）を取り扱うときの前提でした。このことを踏まえたうえで、文字列の読み込み・表示方法についても学びました。

8.5.1 文字列の読み込み・ファイル入力方法の詳細

まずは文字列の読み込み方法についてまとめてみましょう。ここで、数値を読み込むときにもプログラム実行時に数値を読み込む場合と（scanf()）、ファイルから入力する場合では（fscanf()）では非常によく似た記述をしていたことを思い出してください。

文字列の読み込みについても、実行時に読み込む場合とファイルから読み込む場合とでよく似た記述をします。ここで一緒にまとめておきますが、**処理の内容には大きな違いがあるので注意が必要です**。

8-5 基本的な文字の取り扱い方の詳細

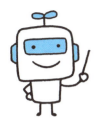

gets_s() の使い方

gets_s(文字配列名，読み込む最大文字数);

- 文字配列名は、「char 配列名 [n];」として変数宣言された、n 個の要素をもつ文字型 1 次元配列を意味する。
- 読み込む最大文字数は、入力された改行までの文字数がここで指定した数より小さいときは、この処理を行った結果が文字配列に記憶される。このとき、入力した改行文字は記憶されない。
- 入力された文字の長さが、n よりも小さいときには、入力された文字の最後に「何もない文字（'¥0'）」を入れたものが 1 次元配列に記憶される。
- 入力された文字の長さが、n よりも大きいときには、n＋1 番目以降の文字は無視して、先頭から n 番目の文字までが 1 次元配列に記憶される。

fgets() の使い方

fgets(文字配列名,[読み込む文字数−1],[ファイルポインタ]);

- ファイルポインタとは「FILE *変数名;」として変数宣言された変数を意味し、fopen() を行ったあとのファイルポインタを利用する。
- 文字配列名は、「char 配列名 [n];」として変数宣言された、n 個の要素を持つ文字型 1 次元配列を意味する。
- ファイルの 1 行の長さが [読み込む文字数− 1] よりも小さいときには、改行を含む先頭からの文字列が記憶される。ファイルの 1 行の長さが [読み込む文字数− 1] よりも大きいときには、**行の途中までの [読み込む文字数− 1] 分だけの文字列が配列に記憶され、次回の読み込みは前回読み残した残りの文字からはじまる。**
- n よりも大きな値を [読み込む文字数− 1] として指定したときには、先頭から n 文字だけが配列に記憶され、残りは切り捨てられる。
- 入力された文字が n より大きいときには、エラーとなる

　記述方法は先の gets_s() と類似していますが、記憶する文字列については大きく異なります。文章での説明では複雑でわかりにくいですので、次の例でわかりやすくまとめます。

▍fgets() の使用例

　ここでは右のようなテキストファイルを想定します。注意することは、それぞれの行には何も見えなくても、「改行」の文字が最後についていることです。

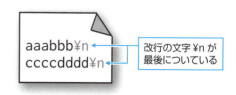

233

読み込み例1

char MOJI[8];

fgets(MOJI, **8**, [ファイルポインタ])

この読み込みを行ったあとの配列MOJIの中身は次のようになります。

次に読み込みがあったときには、8番目の文字までに改行があったので、2行目のはじめからが読む込まれます。

読み込み例2

char MOJI[6];

fgets(MOJI, **8**, [ファイルポインタ])

この記述をした場合、配列MOJIが6つまでしか値を記憶できないにも関わらず、8文字読み込む記述がされているため、エラーになります。

この記述は、コンパイル段階でエラーとなる環境もあれば、実行時にエラーとなり実行が止まってしまう場合もある非常に厄介な問題を引き起こします。もしそのコンピュータ内部で、6個分作った配列の場所に対して、先頭から順に8個値を入れようとする処理が動いてしまうと…配列以外の記憶場所に領域審判！を起こしてしまいます。これは重大な不具合につながります。絶対にfgets()で指定する読み込み込む文字数は、配列の要素数を超えないように注意してください。

読み込み例3

char MOJI[6];

fgets(MOJI, **6**, [ファイルポインタ])

この読み込みを行ったあとの配列MOJIの中身は次のようになります。

次に読み込みがあったときには、6番目の文字までに改行がなかったので、7文字目の改行から読み込まれます。そのため、2回目にfgets(MOJI, 6, [ファイルポインタ])としたときには、配列MOJIには'b'と改行だけが記憶されます。

すなわち、5文字分までの入力の末尾に「何もない文字（'¥0'）」が足された文字列として配列MOJIに格納されます。そして、次にfgets()を利用したときには、6文字目からの入力の残りが読み込まれて記憶されてしまいます。

そのためにこのような記述も、記載しているプログラムがどの入力行に対応しているのか理解し難いため、避けたほうがよいです。

どうですか？ 違いがわかりますか？

fgets()を使うときには、

- 改行を含んで文字を記憶させていないか？
- 2回目の読み込みがどこからはじまるのか？
- 「何もない文字」が文字列の最後に入っているか？

に十分注意する必要があります。

8.5.2 文字列の表示・ファイル出力方法の詳細

次に文字列の表示方法についてまとめてみましょう。文字列の表示には、ファイル出力の記述と非常によく似た記述を利用します。さらに、文字列の表示・ファイル出力の記述には、なんら新しい関数を使用していないので、すぐに理解でき使いこなせると思います。

> **printf() の使い方**
>
> ```
> printf("%c",変数名);
> printf("%s",配列名);
> ```
>
> - 1文字を表示するときには、「char 変数名;」として変数宣言されたものに対して、printf()に「%c」の変換仕様を利用する。
> - 文字列を表示するときには、「chara 配列名[n];」として配列宣言されたものに対して、printf()に「%s」の変換仕様を利用する。

第 **8** 章 プログラムで文字を扱うには？ —文字と文字列の取り扱い

● 文字列を表示するときは、表示する配列の先頭から何もない文字（'¥0'）までのすべての文字が左詰めで表示される（空白文字も含む）。

---

fprintf() の使い方

```
fprintf([ファイルポインタ],"%c",変数名);
fprintf([ファイルポインタ],"%s",配列名);
```

● ファイルポインタとは「FILE ＊変数名;」として宣言された変数を意味し、fopen を行ったあとのファイルポインタを利用する。

● 文字列をファイルに書き出すときには、「char 配列名[n];」として配列宣言されたものに対して、fprintf() に「%s」の変換仕様を利用する。

● 文字列を書き出すときは、書き出す配列の先頭から何もない文字（'¥0'）までのすべての文字が左詰めで書き出される（空白文字も含む）。

補足解説

Q2 シングルコーテーションで囲むことが、1 文字をあらわす記述です。

Q3 このように A や a や 0 から連続した番号になるように管理されています。そのため B という文字を 'A'+1 としてあらわすこともできます。

Q5 80 文字を記憶させたい場合、文字列の最後は '¥0' という特殊文字を記憶させる必要があるため、このように 81 個で宣言する必要があります。

Q6 文字列のときは、scanf() を記述する際には & を付けません、str のあとに配列の添え字を付けません。表示のときも str のあとに配列の添え字を付けません。

Q7 シングルコーテーションで囲むと文字、ダブルコーテーションで囲むと文字列として扱われます。

理解度チェック！

Q1 1文字を記憶する変数（変数名をここではchとします）を宣言するためには、どのように記述しますか？

Q2 Q1で用意した変数chに「A」という1文字を記憶させるときは、どのように記述しますか？

Q3 プログラムで取り扱う文字は、コンピュータ処理の中では数字で扱われています。次の空欄に入る数字を答えましょう。

　　'A'は65番目の文字として登録　　'a'は97番目の文字　　'0'は48番目の文字
　　'B'は□番目の文字として登録　　'b'は□番目の文字　　'1'は□番目の文字
　　'C'は□番目の文字として登録　　'c'は□番目の文字　　'2'は□番目の文字
　　'D'は□番目の文字として登録　　'd'は□番目の文字　　'3'は□番目の文字

Q4 文字をキーボードから入力して、表示するプログラムは、どのように記述しますか？

Q5 文字を配列にして繋げて利用できるようにしたものを□□□□と呼びます。80文字を記憶させたい場合、どのように宣言しますか？（配列名をここではstrとします）

Q6 文字をキーボードから入力して表示するプログラムは、Q5で宣言した配列を使用して、どのように記述しますか？

Q7 文字列も配列と同じく、宣言と同時に初期化ができます。Q5の宣言を使用して、どのように初期化を記述しますか？（ここでは「ABCabcTest123」で初期化するとします）

解答： **Q1** char ch;　**Q2** ch='A';
Q3 'B'：66、'C'：67、'D'：68、'b'：98、'c'：99、'd'：100、'1'：49、'2'：50、'3'：51
Q4 char ch;　　　　　　　**Q5** 文字列／char str[81];　**Q6** char str[81];
　　　scanf("%c", &ch);　　　　　　　　　　　　　　　　　　　scanf("%s", str);
　　　printf("文字：%c¥n", ch);　　　　　　　　　　　　　　　printf("文字：%s¥n", str);

Q7 char str[81] = "ABCabcTest123";

237

第 8 章　プログラムで文字を扱うには？

まとめ

● 基本的な文字の取り扱い方
- 繰一般に文字を取り扱うときには何文字かのつながりで利用する。
- 文字列を記憶するときには、文字型1次元配列を利用する。
- 文字列を記憶する文字型1次元配列の大きさは、想定される文字長の最大＋1で準備する。
- 文字列を記憶させるときには、文字列の最後に**何もない文字（'¥0'）**を記憶させる。
- 文字はコンピュータの内部では数値であらわされているので、その数値の大小関係を利用して文字の比較をすることができる。

● 文字列をプログラム実行時に入力するときには、scanf()を、ファイルから読み込むときにはfscanf()を利用する。ただし、空白を含んだ入力文字列を読み込む場合はgets_s()を、空白を含んだ入力文字列のファイルを読み込む場合はfgets()を利用する。fgets()については、記憶される文字と何もない文字の関係や次回の読み込みがどこからはじまるのかについて十分な注意が必要である。

scanf() の使い方

scanf("%c", &変数名);
scanf("%s", 配列名);

- 1文字を読み込むときには、「char 変数名;」として変数宣言されたものに対して、scanf() に「%c」の変換仕様を利用する。このとき改行も1文字であることに注意し、1文字＋改行入力を行う場合は、2回 %c の読み込みをして、1回目入力文字、2回目改行文字となるように扱われることに注意する。
- 文字列を読み込むときには，「char 配列名[n];」として配列宣言されたものに対して、scanf() に「%s」の変換仕様を利用する。

fscanf() の使い方

fscanf([ファイルポインタ],"%c",&変数名);
fscanf([ファイルポインタ],"%s",配列名);

- ファイルポインタとは「FILE * 変数名;」として宣言された変数を意味し、fopen() を行ったあとのファイルポインタを利用する。
- 1文字列をファイルから読みだすときには、「char 変数名;」として配列宣言されたものに対して、fprintf() に「%c」の変換仕様を利用する。改行やファイルの終端を表す EOF* も1文字として扱われることに注意する。
- 文字列をファイルから読みだすときには、「char 配列名[n];」として配列宣

＊End of Fileを略した記号。if（char型変数==EOF）という条件でファイルの終わりまで文字を読み込んだかの判定が可能。

まとめ

言されたものに対して、fprintf() に「%s」の変換仕様を利用する。

gets_s() の使い方

gets_s(**文字配列名，読み込む最大文字数**);

- 文字配列名は、「char **配列名** [n];」として変数宣言された、n 個の要素をもつ文字型 1 次元配列を意味する。

- 読み込む最大文字数は、入力された改行までの文字数がここで指定した数より小さいときは、この処理を行った結果が文字配列に記憶される。このとき、入力した改行文字は記憶されない。。

- 入力された文字の長さが、n よりも小さいときには、入力された文字の最後に「何もない文字（'¥0'）」を入れたものが 1 次元配列に記憶される。

- 入力された文字の長さが、n よりも大きいときには、$n + 1$ 番目以降の文字は無視して、先頭から n 番目の文字までが 1 次元配列に記憶される。

fgets() の使い方

fgets(**文字配列名**,[**読み込む文字数**−1],[**ファイルポインタ**]);

- ファイルポインタとは「FILE * **変数名** ;」として変数宣言された変数を意味し、fopen() を行ったあとのファイルポインタを利用する。

- 文字配列名は、「char **配列名** [n];」として変数宣言された、n 個の要素を持つ文字型 1 次元配列を意味する。

- ファイルの 1 行の長さが［読み込む文字数− 1］よりも小さいときには、改行を含む先頭からの文字列が記憶される。ファイルの 1 行の長さが［読み込む文字数− 1］よりも大きいときには、**行の途中までの［読み込む文字数− 1］分だけの文字列が配列に記憶され、次回の読み込みは前回読み残した残りの文字からはじまる。**

- n よりも大きな値を［読み込む文字数− 1］として指定したときには、先頭から n 文字だけが配列に記憶され、残りは切り捨てられる。

- **ファイルの終わりまで読み込むときには、ファイルの終端を読み込んだとき fgets() の出力値が NULL になることを利用して以下のような記述をする。**

```
while ( fgets(配文字列名,[読み込む文字数−1],[ファイルポインタ]) != NULL)
{

}
```

●文字や文字列を表示するときにはprinf()を、ファイルに書き出すときにはfprintf()を利用する。

printf()の使い方

```
printf("%c",変数名);
printf("%s",配列名);
```

- 1文字を表示するときには、「char 変数名;」として変数宣言されたものに対して、printf()に「%c」の変換仕様を利用する。
- 文字列を表示するときには、「char 配列名[n];」として配列宣言されたものに対して、printf()に「%s」の変換仕様を利用する。
- 文字列を表示するときは、表示する配列の先頭から何もない文字（'¥0'）までのすべての文字が左詰めで表示される（空白文字も含む）。

fprintf()の使い方

```
fprintf([ファイルポインタ],"%c",変数名);
fprintf([ファイルポインタ],"%s",配列名);
```

- ファイルポインタとは「FILE *変数名;」として宣言された変数を意味し、fopen()を行ったあとのファイルポインタを利用する。
- 文字列をファイルに書き出すときには、「char 配列名[n];」として配列宣言されたものに対して、fprintf()に「%s」の変換仕様を利用する。
- 文字列を書き出すときは、書き出す配列の先頭から何もない文字（'¥0'）までのすべての文字が左詰めで書き出される（空白文字も含む）。

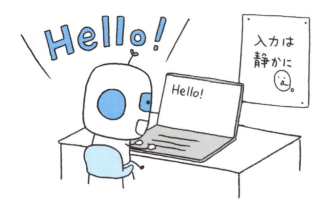

練習問題 8

Lesson 8-1　文字で答えるクイズ

「アルファベットの10番目の文字は？」という問題を表示し、解答を入力させる。入力した解答が「j」または「J」であれば「正解」そうでないときには「不正解」と表示するプログラムを作成しなさい。

Lesson 8-2　文字への足し算と繰り返し

char型変数 ch を作成し、繰り返し処理を組み合わせることで、A～Z（すべてアルファベット大文字）の26文字を1行で表示するプログラムを作成しなさい。

Lesson 8-3　文字列を入力し、1文字ずつ判定して改行整形する

1行最大80文字までの空白を挟まない英字文字列を入力し、10文字続けて表示するごとに改行を挿入して表示するプログラムを作成しなさい。

Lesson 8-4　大文字小文字変換

1行最大80文字までの空白を挟まない英文字列を入力したとき、大文字の文字を小文字に、小文字の文字を大文字に変換して表示するプログラムを作成しなさい。

なお、このプログラムの入力処理は、英字以外の文字が入力される場合を考慮しなくてよい。

第2部　アルゴリズムを組み立てる

第9章

文字列をもっと自在に扱うには?
─文字列処理の関数利用─

　この章では、8章で学んだ文字列の基礎を踏まえ、より実用的な場面で活用できるような、複雑な文字列の処理を実現するための一歩進んだ文字列の取り扱い方を学んでいきます。
　この章で学ぶ機能によって、8章までの知識だけでは数十行の記述が必要であった処理を数行で記述できるようになります。

この章で学ぶこと
- ▶ C言語の標準にはない関数を利用する方法
- ▶ 文字列を操作する便利な関数の利用方法

第 **9** 章 文字列をもっと自在に扱うには？ —文字列処理の関数利用

9.1 文字列を操作する便利な関数

前章では、基本的な文字の取り扱い方を学んできました。これだけのことだけでも自由に文字や文字列をプログラムで扱うことができるはずです。しかし、文字を扱うときの記述は、「非常によく利用する記述であるのに、長々と面倒なものが多い」と感じると思います。

このように感じるのはもっともなことです。そもそもコンピュータは数値を扱うのは得意だけれど、文字を扱うのは苦手なのです。だからといって、このまま我慢して扱うのも不便ですね。なんとかならないものでしょうか？

こんなときに、C言語ではもうひとつの大きな考え方をします。

用意されている関数が不便なら、自分で便利な関数を作ればいい

そんなことできるの？と思うかもしれませんが、これができるからC言語は「使える言語」なのです。さらに、

自分で作らなくても、誰かが作った便利な関数を利用すればいい

という、なんとも便利な方法もあります。

そこで、ここからは文字をもっと便利に、簡単に扱う便利な関数を紹介していきます。これらの関数は、「誰かが作ってくれたものを利用させてもらう」という方法です。

9.1.1 C言語の標準にはない関数を利用する方法

文字や文字列の操作に限ったことではなく、多くのC言語開発環境にはあらかじめいくつかの標準にはない関数がおまけで付属されています*。たとえば、数学で使われるπの値や、sinやcosなどの三角関数の計算をする関数、文字ではなく文字列を比較して同じかどうかを調べる関数、乱数を発生させる関数などはよく利用されるものです。これらの関数の集まりを**標準ライブラリ関数**（Standard Library Functions）と呼んでいます。

標準ライブラリ関数なんて難しそう……と思うかもしれませんが、実はここまで組み立ててきたプログラムでも標準ライブラリ関数を利用していたのです。それはprintf()やscanf()といった基本的な表示*や入力を行う関数です。これらのprintf()やscanf()は**標準入出力ライブラリ**（Standard input/output Library）と呼ばれるライブラリに入っているものです。ん？ そんなの使った覚えがない？ そんな

＊多くの場合は、C言語のコンパイラをインストールするときに、標準にはない関数がライブラリとしていくつか一緒にインストールされます。しかし、なかにはこれらがインストールされないものもあります。

＊正確には、printf()は標準出力（＝ディスプレイ）へ出力する関数です。

ことはありません。標準入出力ライブラリを使うために必要な手順は、ソースファイルの先頭に次の記述をすることなのです。

```
#include <stdio.h>
```

これは、ライブラリを利用できるように記述されたファイルである「stdio.h」というファイルをここに挿入するということをあらわしています。すなわち、このように記述しておくだけで、標準入出力ライブラリがそのソースプログラムが記述されたファイルの中で利用できるようになるのです。

「stdio.h」のように「.h」という拡張子をもつ、ライブラリを利用できるように記述されたファイルのことを、**ヘッダーファイル**（header file）＊と呼びます。そしてソースファイルの冒頭で#include <stdio.h>と記述するようなこの手続きのことを**ヘッダーファイルをインクルードする**といいます。

＊インクルードファイル（include file）とも呼ばれますが、ソースファイルの冒頭部分（header）に記述されることが多いので一般的にはヘッダーファイルという言い方のほうが使われます。

このような手続きは、標準入出力ライブラリを利用するときだけではなく、他のどんなライブラリを利用するときにも不可欠な手順です。これにより、プログラムのソースファイルがコンパイル・リンクされるときに、そのソースファイルにヘッダーファイルが一体化されるわけです。#include <○○.h>と記述するだけですから簡単ですね。

Fig. 9-1
ヘッダーファイルのインクルード

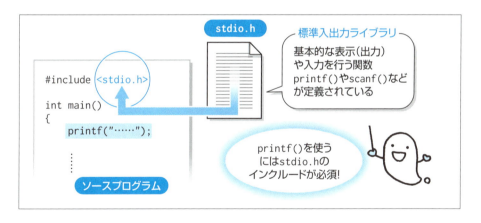

＊特にウィンドウを操作するプログラムなどを作るときには不可欠ともいえるものです。中上級者になったときにはこうした作業についても勉強してください。

memo
ところが！ 利用するライブラリによっては、もう一手間かけてなくてはならないものもあります。それは、コンパイルのときに特殊なことをするというもの。使用しているOSやコンパイラによって操作方法が違うというなんとも厄介なことです。こうしたライブラリは、コンパイラに標準で付属していることはほとんどなく、別途インストールをしたものが多いので本書では扱わないことにしました。が、大きなプログラムを作るときには必要になるということを覚えておいてください＊。

第 9 章 文字列をもっと自在に扱うには？ —文字列処理の関数利用

＊ここにあげてあるものは、ほんの一部にすぎません。詳しくはコンパイラのマニュアルなどを調べてみましょう。

コンパイラに付属していないライブラリの利用方法はおいておき、標準で用意されているライブラリは、具体的にどんなときになんという名前のヘッダーファイルを読み込めばよいのかを簡単に紹介します＊。

表 9-1 よく使われるライブラリの例

ライブラリの名前（機能）	ヘッダーファイルの名前	備考
標準入出力ライブラリ （ごく基本的な標準出力・入力を可能にする）	stdio.h （スタンダード・アイオー）	標準入出力： *standard input/output*
標準ライブラリ （基本的な関数の利用を可能にする）	stdlib.h （スタンダード・リブ）	標準ライブラリ： *standard library*
文字列操作ライブラリ （基本的な文字列操作を可能にする）	string.h （ストリング）	文字列： *string*
数学ライブラリ （三角関数などの基本的な数学の演算を可能にする）	math.h （マス）	数学の： *mathematic*

こうしたライブラリを使うには、それぞれをよく調べる必要があります。次項からは、文字列を操作する便利な関数を使うための文字列操作ライブラリの使い方を解説していきます。**文字列操作の関数は string.h ファイルをインクルードして使います。**非常に重要なものばかりですので、しっかりマスターしましょう。

9.1.2 文字列をコピーする

いま、文字列の1次元配列char moji[5]に次のように文字が記憶されているとします。

これを別の文字列の1次元配列char moji2[5]にコピーしたいときにはどのように記述したらよいでしょうか？ ここまでに学んできた方法では、次のように記述しなくてはなりません。

■方法1：ひとつひとつ代入する

```
moji2[0] = moji[0];
moji2[1] = moji[1];
moji2[2] = moji[2];
moji2[3] = moji[3];
moji2[4] = moji[4];
```

■方法2：繰り返し処理を利用して代入する

```
int loop;
for (loop = 0; loop < 5; loop++)
{
    moji2[loop] = moji[loop];
}
```

9-1 文字列を操作する便利な関数

左は最も単純に記述した例、右は繰り返し処理を利用して記述した例です。このように記述すれば文字列をコピーすることはできるのですが、「文字列をコピーする」操作は、多くのプログラムで非常によく利用されるものです。利用するたびにこんなに記述をするのは効率的ではありませんね。

そこで、このようなときには、#include <string.h>でstring.hファイルをインクルードしたあと、標準ライブラリ関数のstrcpy()*（ストリングコピー）を使って次のように記述するだけで上記と同じことをすることができます。

*strcpyとは、string copyの略です。

```
strcpy(moji2, moji);
```
コピー先の配列名　　コピー元の配列名

どうです？ たった1行で同じ操作ができるのは、とても便利ですね。ただし、このとき

moji2（コピー先）の文字列の長さ　≧　moji（コピー元）の文字列の長さ

でなくてはなりません（コピーするもの"moji"が、入れ物"moji2"よりも大きいなんて変ですよね）。

さらに、文字列のコピー機能を使って、最もよく使う記述があります。それは文字列を初期化（初めの値を設定）するときです。たとえばプログラムの中で文字列の1次元配列に「Yes My Master」と初期化するように記憶させるにはどうしたらよいでしょうか？

ここまでに学んできた記述方法では、次のように記述しなくてはなりません。

```
char    moji[20];

moji[0] = 'Y';  moji[1] = 'e';  moji[2] = 's';  moji[3] = ' ';
moji[4] = 'M';  moji[5] = 'y';  moji[6] = ' ';  moji[7] = 'M';
moji[8] = 'a';  moji[9] = 's';  moji[10] = 't'; moji[11] = 'e';
moji[12] = 'r'; moji[13] = '¥0';
```

しかし、この記述方法では長い文字列を代入するときには、なんとも膨大な記述が必要になりとても不便です。そこで、このようなときには先の例と同じように、#include <string.h>を記述したあと、strcpy()を使って記述するだけで上と同じことをすることができます。

247

第 **9** 章 文字列をもっと自在に扱うには？ ─文字列処理の関数利用

```
strcpy(moji, "Yes My Master");
```
文字列の1次元配列mojiを一気に初期化

どうですか？ とても簡単で短い記述になりましたね。この記述では、「"」（ダブルコーテーション）で文字列（Yes My Master）を囲み、その文字列が文字列の1次元配列であるかのように扱っているのです。このような「"」を利用した記述は、非常によく使われますのでしっかり覚えておいてください。

重要!!

注意しなくてはならない記述があります。これまで1文字を代入するときには、その文字を「'」で囲んでいました。しかし、文字列（2文字以上）をまとめて取り扱うときには、その文字列を「"」で囲みます。すなわち、普通に記述している文字（文字列）を

- 文字として扱うときには、「'」（シングルコーテーション）でくくる
- 文字列として扱うときには「"」（ダブルコーテーション）でくくる

という違いがあることに注意してください。

これを間違えると、コンパイル時にエラーになります。このときに出るエラーメッセージは、状況によりさまざまですが「"」と「'」が違いますとは指摘されず、エラー箇所もまったく違う場所を指摘されることもあります。十分に注意を払ってください。

9.1.3 文字列をつなぎ合わせる

ある2つの文字列char moji1[9], moji2[7];があったとき、1つの文字列を"Welcome"で初期化しておき（strcpy(moji1, "Welcome");）、もう1つの文字列は、実行時に名前を文字で入力するものとします。このとき、それら2つの文字列をつないだ「Welcome 名前」という文字列を新たな文字配列char moji3[16];に記憶するにはどうしたらよいでしょうか？

9-1 文字列を操作する便利な関数

Fig. 9-2
2つの文字列をつなぎ合わせて1つにする

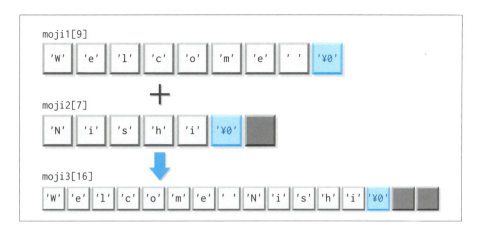

このとき、単純に

```
moji3[0] = moji1[0];
moji3[1] = moji1[1];
        ⋮
moji3[8] = moji1[8];
moji3[9] = moji2[0];
        ⋮
moji3[15] = moji2[6];
```

としたのでは、moji3を表示したときには、moji1の最後の文字である「何もない文字（'¥0'）」がmoji2の前にあるため、moji1だけとして扱われます。

Fig. 9-3
「何もない文字」の前までが取り扱われる

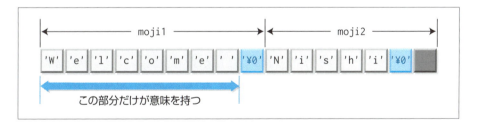

それではどのようにすれば先のイメージどおりに文字列をつなぎ合わせることができるのでしょうか？ ここまでに学んできたすべてのことを利用して、次のような手順が考えられます。

1. moji1の先頭から'¥0'の前の文字までを1文字ずつmoji3に代入する。
2. moji3の1で最後に代入した文字の次の文字からmoji2を1文字ずつ代入していく。

第 **9** 章 文字列をもっと自在に扱うには？ —文字列処理の関数利用

このようにすれば、確かにイメージどおりの文字列の連結ができます。しかし、これをそのままプログラムで記述していては、とても長いプログラムになり、面倒です。

そこで、こんなときのために文字列を連結する関数があります。それは、#include <string.h>を記述したあと、**strcat()** *（ストリングキャット）という関数を使い次のように記述するだけです。

*strcatと は、string catの略です。catとは UNIXで「ファイルの内容を連結して表示」するコマンドです。

```
        ┌── moji1をmoji3にコピーする ──┐
        ▼
strcpy(moji3, moji1);
strcat(moji3, moji2);
        └── moji3の後ろにmoji2を追加する ──┘
```

1行目は、前項の文字列の代入で、moji1をmoji3にコピーすることをあらわしています。2行目は、**moji3の文字列の後ろにmoji2を追加する**ことをあらわしています。

たったこれだけの記述で、2つの文字列をつなぎ合わせることができるのです。この記述を利用すれば、何行も記述し、1文字ずつ調べながら代入するという手間が省けて、簡単に2つの文字列をつなげることができます。

9.1.4 文字列を比較する

前章8-3-3項では、1文字を比較する方法を説明しました（p.226参照）。しかし、入力された文字列が「Yes」か「No」かを調べるだけでも、先の記述方法ではずいぶん手間がかかります。たとえば、質問を表示し、「Yes」または「No」で答え、正解・不正解の判定をするプログラムは、これまでの記述方法では次のようになります。

List 9-1
文字列を比較する

```
#include <stdio.h>

int main()
{
    char    input[4];

    /* 質問の表示と解答入力 */
    printf("質問、正しいと思えばYes，誤っていると思えばNoと入力してください¥n");
    gets_s(input, 4);*
```

*Yesterday等の先頭から3文字ではなく、「Yes¥0」の4文字で取り扱いをしたいので、4文字読み込む必要があります。

250

9-1 文字列を操作する便利な関数

```
    /* 正解判定と結果表示 */                                    ❶
    if ( (input[0] == 'Y') && (input[1] == 'e') && (input[2] == 's')
                                        && (input[3] == '¥0') )
    {
        printf("正解¥n");
    }else                                                       ❷
    {
        if ( (input[0] == 'N') && (input[1] == 'o') && (input[2] == '¥0') )
        {
            printf("不正解¥n");
        }else
        {
            printf("入力が不適切¥n");
        }
    }
    return(0);
}
```

　このサンプルプログラムは慎重に見ていけば理解できるものだと思います。❶、❷
の記述が、文字列の比較をあらわしています。ここで❷の記述を例にあげて詳細を見
ていきます。「No」という長さ2の文字列を比較するときに、3文字を比較していま
す。ここで、もし3文字目が「何もない文字かどうか？」を調べずに、先頭2文字だ
けを比較したときには、「Nok」や「Nop」などの「No?」という文字列がすべて不正解
で処理されてしまいます。そこで、**n文字を照合するときには、文字配列の大きさが
nより小さいときには、n＋1文字比較する必要がある**と覚えておいてください。同
じ理由で❶の記述もYesの3文字と¥0を入れた4文字の比較を行っています。

　この例では、比較する文字が3文字と少ないためこのくらいの記述ですみました
が、これが10文字、20文字の比較となると膨大な記述をしなくてはならないことが
想像できます。

　そこでこんなときには、#include <string.h>を記述したあと、**strcmp()** *（スト
リングコンペア）という関数を使い次のように❶、❷を記述すれば同じ意味のプログ
ラムを作ることができます。

＊strcmpとは、string
compare（比較する）の
略です。

第 **9** 章 文字列をもっと自在に扱うには？ —文字列処理の関数利用

❶ `if ( strcmp(input, "Yes") == 0 )`

この2つの文字列が同じだった場合は、0が返される。
つまり比較式が等しくなりif文の条件が満たされる。

❷ `if ( strcmp(input, "No") == 0 )`

ここではプログラム中で指定した文字列と比較しているため、「"○○"」のように「"」で文字列を囲んでいます。これが文字配列char moji[5];であれば、

`if ( strcmp(input, moji) == 0 )`

文字配列同士で比較する

というように配列名を記述します。

9.1.5 何文字あるか調べる

　ここまで文字列を操作するいくつかの便利な関数を紹介してきました。しかし、実際のプログラムを作る場面では、これだけの関数だけですべてに対応できるわけではありません。たとえば、文字列をつなぎ合わせるときに、つなぎ合わせた結果が、用意してある文字配列の大きさを超えていないかどうかを調べてからでないと、途中で切れたものになってしまいます。

　そんなときには、「今、文字配列に何文字記憶されているのか」を調べればよいのですが、この処理も「1文字ずつ最後の'¥0'まで調べていく」と記述するのはなんとも面倒です。そこで、文字配列に何文字記憶されているのかを求める関数があります。

　この関数の用例を「2つの入力した文字が合わせて10文字以内なら、はじめに入力した文字列にあとで入力した文字列をつなぎ合わせる」というプログラムで見てみましょう。

List 9-2
文字列をつなぎ合わせる

```
#include <stdio.h>
#include <string.h>

int main()
{
```

9-1 文字列を操作する便利な関数

```c
char    input1[11], input2[11]; /* 10文字＋¥0を想定し要素11で定義 */

/* 質問の表示と解答入力 */
printf("1つ目の文字列を入力");
gets_s(input1, 10);
printf("2つ目の文字列を入力");
gets_s(input2, 10);

/* 文字列をつなぎ合わせるか判定する */
if ( ( strlen(input1) + strlen(input2) ) <= 10)
{
    /* 文字列をつなぎ合わせ、結果を表示 */
    strcat(input1, input2);
    printf("%s¥n", input1);
}else
{
    /* 結果の表示 */
    printf("入力した文字列が長いので連結できません¥n");
}

return(0);
}
```

このサンプルプログラム内の枠で囲んで示した2つの関数が、文字列の長さを調べる関数です。ここでは「関数＋関数」というこれまであまり見られなかった記述があります。これは、この**strlen()** * （ストリングレングス）という関数は、**文字列の長さを調べた結果を数値で返すものであるため、足した場合もこれでひとつの数値のように扱うことができる**ためです。

もし、ある文字配列mojiに記憶されている文字の長さを調べ、変数n（int n）に記憶させるときには、次のように記述します。

＊strlenは、string length（長さ）の略です。

```c
n = strlen(moji);
```
文字配列mojiの文字列の長さを調べ、その数値を変数nに代入する

さて、これで文字列の長さを調べる関数の使い方がわかりました。ですが、いったいどこからどこまでの長さを調べているのでしょうか？ それは、次のような長さです。

第 9 章 文字列をもっと自在に扱うには？ —文字列処理の関数利用

▶ `char moji[8];` に、`'ABCDEFG'` が記憶されているとき

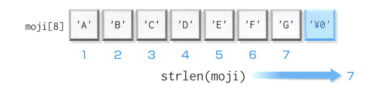

文字配列の最大文字数まで文字が記憶されているときには、配列の大きさ－1が長さとして検出されます。

▶ `char moji[8];` に、`'ABCD'` が記憶されているとき

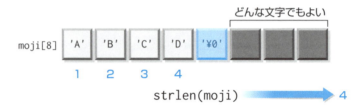

文字配列の最大文字数以下の文字が記憶されているときには、**`'¥0'`の前の文字までの文字数**が検出されます。

文字数を調べる関数`strlen()`は、この関数単体では利用価値が高いものではありませんが、他の文字を操作する記述と組み合わせて非常によく利用するものですので、しっかり覚えておきましょう。

9.2 便利な文字列操作関数の詳細

前節では、文字列を操作するときの便利な関数を紹介しました。本節ではそれら便利な文字列操作関数の詳細についてまとめます。ただし、ここで紹介する関数を利用するときには、ソースプログラムのはじめに、

```
#include <stdio.h>
#include <string.h>
```

のように、#include <string.h>を記述するのを忘れないで下さい。

さらに、ここでまとめた文字列操作関数は、あくまで**文字型1次元配列の操作**をするもので、**配列ではない文字変数に対して操作はできない**ことも覚えておいてください。

文字列を代入するstrcpy()の使い方は次のようにまとめられます。

strcpy()の使い方

strcpy(文字配列1, 文字配列2);

- 文字配列1に、文字配列2を代入する。
- 文字配列1の大きさ（配列の要素数）は、文字配列2のあらわす文字列の長さよりも大きくなくてはならない。
- 文字配列2のところには、文字配列はもちろん、「"」で囲んだ文字列も利用できる。

文字列を連結するstrcat()の使い方は次のようにまとめられます。

strcat()の使い方

strcat(文字配列1, 文字配列2);

- 文字配列1に記憶されている文字列の最後の文字の次の文字（'¥0'の位置）から、文字配列2を代入する。
- 文字配列1の大きさ（配列の要素数）は、連結した文字数以上必要である。
- 文字配列2のところには、文字配列はもちろん、「"」で囲んだ文字列も利用できる。

文字列を比較するstrcmp()の使い方は次のようにまとめられます。

strcmp()の使い方

strcmp(文字配列1, 文字配列2);

- 文字配列1と文字配列2を比較し、同じであれば0を返す。通常はif文とともに利用して、比較の判定に次のような記述をする。

```
if (strcmp(文字配列1, 文字配列2) == 0)
{
    同じ文字列であったときの処理
}
```

255

第 **9** 章　文字列をもっと自在に扱うには？ ―文字列処理の関数利用

- 文字配列 1 と文字配列 2 を比較し、異なっていれば 0 ではない値を返す。
  通常は if 文とともに利用して、異なる文字列である判定に次のような記述をする。

```
if (strcmp(文字配列1, 文字配列2) != 0)
{
    異なる文字列であったときの処理
}
```

- 文字配列 1、文字配列 2 には、文字配列はもちろん、「"」で囲んだ文字列も利用できる。

文字列の長さを調べる strlen() の使い方は次のようにまとめられます。

strlen() の使い方

strlen(文字配列);

- 文字配列に記憶されている文字列の長さを返す。
- 文字列の長さは、「何もない文字」（'¥0'）の前までの文字数が求められる。**ただし、文字列の中に '¥0' がない場合は不適当な値が求められるので注意が必要である。**

9.3 文字列を利用する応用場面

　8章と本章で、文字や文字列の取り扱い方の規則と用例を学んできました。プログラムの処理の一部としての解説を中心にしてきたので、実際の応用場面での使い方のイメージが十分にわからないかと思います。

　そこで、次の例題で問題に即した文字列処理の応用場面を見ていきましょう。

例題1　アドレス帳の検索

address.txt

　10人の名前、電話番号が次のように記述されているテキストファイルがあるとき、名前を入力したら該当する電話番号が表示されるプログラムを作成したい。

　ただし、名前は最大20文字、電話番号は半角数字で最大11文字とする。

```
名前1
0001112222
名前2
1112223333
 ┊
名前10
9990001111
```

9-3 文字列を利用する応用場面

この問題のアルゴリズムは次のようになります。複雑になってきましたが、慎重にひとつひとつ考えていけば理解できるはずです。

> **アルゴリズム** ●●●
>
> 1. ファイルを読み込みできるようにオープンする
> 2. 次の処理を10回繰り返し、ファイルの内容を変数に読み込む（このときの繰り返し数をnとする）
>   ① 1行読み出し、名前を記憶する文字型配列の配列（あわせて2次元配列）のn番目に格納する
>   ② 1行読み出し、電話番号を記憶する文字型配列の配列（あわせて2次元配列）のn番目に格納する
> 3. 電話番号を探したい名前を入力する
> 4. 名前から電話番号を検索するため、次の処理を10回繰り返す（このときの繰り返し数をnとする）
>   ① 入力された名前の文字列と、n回目にファイルから読み込んだ名前の文字配列とを比較する
>   ② ①で比較した結果が一致すれば、n番目にファイルから読み込んだ電話番号の文字配列を表示する。比較が一致しなければ、なにもしない

このアルゴリズムにもとづき、プログラムを組み立てると次のようになります。

List 9-3
アドレス帳の検索プログラム（ファイルからデータを読み込んで、入力データと比較する）

```
#include <stdio.h>
#include <string.h>

int main()
{
    char    name[10][22];
    char    phone[10][13];
    char    input[21];
    int     loop;
    FILE    *FP;

    /* ファイルのオープン */
    if ((FP = fopen("address.txt", "r")) == NULL)
    {
        printf("ファイルが開けません\n");
        return(1);
    }
```

❶ ファイルからの名前の読み込みでは最大20文字＋2（改行と'\0'の分）の文字型1次元配列を、10人分用意

ファイルからの電話番号の読み込みでは最大11文字＋2（改行と'\0'の分）の文字型1次元配列を、10人分用意

名前の入力では最大20文字＋1（'\0'の分）の文字型1次元配列を用意

第 9 章 文字列をもっと自在に扱うには？ —文字列処理の関数利用

```
/* ファイルからデータを読み込む */
for (loop = 0; loop < 10; loop++)
{
    /* 名前の読み込み */
    fgets(name[loop], 22, FP);
    /* 読み込んだ文字の最後にある改行を消す */
    name[loop][strlen(name[loop])-1] = '¥0';

    /* 電話番号の読み込み */
    fgets(phone[loop], 13, FP);
    /* 読み込んだ文字の最後にある改行を消す */
    phone[loop][strlen(phone[loop])-1] = '¥0';
}

/* 電話番号を検索したい名前の入力 */
printf("電話番号を検索したい名前を入力してください¥n");
gets_s(input, 20);
/* 検索と表示 */
for (loop = 0; loop < 10; loop++)
{
    if (strcmp(name[loop], input) == 0)
    {
        /* 電話番号表示 */
        printf("%sさんの電話番号は：%s¥n", input, phone[loop]);
    }
}
fclose(FP);
return(0);
}
```

ファイルから名前と電話番号を読み込み、最後に入っている改行文字に`'¥0'`を代入して置き換える

2

3

4

読み込まれた文字列と入力された文字列を比較する

これだけのプログラムとなると、かなり複雑になってきますね。でも、ひとつずつ見ていけば必ず理解できます。慎重に見ていきましょう。

ここで、枠で囲んだ注意を払うべき部分について、次に解説します。

■ **ファイルから名前と電話番号を読み込むための2次元配列と、名前入力の1次元配列を用意（❶の部分）**

❶の先頭2行では、ファイルから読み込むための2次元配列を用意しています。これは文字列を扱うための1次元配列（文字列）を10人数分まとめて記述するために、1次元配列をさらにまとめて2次元配列としたものです。ひとつひとつの文字列をあらわすときには、

258

9 - 4 ファイルの中身をすべて読み出す

　　　name[0]＝文字列を格納する変数
　　　name[1]＝文字列を格納する変数
　　　　　　　　　⋮

として考えれば、4章で学んだ配列の基本的な構造として理解することができます。

　❶の最後の行では、キー入力のための1次元配列を用意しています。

　ここで注意することがあります。それは、関数gets_s()と関数fgets()を取り扱うときの次の違いです。

- 文字列を扱う際に、関数gets_s()を利用するときには改行文字が文字列に読み込まれないため、用意する文字列の大きさ（文字型配列の大きさ）は、「最大文字数＋1（'¥0'の分）」必要。
- 文字列を扱う際に、関数fgets()を利用するときには改行文字が文字列に読み込まれるため、用意する文字列の大きさ（文字配列の大きさ）は、「最大文字数＋2（改行文字と'¥0'の分）」必要*。

＊これは最大文字数を決めるときに、改行文字を意識しないために起こることです。改行文字も1文字と考えて最大文字数を決めておけば、fgets()のときも「最大文字数＋1」と考えることができます。これはコンピュータ特有な考えと、人間のイメージとでズレがあるので十分注意してください。

■ 文字列をファイルから読み込む（❷❸の部分）

　この2つの部分は、どちらも文字列をファイルから読み込む記述です。

　ただし、fgets()で読みこんだ文字列には改行文字も含まれるので、strlen()を利用して記憶されている文字列の長さを調べ、最後の文字（ここが改行文字）を何もない文字（'¥0'）に置き換えています。

■ 読み込まれた文字列と入力された文字列を比較する（❹の部分）

　ここでは2つの文字列、ファイルから読み込まれた文字列name[X]と、入力された文字列inputが同じであるかの比較をしています。

9.4 ファイルの中身をすべて読み出す

　ここまでの例では、ファイルからデータを読み出すときには、何行書かれているかをあらかじめ知っておく必要がありました。しかし、実際のプログラミングでは、ファイルに何行書かれているのかわからないということはよくあります。このようなときの取り扱い方は非常に重要です。ここでしっかりマスターしましょう。

　次の例題を考えてみましょう。

第 **9** 章 文字列をもっと自在に扱うには？ ―文字列処理の関数利用

> **例題2 ファイルのコピー**
>
> 今、「read.txt」というテキストファイルに、何らかの情報が書かれている。こ
> れを「copy.txt」というファイルにコピーするプログラムを作成したい。
> ただし、「read.txt」の内容は1行80文字以内であることはわかっているが、
> その他については一切わかっていないものとする。

ここで作成しようとしているプログラムは、WindowsやUNIXなどのOSを使うと
きに普段使用しているコピーコマンドのような機能ですね。こうしたOSもプログラ
ムでできているのですから、C言語を使ってこのような機能もプログラミングするこ
とができるのです。

この問題のアルゴリズムは、80文字をファイルから読み込み、それを別のファイ
ルに書き出すということを繰り返すだけです。ここで問題となるのは、**どれだけ繰り
返せばよいのか？**ということです。

実は、コンピュータで扱っているテキストファイルは、ファイルの終わりが検出で
きるような、目には見えない特殊な文字が入っているのです。それは通称 **EOF**（End
Of File：ファイルの終端）と呼ばれる文字です。プログラムでファイルを呼び出す場
合には、このEOFを検出したり、検出する関数を利用したりしてプログラミングし
ます。

このEOFをどのように扱うのか、先の例題の実際のプログラムで見ていきましょう。

List 9-4
ファイルの内容を
コピーする
（ファイルの終わりまで
を検出する方法）

```c
#include <stdio.h>

int main()
{
    char    input[81];
    FILE    *FP1, *FP2;

    /* ファイルから読み込みできるようにする */
    if ( (FP1 = fopen("read.txt", "r")) == NULL)
    {
        printf("読み込みファイルが開けません¥n");
        return(1);
    }

    /* ファイルに書き込みできるようにする */
```

260

9-4 ファイルの中身をすべて読み出す

```
    if ( (FP2 = fopen("copy.txt", "w")) == NULL)
    {
        printf("書き出しファイルが開けません¥n");
        return(1);
    }

    /* 繰り返し処理 */
    while (fgets(input, 81, FP1) != NULL)
    {
        fprintf(FP2, "%s", input);
    }
    fclose(FP1);
    fclose(FP2);
    return(0);
}
```

これまで見てきた関数を利用しているばかりで、特に目新しいことはないような気がしますが、枠で囲んだ部分に注目してください。

```
fgets(……) != NULL
```

この表現は、「もし fgets() が、何もない文字を出力しないならば」という条件をあらわしています。これまで、関数 fgets() がどんな値を出すのかを扱うものはありませんでしたね。

実は、いままで利用してきた fgets() という関数は、

- ファイルの終端でないときには、**NULL ではない文字を出力する**。
- ファイルの終端であれば、**NULL を出力する**。

という機能を持った関数だったのです。

そこで、List 9-4 のように、関数 fgets() の出力を利用することで、ファイルの終わりまで処理を繰り返すという記述を実現できます。

この表現は非常に大切です。完璧にマスターしましょう。

第 **9** 章 文字列をもっと自在に扱うには？ —文字列処理の関数利用

9.5 さらに自在に文字列をコントロールする応用テクニック

ここまで学びを進めてきたうえで、あえて伝えたいことがあります。それは…「**C言語は文字列を扱うことが得意ではありません**」という事実です。最近作られたプログラミング言語では、文字列をもっと簡単に扱えるものも多くあります。しかし、これだけ普及したC言語です。苦手な文字列を扱いやすくするようないくつもの技術が追加利用することができます。本節では、その一端を紹介します。

9.5.1 文字列からの読み込み・文字列への書き出し

本書の初めから利用しているscanf()やprintf()は、皆さんも使い慣れてきていると思います。scanf()はキーボードからの入力をするためのもの、printf()は画面への出力をするためのものでした。scanf()やprintf()を発展させた記述に、**文字列から入力するsscanf()**、**文字列に出力するsprintf()**が準備されています。ここでは、文字列の応用的な利用としてsscanf()とsprintf()の使い方を学びましょう。

例題3 **文字列の活用**

いったん文字列としてキーボードからの入力を受け付け、文字列に記憶する。
記憶した文字列の中から、先頭から空白までの文字列と整数を取り出しなさい。
さらにファイルを5個作成したい。そのファイル名をプログラム内で連番で生成し、実際に5個のファイルを作成しなさい。

この例題は文字列操作を強く意識した問題になっていますが、実際のプログラム開発でよく出会う課題です。この例題は、ここまでに学んだ記述だけを利用してもプログラムを構築することはできるのですが、かなり手間がかかり大変です。

そこで、新しく紹介するsscanf()とsprintf()を活用して、簡潔に書けるプログラムを紹介します。

List 9-5
読み込んだ文字列から単語と整数を取り出し、連番ファイル名を作る

```c
#include <stdio.h>

int main()
{
    char line[81], str1[81];
```

9-5　さらに自在に文字列をコントロールする応用テクニック

```
    int num;
    FILE* FP;

    /* 読み込んだ文字列から、単語と整数を取り出す例 */
    printf("1行に英単語1つと整数1つを書いてenterを押してください¥n");
    gets_s(line, 80);
    sscanf(line, "%s %d", str1, &num);  ……… ❶
    printf("英単語: %s¥n", str1);
    printf("数字:  %d¥n", num);

    /* 連番ファイル名を作る例 */
    for (num = 0; num < 5; num++)
    {
        sprintf(str1, "File%d.txt", num);  ……… ❷
        FP = fopen(str1, "w");
        printf("Create FIle: %s¥n", str1);
        fclose(FP);
    }
    return(0);
}
```

9

　記述❶のsscanf()は、カッコ内のはじめに文字列のlineを追記した以外はscanf()と同じように利用できます。これでlineという文字列から、%sで文字列、%dで整数をそれぞれ探し、str1とnumに値を代入することができます。

　記述❷のsprintf()は、カッコ内のはじめに文字列のstr1を記述した以外はprintf()と同じように利用できます。"File%d.txt"で示した記述の%dに、そのあとで指定するnumの値を入れた文字列を作り出し、それをstr1に代入することができます。

　どうですか？　この2つが使えると、もっと簡単に文字列を複雑な処理へと応用していくことができます。ここで紹介した以外にももっと多くの記述が存在します。それは11章でも紹介します。

日本語の文字列を扱うためのヒント

　本書ではここまで、文字列を取り扱うとき半角英数字を前提にしてきました。これまでのプログラムに日本語の文字で入力したり、出力したりするとどうなるのでしょうか？

　それは皆さんが利用しているOSや開発環境のさまざまな制約を受けます。たまたまそのままでも「日本語1文字を2文字分のchar型配列に入っている」としてうまく動作するものも一部あるかもしれませんが、ほとんどはうまく動作しません。そこには、コンピュータで日本語文字（さらには世界の文字）を取り扱うための複雑な仕組みが影響しています。たとえば、Windows11ではUTF-8という文字コードを採用しています。1文字を保存するデータの大きさが1～4バイトと決められており、文字によって記憶する大きさが異なっています。そのため、とても複雑な処理を組み立てなくてはなりません。

　ここまでの学びを一歩進めて、日本語文字を取り扱えるようにしたいと考える方も多いと思います。その参考資料として、次のプログラムを示します。

```
#include <stdio.h>
#include <wchar.h>
#include <locale.h>

int main()
{
    wchar_t str1[] = L"あいうえおかき";
    wchar_t str2[] = L"ABCDE";
    wchar_t str3[] = L"ABCあいうえお";

    setlocale(LC_ALL, "ja_JP.UTF-8");   //使う文字コードを指定

    wprintf(L"サイズ[%4zd]:中身[%ls]¥n", sizeof(str1), str1);
    wprintf(L"サイズ[%4zd]:中身[%ls]¥n", sizeof(str2), str2);
    wprintf(L"サイズ[%4zd]:中身[%ls]¥n", sizeof(str3), str3);

    return(0);
}
```

　このプログラムでは、**ワイド文字**という1文字あたり固定の数バイトを使ってプログ

9-5 さらに自在に文字列をコントロールする応用テクニック

ラムを記載する例を示しています。char型がwcahr_tに変わり、printf()がwprintf()に変わり、文字列記載の「"」で囲まれた文字は、先頭の「"」の前にLの1文字を付けて扱います。

　ここに記載されている初めて見る記述を検索して、調べて理解するプログラムのさらなる学びに一歩踏み出してみましょう。最初は難しく、わからないことが多いですが、それを積み重ねることで力がつきます。

全部教わるプログラミングから、自分で調べるプログラミングへの初めの一歩です。

第9章 文字列をもっと自在に扱うには？ —文字列処理の関数利用

理解度チェック！

Q1 次のプログラムで、コメントにあるような正しい動作を実現するよう、空欄を埋めてください。

```
#include <stdio.h>
#include < ア >

int main()
{
    char strA[81], strB[81], strC[161];

    printf("1つ目の文字列を入力 :");
    scanf("%s", strA);

    printf("1つ目の文字列を入力 :");
    scanf("%s", strB);

    // 文字列の長さの確認
    printf("1つ目の文字列の長さ :%d\n",   イ   (strA));
    printf("2つ目の文字列の長さ :%d\n",      ウ     );

    // 文字列 strA, strB をつなげて strC を作る
         エ       ;   // まず strC に strA をコピーする
         オ       ;   //strC に strB を連結する
    printf("2つの文字列を連結結果 :[%s]\n", strC);

    // 文字列の比較
    if (       カ       == 0)
    {
        printf(" 入力した 2 つの文字列は同じです ");
    }else
    {
        printf(" 入力した 2 つの文字列は違います ");
    }
    return(0);
}
```

解答： **Q1** **ア**：string.h **イ**：strlen **ウ**：strlen(strB) **エ**：strcpy(strC, strA)
　　　　オ：strcat(strC, strB) **カ**：strcmp(strA, strB)

まとめ

- 文字列を操作するときには、便利な関数を利用することもできる。それらの関数を利用するときには「#include <string.h>」という記述が必要であり、扱うものも文字ではなく文字列でなくてはならない。

  便利な文字列操作関数には、
  - ➡ 文字列をコピーする strcpy()
  - ➡ 文字列を連結する strcat()
  - ➡ 文字列を比較する strcmp()
  - ➡ 文字列の長さを調べる strlen()
  - ➡ 文字列から入力する sscanf()
  - ➡ 文字列に出力する sprintf()

  などがある。

- 文字列をコピーする strcpy() の使い方は次のようにまとめられる。

  ### strcpy() の使い方

  strcpy(文字配列1, 文字配列2);

  - 文字配列1に、文字配列2を代入する。
  - 文字配列1の大きさ（配列の要素数）は、文字配列2のあらわす文字列の長さよりも大きくなくてはならない。
  - 文字配列2のところには、文字配列はもちろん、「"」で囲んだ文字列も利用できる。

- 文字列を連結する strcat() の使い方は次のようにまとめられる。

  ### strcat() の使い方

  strcat(文字配列1, 文字配列2);

  - 文字配列1に記憶されている文字列の最後の文字の次の文字（'¥0' の位置）から、文字配列2を代入する。
  - 文字配列1の大きさ（配列の要素数）は、連結した文字数以上必要である。
  - 文字配列2のところには、文字配列はもちろん、「"」で囲んだ文字列も利用できる。

第 **9** 章 文字列をもっと自在に扱うには？ —文字列処理の関数利用

●文字列を比較する strcmp() の使い方は次のようにまとめられる。

strcmp() の使い方

strcmp(**文字配列**1, **文字配列**2);

●文字配列 1 と文字配列 2 を比較し、同じであれば 0 を返す。通常は if 文とともに利用して、比較の判定に次のような記述をする。

```
if (strcmp(文字配列1, 文字配列2) == 0)
{
    同じ文字列であったときの処理
}
```

●文字配列 1 と文字配列 2 を比較し、異なっていれば 0 ではない値を返す。通常は if 文とともに利用して、異なる文字列である判定に次のような記述をする。

```
if (strcmp(文字配列1, 文字配列2) != 0)
{
    異なる文字列であったときの処理
}
```

●文字配列 1、文字配列 2 には、文字配列はもちろん、「"」で囲んだ文字列も利用できる。

●文字列の長さを調べる strlen() の使い方は次のようにまとめられる。

strlen() の使い方

strlen(**文字配列**);

●文字配列に記憶されている文字列の長さを返す。

●文字列の長さは、「何もない文字」（'¥0'）の前までの文字数が求められる。**ただし、文字列の中に '¥0' がない場合は不適当な値が求められるので注意が必要である。**

●scanf() や printf() を発展させた記述に、文字列から入力する sscanf()、文字列に出力する sprintf() がある。

sscanf() の使い方

sscanf(**入力文字配列**, "%s", **出力文字配列**);
sscanf(**入力文字配列**, "%d", &**出力**int**型変数**);
sscanf(**入力文字配列**, "%lf", &**出力**double**型変数**);　など

- scanf() がキーボードからの読み込みを行うのに対し、sscanf() は入力文字配列からの読み込みを行う。
- その他記述は scanf() に準ずる。

sprintf() の使い方

```
sprintf(出力文字配列, "文字列");
sprintf(出力文字配列, "%s", 文字配列);
sprintf(出力文字配列, "%d", 整数);
sprintf(出力文字配列, "%f", 実数);
```

- printf() が実行画面のコマンドライン出力を行うのに対し、sprintf() は出力文字配列に出力を行う。
- その他記述は printf() に準ずる。

練習問題 9

Lesson 9-1
strcmp() を利用する問題

「「Yes」と入力してください」というメッセージを表示し、正しく入力されるまで繰り返し入力を受け付けるプログラムを作成しなさい（大文字小文字も正確に、3文字のYesのみ正しいと判断されること）。

Lesson 9-2
strlen() を活用する問題

ファイルinput3.txtには、複数の英単語のみが（空白や改行を挟みながら）記載されているとする。input3.txtをEOF（End of File）まで読み込み、何文字の単語が何個あったのかを表示するプログラムを作成しなさい。

このとき、input3.txtの1行には最大80文字記載されており、1単語の最大の文字数は15文字とする。

出力結果例

```
1文字の単語：  20単語
3文字の単語：  10単語
8文字の単語：  4単語
全34単語
```

※このように、2, 4, 5, 6, 7, 9,…文字の単語の数が0の場合、結果に「0単語」の表示行が、表示されないようにすること。

Lesson 9-3
総合応用問題

0人の電話番号（最大11桁）と名前（氏名の順のローマ字で最大30文字、氏名の間には空白1文字）のデータを管理する電話帳を作りたい。

STEP1

まずはデータを10人分入力し、「address.txt」ファイルに保存するプログラムを作成したい。そこで名前、電話番号を入力し、例題1（p.256）で利用したようなテキストファイルに書き出すプログラムを作成しなさい。

STEP2

STEP1で作成したデータファイルを読み込み、氏名を入力したときに該当する電話番号をすべて表示するプログラムを作成したい。ただし、氏名のうち氏だけを入力したときには、名が違っているものも含めてすべての該当する電話番号を表示するようにしたい。

STEP3

上記のSTEP1、2で作成したプログラムをまとめてひとつのプログラムにしたい。そこで、はじめにメニューを表示し「登録」「検索」「終了」ができるようにしたひとつの電話帳システムを作成しなさい。

第2部　アルゴリズムを組み立てる

第10章

新しい機能を設計する
―独自に関数を作る―

　この章では、C言語のよさを生かしたプログラミングをするのに欠かせない、関数の作成と利用について学んでいきます。

この章で学ぶこと
- ▶ C言語の便利さの重要な要素である「自分で定義する関数」とはどういうものなのか？
- ▶ なぜ？　どんなときに？　自分で関数を定義して利用するのか？
- ▶ 関数を作成するときには、どんな考え方をすればよいのか？

　ただし、関数の作成と利用は、決して本書だけでマスターできるほど浅いものではありません。たくさんのプログラムを作り、よいプログラムを数多く見て、より優れた知識と経験を積む必要があります。本章では、最も基本的な部分のみを扱います。基本を確実にマスターして応用できるようになるために、今後たくさんのプログラミングに挑戦してください。

第**10**章　新しい機能を設計する —独自に関数を作る

10.1　標準で用意されている関数と自分で作る関数

「関数」という言葉は、ここまでの章のなかで何度も出てきています。たとえば、次のようなものです。

結果を画面に表示する関数	printf()
データを入力する関数	scanf()
ファイルをオープンする関数	fopen()
ファイルに書き込む関数	fprintf()
⋮	

　プログラムになんらかの機能を持たせるとき、その機能に応じてさまざまな関数の利用法を紹介してきました。これに加えて、9章では、標準では用意されていない関数を利用する方法も紹介しました。

　しかし、C言語で「関数」といったときには、もっと深い意味があります。本節では、C言語において関数とはどんな位置づけにあるのかを学び、関数を利用することや、さらには関数を自分で作ることを学んでいきましょう。

10.1.1　C言語は、関数で成り立っている

　ここまででは、何らかの役割を持つものとして関数を扱ってきました。プログラムに新しい機能を加えるたびに、C言語に標準で用意されている関数や、最初に#include <stdio.h>や#include <string.h>と記述することで利用できるようになる関数を紹介してきました。3章p.69で一度解説をした「main()も関数である」ということを思い出してください。

　C言語でプログラムを記述するときには、main()という関数は絶対に必要です。このmain()関数は、**プログラムを実行するときに一番初めに実行される部分**という意味があるのです。

　こうして考えてみると、四則演算や括弧などの記号、変数宣言、制御文を除けば**C言語の記述はすべて関数で成り立っている**ということになります。もっといえば、C言語は関数のつながりによって記述されるプログラミング言語といえるでしょう。この考え方をもとに、C言語のプログラム実行の流れをまとめると、次の図のようになります。

　この図では、関数Aからさらに関数C、関数Dを呼び出しています。これまでの例

ではこの関数C、関数Dを呼び出している部分を記述することはありませんでした。しかし、C言語の内部ではこのように何重にも関数の呼び出しをしている場合があります。

また、C言語は**自分で新しく関数を定義して、利用することができる**プログラミング言語です。自分で定義した関数では、この図のような何重にも関数を呼び出すような記述をすることも非常に多くあります。

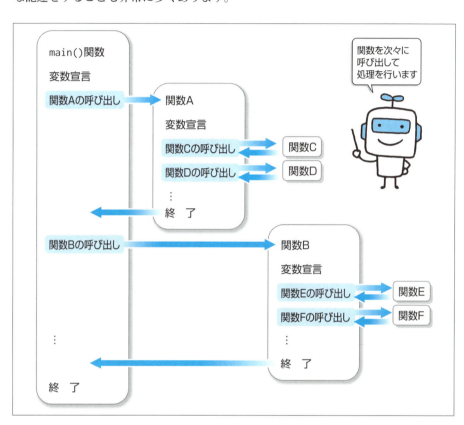

Fig. 10-1
関数を次々と呼び出してプログラムは実行される

10.1.2 用意されている関数がなければ自分で作る!?

ここまでに紹介してきた関数の多くは、あらかじめ用意されている関数でした。これらだけを利用しても、十分にプログラムを作ることはできます。しかし、多くの人が利用する機能や何度も使う機能であっても、意外と標準では用意されていない関数もあります。基本のC言語では、本当にごく基本的な関数しか準備されていません。

しかし、C言語では、「こんなことをしたい」という関数が用意されていないときには、自分で作ることができます。すなわち、「ないものは作る」という自給自足の考え方でプログラムのパーツを作り、パーツを組み合わせてプログラムを作ることがで

第**10**章〉新しい機能を設計する —独自に関数を作る

＊このようなパーツである関数を作ることができる言語は、C言語に限られたものではなく、近年の多くのプログラミング言語の根幹にある考え方です。このような考え方を持つプログラミング言語を「関数型のプログラミング言語」といいます。関数型ではないプログラミング言語には、「手続き型」と呼ばれるものがあります。

きるのです＊。

　ところが、どんなものでも自分で関数にすればよいのか？ というとそうではありません。確かに、C言語のほとんどの記述は関数に置き換えることはできます。しかし、関数を作ってもメリットがないものは作るだけ無駄な作業になりますし、プログラムも見にくいものになってしまいます。状況に応じて、適切な関数を作ることが優れたプログラマーの条件といえるでしょう。

10.1.3　便利な関数は誰かが作ってくれている!?

　「用意されていない、何度も使う便利な関数を自分で作ろう」というのは正しい考えなのですが、ちょっと待ってください。自分で作る前に、「誰かがすでに作っていて提供してくれている関数はないのか？」ということを調べてみることをお勧めします。

　Webで検索すると、膨大な情報があります。たとえば、「C言語　関数　数値計算ライブラリ」と検索すると、数値計算の複雑な処理を行うようなライブラリを複数見つけることができます。ぜひこうした公開資料を探して、それを活用するプログラミングのスキルを身につけましょう。こうした関数の使い方は、次の11章で詳しく取り上げています。

　「そんなの調べるくらいなら、自分で作っちゃうからいいよ。調べるの面倒だし……」と思うかもしれませんが、すでに配布されている関数を使う大きなメリットがあるのです。それは次のようなことです。

- 配布されている関数は、アルゴリズムなどが高速にチューンアップされているので、無駄のない処理ができる。
- 多くの人が使っている関数を利用すれば、他人が見てもすぐにわかるプログラムにすることができる。

　もちろん、無駄のないわかりやすい関数を自分で作ることができれば、すべて自作してもよいのですが、それは大変な作業です。まずは誰かが作ってくれた関数を利用できないかを調べたほうがよいでしょう。調べても適当な関数がないときには、自分で関数を作ればよいのです。

10.2 自分で関数を作って、利用してみよう

それでは、自分で実際に関数を作ってみましょう。どんな場面で関数を作っていけばよいのか、その代表的な場面ごとに紹介していきます。

10.2.1 関数を作る場面1：何度も使う記述は1回だけにまとめる

関数を作るべき場面のひとつに、**何度も同じ記述をする場合**があります。次の問題で関数を作る場面を考えてみましょう。

> **例題1　迷路ゲーム**
>
> 次のような迷路を想定する。
>
>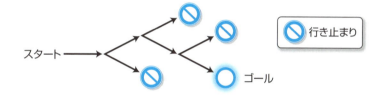
>
> このとき、スタートから分かれ道にくるたびに、画面に文字で道を表示して、方向（右：1　左：2）を入力して迷路をたどるゲームを作りたい。
> ただし、道は引き返せないものとして、行き止まりなら「Game Over」、ゴールできれば「Congratulations」と表示してプログラムを終了するものとする。

この問題のアルゴリズムを考えると次のようになります。

> **アルゴリズム** ●●●
> 1. 分かれ道の表示
> 2. 進む道の選択・入力
> 3. もし、入力が右ならば「Game Over」の表示、左なら次の処理を行う
>   （ア）分かれ道の表示
>   （イ）進む道の選択・入力
>   （ウ）もし、入力が左ならば「Game Over」の表示、右なら次の処理を行う
>   ①分かれ道の表示

第**10**章 新しい機能を設計する —独自に関数を作る

②進む道の選択・入力

③もし、入力が右ならば「Game Over」の表示、左なら「Congratulations」
と表示

このアルゴリズムは、記述の簡潔さを追及すればより簡潔なものにも書き換えることができますが、ここでは各処理を分離して見やすさを求めるものとします。

このアルゴリズムをもとにプログラムを組み立てると次のようになります。

List 10-1
迷路ゲーム1

```c
#include <stdio.h>

int main()
{
    int     input1, input2, input3;
    /* タイトル表示 */
    printf("################################¥n");
    printf("####    迷路ゲーム Ver. 1.0    ####¥n");
    printf("################################¥n");

    /* 次の画面と区別するため、5行の空白行を表示 */
    printf("¥n¥n¥n¥n¥n");

    /* 分かれ道の表示 */
    printf("          分かれ道です          ¥n");
    printf("¥n");
    printf("¦ (左:1) /////////////  (右:2)¦¥n");
    printf("¦          /////////////          ¦¥n");
    printf("//          //////////          //¥n");
    printf("////          //////          ////¥n");
    printf("//////          //          //////¥n");
    printf("////////              ////////¥n");
    printf("//////////          //////////¥n");
    printf("////////////      ////////////¥n");
    printf("////////////      ////////////¥n");
    printf("////////////      ////////////¥n");
    printf("¥n¥n");
    printf("どちらに進みますか？  左:1  右:2¥n");

    /* はじめの分岐路の入力 */
    scanf("%d", &input1);
    if (input1 == 2)
    {
```

276

10-2 自分で関数を作って、利用してみよう

```c
    printf("#########################¥n");
    printf("####    Game Over    ####¥n");
    printf("#########################¥n");
}else
{
    /* 次の画面と区別するため、5行の空白行を表示 */
    printf("¥n¥n¥n¥n¥n");

    /* 分かれ道の表示 */
    printf("          分かれ道です          ¥n");
    printf("¥n");
    printf("¦ (左:1) ////////////// (右:2)¦¥n");
    printf("¦          //////////////          ¦¥n");
    printf("//            //////////            //¥n");
    printf("////            //////            ////¥n");
    printf("//////            //            //////¥n");
    printf("////////                    ////////¥n");
    printf("//////////                //////////¥n");
    printf("////////////            ////////////¥n");
    printf("////////////            ////////////¥n");
    printf("////////////            ////////////¥n");
    printf("¥n¥n");
    printf("どちらに進みますか？  左:1   右:2¥n");

    /* 2回目の分岐路の入力 */
    scanf("%d", &input2);
    if (input2 == 1)
    {
        printf("#########################¥n");
        printf("####    Game Over    ####¥n");
        printf("#########################¥n");
    }else
    {
        /* 次の画面と区別するため、5行の空白行を表示 */
        printf("¥n¥n¥n¥n¥n");

        /* 分かれ道の表示 */
        printf("          分かれ道です          ¥n");
        printf("¥n");
        printf("¦ (左:1) ////////////// (右:2)¦¥n");
        printf("¦          //////////////          ¦¥n");
        printf("//            //////////            //¥n");
        printf("////            //////            ////¥n");
```

277

第**10**章 　新しい機能を設計する —独自に関数を作る

```
    printf("//////          //            //////¥n");
    printf("////////                    ////////¥n");
    printf("//////////               //////////¥n");
    printf("////////////            ////////////¥n");
    printf("////////////          ////////////¥n");
    printf("////////////          ////////////¥n");
    printf("¥n¥n");
    printf("どちらに進みますか？　左:1　右:2¥n");

    /* 3回目の分岐路の入力 */
    scanf("%d", &input3);
    if (input3 == 1)
    {
        printf("#######################¥n");
        printf("####    Game Over    ####¥n");
        printf("#######################¥n");
    }else
    {
        printf("*****************************¥n");
        printf("****    Congratulations    ****¥n");
        printf("*****************************¥n");
    }
    }
    }

    return(0);
}
```

　どうですか？ プログラム自体はとてもとても簡単なものですね。ただ、ここで注目したいのは、枠で囲んだ3ヶ所の記述です。

- それぞれ長くて入力が面倒。
- しかも同じものを3回も書かなければならない。
- この記述が長いのでソースプログラムを一見しても、プログラム全体を把握するのが難しくなっている。

ということが感じられると思います。

　そこで、このように**何度も同じ記述をせずに、一箇所にまとめる方法として関数を利用します**。同じ処理を、関数を使ってまとめたプログラムを次に見てみましょう。

278

10-2 自分で関数を作って、利用してみよう

List 10-2
迷路ゲーム2（関数を
使って書き換える）

```c
#include <stdio.h>

int branch_print()
{
/* 次の画面と区別するため、5行の空白行を表示 */
    printf("¥n¥n¥n¥n¥n");

/* 分かれ道の表示 */
    printf("           分かれ道です            ¥n");
    printf("¥n");
    printf("¦ (左:1)  /////////////  (右:2)¦¥n");
    printf("¦          /////////////         ¦¥n");
    printf("//           //////////          //¥n");
    printf("////          //////          ////¥n");
    printf("//////          //          //////¥n");
    printf("////////                  ////////¥n");
    printf("//////////              //////////¥n");
    printf("////////////          ////////////¥n");
    printf("////////////          ////////////¥n");
    printf("////////////          ////////////¥n");
    printf("¥n¥n");
    printf("どちらに進みますか？  左:1   右:2¥n");


    return(0);
}
```

❶

```c
int main()  ──── プログラムはここから実行される
{
    int    input;

    /* タイトル表示 */
    printf("###############################¥n");
    printf("####    迷路ゲーム Ver. 1.0    ####¥n");
    printf("###############################¥n");

    branch_print();              ❶で定義した関数を呼び出す

    /* はじめの分岐路の入力 */
    scanf("%d", &input);
    if (input == 2)
    {
        printf("#####################¥n");
        printf("####   Game Over   ####¥n");
```

❷

279

第**10**章 新しい機能を設計する —独自に関数を作る

```c
        printf("########################¥n");
    }else
    {
❷      branch_print();

        /* 2回目の分岐路の入力 */
        scanf("%d", &input);
        if (input == 1)
        {
            printf("########################¥n");
            printf("####     Game Over     ####¥n");
            printf("########################¥n");
        }else
        {
❷          branch_print();

            /* 3回目の分岐路の入力 */
            scanf("%d", &input);
            if (input == 1)
            {
                printf("########################¥n");
                printf("####     Game Over     ####¥n");
                printf("########################¥n");
            }else
            {
                printf("*************************¥n");
                printf("****     Congratulations     ****¥n");
                printf("*************************¥n");
            }
        }
    }

    return(0);
}
```

❶で定義した関数を呼び出す

　このList 10-2は先のList 10-1とまったく同じ機能のプログラムですが、ずいぶん記述が短くなっています。List 10-1と異なるのは枠で囲んだ部分ですが、いままで学んだことにはなかった記述が入っています。この部分の記述について解説をしていきます。

■ 関数の定義を行う（❶の部分）

　これまではプログラムはすべてmain()で始まる中にだけ記述してきました。しか

し、❶の部分はmain()よりも前に記述されています。この記述はいったい何をあらわしているのでしょうか？

ここが、**関数の定義**を行っている部分です。実は、これまでmain()と書いてきた部分も、この❶の部分と同じく関数の定義だったのです。C言語では、プログラムを実行するときには、**main()関数の定義内容に書かれているとおりに処理を行う**という決まりになっています。逆にいえば、**main()関数の外にこのような関数の定義があっても、その部分が実行されることはありません。**

「実行されないものをなんで記述するの？」と思うかもしれませんが、焦らない、焦らない。ここでは関数の定義"だけ"を行っているのです。このあとの、プログラムが実行されるmain()関数内で**定義した関数を呼び出す**ことによって、この記述が生きてくるのです。

関数の定義の記述をもう少し詳しく見てみましょう。ここでは、branch_print()という名前の関数を定義しています。ある名前の関数を定義するときには、次のように記述すればよいのです。

このとき「関数の名前」として利用できるのは、変数名として利用できるものと同じく、英数字や「_」などの記号の並びです。すでに利用している変数名や、C言語であらかじめ用意されている関数名と同じ名前をつけることはできません。

関数の定義

```
int 関数名()
{
    ⋮
    ⋮
    return(0);
}
```

これを見て何か気づきませんか？ main()として記述したものと同じ形式ですね。そう、まさに使い方もmain()とまったく同じなのです。関数の定義の中で変数や配列を宣言することもできますし、関数から他の関数を呼び出すこともできます。すなわち、関数は小さなプログラムのようなものであり、その関数を組み合わせることでより大きく、多様なプログラムを作っていくというのがC言語の考え方なのです。

■ 関数の呼び出しを行う（❷の部分）

上記でも説明したように、**関数は定義しただけでは実行されず、かならず関数を呼び出さなくてはいけません。**その関数の呼び出しをしている部分がここの「**関数名**

281

第 **10** 章 　新しい機能を設計する —独自に関数を作る

()」という記述です。

　なんとなく関数の使い方が理解できましたか？　これは最も基本的な使い方に過ぎませんが、「なんども出てくる同じ記述を関数に置き換える」というように関数を利用すれば、無駄がないすっきりしたプログラムを作ることができるのです。

10.2.2 　関数を作る場面２：プログラムを機能別に見やすくまとめる

　関数を作るべき場面のひとつに、「**プログラムを機能別に見やすく記述をする場合**」があります。このような関数を作る場面を、次の例題で考えてみましょう。

例題2　価格表の作成

　商品5個の原価を入力すると、

- ・原価に30％を加えた売価（小数切り捨て）
- ・売価の10％の消費税（小数切り捨て）
- ・売価に消費税を加えた税込み価格

をまとめて表として表示してくれるプログラムを作成したい。

　この問題のアルゴリズムを考えると次のようになります。

アルゴリズム ●●●

1. 商品5個の原価を入力する
2. 原価×1.3（小数切り捨て）で売価を求める
3. 売価×0.1（小数切り捨て）で消費税を求める
4. 売価＋消費税で税込価格を求める
5. 原価・売価・消費税・税込み価格を表にして表示する

　このアルゴリズムにもとづいてプログラムを作成すると次のList 10-3のようになります。ただし、このプログラムは簡潔な記述ではありません。見やすいプログラムを目指したものです。

282

10-2　自分で関数を作って、利用してみよう

List 10-3
価格表の作成 1

```c
#include <stdio.h>

int main()
{
    int     price[5][4];
    int     loop1, loop2;

    /* 初期化 */
    for (loop1 = 0; loop1 < 5; loop1++)
    {
        for (loop2 = 0; loop2 < 4; loop2++)
        {
            price[loop1][loop2] = 0;
        }
    }

    /* 商品5個の原価入力 */
    for (loop1 = 0; loop1 < 5; loop1++)
    {
        printf("%d個めの商品の原価を入力してください\n", loop1+1);
        scanf("%d", &price[loop1][0]);
    }

    /* 売価・消費税・税込み価格の計算 */
    for (loop1 = 0; loop1 < 5; loop1++)
    {
        price[loop1][1] = (int)(price[loop1][0] * 1.3);
        price[loop1][2] = (int)(price[loop1][1] * 0.1);
        price[loop1][3] = price[loop1][1] + price[loop1][2];
    }

    /* 価格表の表示 */
    printf("原価      |");
    for (loop1 = 0; loop1 < 5; loop1++)
    {
        printf("%6d |", price[loop1][0]);
    }
    printf("\n売価|");
    for (loop1 = 0; loop1 < 5; loop1++)
    {
        printf("%6d |", price[loop1][1]);
    }
    printf("\n消費税|");
```

283

第10章 新しい機能を設計する —独自に関数を作る

```c
    for (loop1 = 0; loop1 < 5; loop1++)
    {
        printf("%6d ¦", price[loop1][2]);
    }
    printf("¥n 税込み価格¦");
    for (loop1 = 0; loop1 < 5; loop1++)
    {
        printf("%6d ¦", price[loop1][3]);
    }
    printf("¥n");

    return(0);
}
```

実行例

```
1個目の商品の原価を入力してください
180
2個目の商品の原価を入力してください
225
3個目の商品の原価を入力してください
196
4個目の商品の原価を入力してください
97
5個目の商品の原価を入力してください
278
原価      | 180 | 225 | 196 |  97 | 278 |
売価      | 234 | 292 | 254 | 126 | 361 |
消費税    |  23 |  29 |  25 |  12 |  36 |
税込み価格| 257 | 321 | 279 | 138 | 397 |
```

　この List 10-3 自体はごく簡単なものですので、慎重に読み進めれば理解できるでしょう。このプログラムのひとつひとつの処理は決して見づらいものではありません。しかし、全体の処理の流れを見たいときや、プログラムがもっと大規模なものになったときには、一体どんな処理を行っているのかがつかみづらくなると思います。

　そこで、機能別にプログラムを分解し、細かい機能を組み合わせてプログラム全体を構成するように書き換えてみることを考えます。このように考えたときに、次の List 10-4 のように関数を利用して記述することができます。

List 10-4
価格表の作成 2（関数を使って書き換える）

```c
#include <stdio.h>

/* 配列の初期化関数 */
int initial_array(int price[5][4])                              ……❶
{
    int     loop1, loop2;

    for (loop1 = 0; loop1 < 5; loop1++)
    {
        for (loop2 = 0; loop2 < 4; loop2++)
```

配列 price[5][4] を一気に初期化する処理を行う関数

284

10-2 自分で関数を作って、利用してみよう

```c
            {
                price[loop1][loop2] = 0;
            }
        }

        return(0);
}
```

```c
/* 商品10個の原価入力 */
int input_mod(int data[5][4])                                    ❷
{
    int     loop1;

    for (loop1 = 0; loop1 < 5; loop1++)
    {
        printf("%d個めの商品の原価を入力してください¥n", loop1+1);
        scanf("%d", &data[loop1][0]);
    }

    return(0);
}
```

配列priceに商品5個の原価を代入する処理を行う関数

10

```c
/* 売価・消費税・税込み価格の計算 */
int calc_mod(int price[5][4])                                    ❸
{
    int     loop1;

    for (loop1 = 0; loop1 < 5; loop1++)
    {
        price[loop1][1] = (int)(price[loop1][0] * 1.3);
        price[loop1][2] = (int)(price[loop1][1] * 0.1);
        price[loop1][3] = price[loop1][1] + price[loop1][2];
    }

    return(0);
}
```

売価、消費税、税込み価格の計算処理を行う関数

```c
/* 価格表の表示 */
int print_price(int price[5][4])                                 ❹
{
    int     loop1;

    printf("原価          ｜");
    for (loop1 = 0; loop1 < 5; loop1++)
```

計算された結果を桁を揃えて表示する処理を行う関数

285

第10章 新しい機能を設計する —独自に関数を作る

```c
    {
        printf("%6d ¦", price[loop1][0]);
    }
    printf("¥n売価       ¦");
    for (loop1 = 0; loop1 < 5; loop1++)
    {
        printf("%6d ¦", price[loop1][1]);
    }
    printf("¥n消費税      ¦");
    for (loop1 = 0; loop1 < 5; loop1++)
    {
        printf("%6d ¦", price[loop1][2]);
    }
    printf("¥n税込み価格 ¦");
    for (loop1 = 0; loop1 < 5; loop1++)
    {
        printf("%6d ¦", price[loop1][3]);
    }
    printf("¥n");

    return(0);
}
```

```c
int main()
{
    int price[5][4];

    /* 初期化 */
    initial_array(price);

    /* 原価入力 */
    input_mod(price);

    /* 売価・消費税・税込み価格の計算 */
    calc_mod(price);

    /* 価格表の表示 */
    print_price(price);

    return(0);
}
```

> **プログラムの実行部分**
> 上記で定義したそれぞれの
> 関数を呼び出している

　どうですか？ プログラムが実行されるmain()関数では、「初期化」、「原価入力」、

286

10-2　自分で関数を作って、利用してみよう

「各種計算部」、「価格表の表示」という、アルゴリズムを簡単化したようなすっきりわかりやすい記述になりました。それぞれの処理に対応する関数が記述されています。

前項の関数の利用と異なる箇所がいくつかありますので、枠で囲んだ部分について少し詳しく説明していきます。

■ 関数の定義部で配列宣言を行う（❶の部分）

この部分は、前項の関数とは異なり次のような形になっています。

```
int 関数名 (配列宣言)
{
        ⋮                      ← 関数の定義
    return(0);
}

int main()
{

    配列宣言
        ⋮
    関数名 (配列名);           ← 関数の呼び出し
        ⋮
    return(0);
}
```

ここでは、main()の中で「関数名（配列名）」として関数を呼び出し、関数定義では「**int 関数名(配列宣言)**」と記述しています。このように、**配列を一緒に記述すると、関数の呼び出しで使っている配列が、関数の中でそのまま利用できるのです**＊。

＊これは、配列の場合だけに限定した記述方法で、単純な変数では異なる記述が必要です。

また、❷のように**配列名が関数の呼び出しと関数定義で異なっていても、中身は同じとして扱われる**ので注意が必要です。

このプログラムでは、「main()で変数宣言して用意したprice[5][4]という配列を、関数initial_array()の中で値をすべて0にする」という処理を行っています。

同様の記述は❷、❸、❹の箇所でも行っていますので、このような個別の説明は省略します。

■ ❶、❷、❸、❹の関数の内部について

List 10-4の中にある4つの関数は、その内部でそれぞれloop1やloop2といった変

数の宣言をしています。これは、それぞれの関数は独立しているので、**ある関数で使用していた変数を別の関数でも使用したいときには、再び変数宣言しないと使用することはできない**からです。

そのため、それぞれの関数で、**他の関数と値の関連性がない、その関数内だけで必要な変数を宣言**しなくてはいけません。ここでは4つの関数内でloop1という変数を用意していますが、これらは**同一の名前であっても、まったく別のものとして扱われます**。

どうですか？ このように機能別にプログラムを記述すると、わかりにくいアルゴリズムの記述を見るよりも、もっとすっきりプログラムを理解することができます。だからといって、あまりに小さい機能ごとに関数を作ったのでは逆にわかりにくい記述になることもあります。問題とプログラムのバランスを考えて、適当な大きさの機能ごとに関数を作るように心がけてください。これができれば、優れたプログラマーになるのも遠くはありません。

10.2.3　関数を作る場面3：他のプログラムでも利用できる資源を作る

関数を作るべき場面として最後に挙げるのは、「**他のプログラムでも利用できるような資源となる関数を作る**」ということです。これは、ひとつのプログラムを作るときだけに限定して考えられるものではなく、長いさまざまなプログラミングを行っていくときに心がけておくことです。

あるとき「プログラムA」を作りました。そして別なときに、「プログラムB」を作るとします。このとき、「プログラムA」の一部が「プログラムB」で利用できるのなら、その部分を関数にしておくことで、簡単に「プログラムB」で利用できるようになるのです。

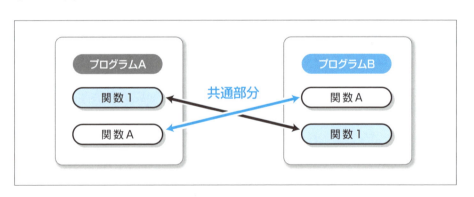

Fig. 10-2
他のプログラムでも利用できる資源を作る

それでは、具体的にはどんな関数を作っておけば、他のプログラムを作るときに役

立てることができるのでしょうか？　その答えは、先に紹介した**機能別に関数を作る**ことと深く関連しています。類似した問題のプログラムを作るときには、どうしても類似した機能を組み合わせることになります。ですから、そのようなものを関数にまとめておくとよいでしょう。

　しかし、ただ関数を作っておくだけでいいのでしょうか？　プログラムを作るたびにカット＆ペーストする……確かにそれでも蓄えてきた関数を利用することはできます。が、次第に資産が増えていき、それらを自在に利用することを考えると、どうも効率的ではありません。ではどうすればよいのでしょう？　実はC言語はこんなときのために、ソースプログラムを複数のファイルに分けて作り、それらをコンパイル・リンクしてひとつの実行プログラムを作る方法が用意されています。このようにコンパイルを行うことを**分割コンパイル**といいます。

ここの処理をまとめればいいのか…!!

　分割コンパイルの具体的な方法については、14章の14-3で取り上げていますので、参照してください。分割コンパイルを利用するときには、機能別に関数を分類してファイルにまとめておき、用途に合わせて使用するファイル・関数を選択するようにします。

　このように、関数を利用することにはさまざまな応用場面があり、自在に使いこなすにはまだまだ多くのことを学ばなくてはなりません。ですが、どんなことも基本が大切。ここで紹介した関数の利用場面をしっかり理解し、できるところから挑戦してみてください。

10.3　さまざまな関数を作ってみよう

　前節までで、「どんなときに関数を使うのか？」ということを説明してきましたが、関数を利用するときに「どのように関数を記述すればよいのか？」という点がまだイメージできないと思います。もちろんプログラムを考えていくときに、はじめから関数のイメージを持って設計するのが理想ですが、はじめは関数を使わないでプログラムを作り、そのプログラムの一部を関数に置き換える訓練をするのがよいでしょう。

　そこで、本節では小さなプログラムを例にして、そのプログラムの一部を関数に書き換える方法を解説していきます。それぞれ特徴的な例で、重要な意味があるので慎重に見てください。

第**10**章 新しい機能を設計する —独自に関数を作る

10.3.1 変数を渡さない関数

次のプログラムの枠で囲んだ部分を関数function1に書き換え、同じ機能のプログラムにするにはどうしたらよいかを考えてみます。

List 10-5
関数作成のサンプル1

```c
#include <stdio.h>

int main()
{
    printf("###################\n");
    printf("##Sample Program##\n");
    printf("###################\n");

    return(0);
}
```

枠で囲んだ部分は、変数を何も使っていない記述です。この場合には、次に紹介する最も簡単な方法で関数に置き換えることができます。

List 10-6
関数作成のサンプル2
（関数を使って書き換える）

```c
#include <stdio.h>

int function1()
{
    printf("###################\n");
    printf("##Sample Program##\n");          関数を定義する
    printf("###################\n");

    return(0);
}

int main()
{
    function1();          main()関数の中で、定義した関数を呼び出す

    return(0);
}
```

破線で囲んだ部分が、関数を使うことで書き換えた部分です。このような種類の関数は、「タイトルの表示」など、特定のメッセージの表示などで利用するとよいでしょう。

10-3　さまざまな関数を作ってみよう

10.3.2　変数を渡すが、変数の値は変更しない関数

次のプログラムの枠で囲んだ部分を関数function2に書き換え、同じ機能のプログラムにするにはどうしたらよいかを考えてみます。

List 10-7
関数作成のサンプル3

```c
#include <stdio.h>

int main()
{
    int     a, b, c;
    a = 10; b = 20; c = 40;

    printf("a + b + c = %d¥n", a+b+c);
    printf("c - a - b = %d¥n", c-a-b);

    return(0);
}
```

List 10-7の枠で囲んだ部分は、変数を利用していますが、ここでは変数の値は初期値のまま変更していません。この場合には、次に紹介する方法で関数に置き換えることができます。

List 10-8
関数作成のサンプル4（変数を渡す関数への書き換え）

```c
#include <stdio.h>

int function2(int a, int b, int q)
{
    printf("a + b + c = %d¥n", a+b+q);
    printf("c - a - b = %d¥n", q-a-b);

    return(0);
}

int main()
{
    int     a, b, c;
    a = 10; b = 20; c = 40;

    function2(a, b, c);

    return(0);
}
```

> 関数の定義部
> 呼び出し部とは違う変数が使われている

> main()関数の中で、定義した関数を呼び出す

実行結果

```
a + b + c = 70
c - a - b = 10
```

291

破線で囲んだ部分が、関数を使うことで書き換えた部分です。このように変数の値を参照する関数を作るときには、

- 関数の呼び出し部では、関数名 (変数名*, 変数名,…)
- 関数の定義部では、int 関数名 (変数宣言,変数宣言,…)

という記述をします。ここで注意することは、

> 呼び出しと定義部では、変数の名前は同じものである必要はなく、
> 変数を記述する順番だけが意味を持つ

ということです。

たとえば、次のような関数の利用を考えます。

*このように値を参照する変数を関数の**引数**（argument）と呼びます。ある関数で、いくつの値を受け渡すかを説明するときに「整数3つを引数にする」といった表現をすることがあります。

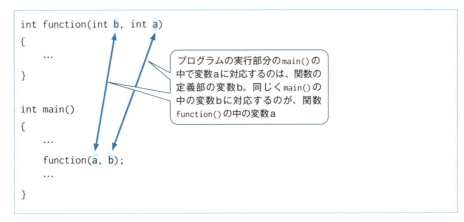

このとき、main()の中での変数aと同じ値をfunction()の中で表現しているのは、**変数aではなく、変数bなのです**。同様に、main()の変数bと同じ値をfunction()の中で表現しているのは変数aなのです。

また、このように**変数を受け渡ししないと、main()の中で利用している変数は、他の関数では使うことができません**。これは、異なる関数同士にすべていえることです。このことは、関数それぞれが独立した小さなプログラムだと考えると理解しやすいと思います。そのため、**異なる関数同士の中では、同じ変数名を利用することができます**（ただし、それぞれの値はまったく別なものとして扱われます）。

このことは関数で変数を利用するどんなときにでもいえることですので注意が必要です。

10.3.3 変数を渡し、変数の値を変更する関数

次のプログラムの枠で囲んだ部分を関数function3に書き換え、同じ機能のプログ

10-3 さまざまな関数を作ってみよう

ラムにするにはどうしたらよいかを考えてみます。

List 10-9
関数作成のサンプル5

```c
#include <stdio.h>

int main()
{
    int     a, b;
    a = 10; b = 20;

    a = a + 5;
    printf("a + b = %d¥n", a+b);

    printf("a = %d¥n", a);
    return(0);
}
```

実行結果
```
a + b = 35
a = 15
```

上記の枠で囲んだ部分では、最初に代入した変数の値を+5として変更しています。この場合にこの処理を関数に置き換えるには注意が必要です。

まず、これを先のList 10-8の「変数の値を変更しない関数」のような記述方法で関数に置き換えると次のようになります。

List 10-10
関数作成のサンプル6
（関数の定義部で更新した変数の値が反映されない）

```c
#include <stdio.h>

int function3(int a, int b)
{
    a = a + 5;
    printf("a + b = %d¥n", a+b);

    return(0);
}

int main()
{
    int     a, b;
    a = 10; b = 20;

    function3(a, b);

    printf("a = %d¥n", a);
    return(0);
}
```

関数の定義部変数aの値に5を加えている

main()関数の中で、定義した関数を呼び出す

関数の呼び出しが終わったあとの変数aの値を表示して見てみる

293

第**10**章 新しい機能を設計する —独自に関数を作る

破線で囲んだ部分が、関数を使うことで書き換えた部分です。まずこのプログラム
を一度実行してみてください。次のような結果になるはずです。

実行結果

```
a + b = 35
a = 10
```

関数の定義部で変更した変数の値が処
理結果に反映されない!?

ここで実行結果が「a = 10」となったことに注目してください。List 10-9の関数に
しないプログラムでは「a = 15」となったはずです。

これは、List 10-10の記述方法では「**定義されている関数の中で変数の値を変えて
も、その関数の呼び出しを終了して呼び出した関数に戻ってきたときには、関数を呼
び出す前の変数の値に戻っている**」ためなのです。

そこで、呼び出された関数の中で更新した変数の値を、呼び出した関数側でも反映
させるときには、次のような記述をとらなくてはなりません。

List 10-11
関数作成のサンプル7
（関数の定義部で更新し
た変数の値を、呼び出
し側の関数でも反映さ
せる）

```c
#include <stdio.h>

int function3(int *a, int b)
{
    *a = *a + 5;
    printf("a + b = %d¥n", *a+b);

    return(0);
}

int main()
{
    int a, b;
    a = 10; b = 20;

    function3(&a, b);

    printf("a = %d¥n", a);
    return(0);
}
```

実行結果

```
a + b = 35
a = 15
```

＊なぜこのように取り
扱わなくてはならない
かについて本章では説
明しません。さらに深
く知りたいときには、
「ポインタ」の厳密な取
り扱いについて学ぶ必
要があります。本書で
は13章でポインタの基
礎を解説しています。

この例からわかるように、「変数の値を変更する関数」では、**変更する変数を渡す
ときには「&」を変数名の先頭につけ、呼び出された関数のほうでは、「*」をつけて宣
言し、取り扱わなくてはなりません**＊。このような、変数の入れ物を関数に渡し、そ

294

10-3　さまざまな関数を作ってみよう

の変数の値を関数の内外で操作するように引用する方法をcall by referenceと呼びます。

10.3.4　配列を関数に渡して利用する

　次のプログラムの枠で囲まれた部分を関数function4に書き換え、同じ機能のプログラムにするにはどうしたらよいかを考えてみます。

List 10-12
関数作成のサンプル8

```c
#include <stdio.h>
    .
int main()
{
    int     z[2];
    z[0] = 10; z[1] = 20;

    z[0] = z[0] + 10;
    printf("z[0] + z[1] = %d\n", z[0]+z[1]);

    printf("z[0] = %d\n", z[0]);
    return(0);
}
```

実行結果
```
z[0] + z[1] = 40
z[0] = 20
```

　上記の枠で囲んだ部分では、配列z[0]の要素の値を+10として変更しています。この処理を関数に置き換えるには注意が必要です。

　これを先のList 10-8の「変数の値を変更しない関数」のような記述方法で関数に置き換えてみます。

List 10-13
関数作成のサンプル9
（配列を渡す関数への書き換え）

```c
#include <stdio.h>

int function4(int a[2])
{
    a[0] = a[0] + 5;
    printf("z[0] + z[1] = %d\n", a[0]+a[1]);

    return(0);
}

int main()
```

> 関数の定義部
> 配列の要素a[0]の値に5を加えている

295

第**10**章 新しい機能を設計する —独自に関数を作る

```
{
    int     z[2];
    z[0] = 10; z[1] = 20;

    function4(z);          ← main()関数の中で、定義した
                              関数を呼び出す

    printf("z[0] = %d¥n", z[0]);  ← 関数の呼び出しが終わったあとの配列の
    return(0);                       要素z[0]の値を表示して見てみる
}
```

　破線で囲んだ部分が、関数を使うことで書き換えた部分です。まずこのプログラム
を一度実行してみてください。すると次のような結果になるはずです。

実行結果

```
z[0] + z[1] = 35
z[0] = 15          ← 関数の定義部で変更した配列の要素の
                      値が処理結果に反映される！
```

　ここで実行結果が「z = 15」となったことに注意してください。ここでは「配列の
値を変更する関数」を記述するときに、List 10-11のように「&」や「*」を利用してい
ないのに、ちゃんと関数の中で更新した値が反映されています。

　このように、**配列の場合は、配列名を渡して関数を呼び出すだけで、その関数の中
で変更した値が呼び出した関数側でも反映されている**のです。

　ここで、関数の受け渡しについてもう一度復習しておきましょう。10-3-2項の最
後でも解説したように、「**関数の定義部と関数の呼び出し部では、変数の名前は同じ
ものである必要はなく、変数を記述する順番だけが意味をもつ**」のです。ですから、
この関数での変数の対応づけは、次のようになっています。

```
int function4 (int a[2])
{                          関数呼び出し部の変数z
                           に対応するのは、関数の
}                          定義部の変数a

function4(z);
```

　すなわち、関数呼び出し部の配列zに対応するのは、関数の定義部の配列aである
ことに注意してください。

10-3 さまざまな関数を作ってみよう

10.3.5 関数の名前を事前登録しておく ～関数のプロトタイプ宣言

※ main() も関数のひとつであることを再認識しておきましょう。

これまでの関数の記述ではすべて、関数の定義を記述してから、他の関数※でそれを利用してきました。しかし、そもそも関数は別なファイルに記述されていたり、関数を利用する記述のあとで関数定義を書いたりもできます。そのようなときには、関数を利用する前に、記載がある関数定義はどのようなものであるのかの情報を事前にどこかに記述しておく必要があります。これを**関数のプロトタイプ宣言**といいます。

次のサンプルプログラムで、関数のプロトタイプ宣言について見ていきましょう。

List 10-14
関数のプロトタイプ宣言

```
#include <stdio.h>

int function(int A, int B);  ← この記述が関数のプロトタイプ宣言

int main()
{
    int a, b;

    printf("input number: a b :");
    scanf("%d %d", &a, &b);
    printf("a*b=%d¥n", function(a, b));  ← プロトタイプ宣言で関数利用より前に
                                           関数の名前や受け渡し変数名が登録さ
    return(0);                             れているので、関数を利用する記述が
}                                          ここで可能

int function(int A, int B)  ← 先にプロトタイプ宣言で名前登録すれば、
{                             あとで定義を記述できる
    return(A * B);
}
```

このように、関数のプロトタイプ宣言は、関数定義の1行目にあたる情報を記述し、セミコロンをつけて「関数の名前と受け渡し変数名を登録しておく」という意味を持ちます。このように記述することで、関数定義本体をソースプログラムのどの場所でも書けたり、関数定義を別なファイルに記述することもできるようになります。プログラムの理解しやすさの面でも、プログラムのファイルの先頭で使っている関数の情報が一覧できるようになるので処理全体を把握する助けになります。

もちろん、本章のここまでのサンプルプログラムでも、お行儀のよいお作法としては、すべてプロトタイプ宣言を記述することをお勧めします。慣れてきたら、常にプロトタイプ宣言を記述するようにしましょう。

297

一歩進んだ関数の使い方

本書では、main()を含めてすべての関数を

```
int 関数名(…)
{
    return(0);
}
```

という形で記述してきました。実は、これには「それぞれの関数が正常に終了したかどうか」を検出し、異常が起きたときにはそれぞれの異常に対応した特別な処理をプログラムに組み込むことを想定しています。このときの組み込み方は次のようになります。

```
int 関数名(…)
{

    /* もし異常な処理があれば… */
    if (異常)
    {
        return(1);
    }

    return(0);
}

int main()
{
    if (関数名(…) != 0)
    {
        異常処理の具体的対策
    }
    return(0);
}
```

いままでとは関数の呼び出し方が少し異なり、関数の呼び出し部で「(関数名(…) != 0)」という条件の判定を行っています。

関数の定義で「int 関数名(…)」となっていれば、この関数はint＝整数の型であるということになります。そして、どんな整数の値をあらわすのかを決めるのが

「return(x)」の中のxです。

　本書ではファイルの取り扱い方（7章）でfopen()関数を利用した「return(1)」の記述を紹介しました。まずは、ファイルの処理をする関数で「ファイルがオープンできなかったらどうするか？」というエラー処理に挑戦してみてください。

　エラー処理を考えて、**ユーザーがどんなふうにプログラムを利用しても異常終了しないプログラム**を考えていくことが、プログラミングの上達に大きく役立つはずです。

第10章 新しい機能を設計する —独自に関数を作る

理解度チェック！

Q1 今まで利用してきたmainという記述は、□□□の記述です。

Q2 以下は、関数functionを定義し、main関数で関数functionを2回利用しているプログラムです。各記述の意味を考えてみましょう。

```
#include <stdio.h>
         ア              // 左に関数のプロトタイプ宣言を入れてください
   イ         ウ
double function(double dnum, int num)
{
    int      loop;
    double   ans;

    ans = 1.0;
    for (loop = 0; loop < num; loop++)
    {
        ans = ans * dnum;
    }
    return ans;     ← オ
}                                          エ

                                     カ
int main()
{
    printf("3.0の2乗は：%f¥n", function(3.0, 2));
    printf("3.5の3乗は：%f¥n", function(3.5, 3));   キ
    return(0);
}
```

Q3 以下は、関数の受け渡しに関する確認プログラムです。①、②、③のパターンを実行したら、どのような結果が表示されるか考えてみましょう。

```
#include <stdio.h>

int funcA(int x, int y)
{
    x = 3; y = 5;         パターン①の関数定義
    return(0);
}
```

300

```c
int funcB(int *x, int *y)
{
    *x = 3;  *y = 5;
    return (0);
}
```
パターン②の関数定義

```c
int funcC(int z[3])
{
    z[0] = 9;  z[1] = 9;  z[2] = 9;
    return (0);
}
```
パターン③の関数定義

```c
int main()
{
    int a=2, b=4, c[3] = { 1,2,3 };
    printf(" 初期状態：%d-%d-[%d %d %d]¥n", a, b, c[0], c[1], c[2]);

    funcA(a, b);
    printf(" ① %d-%d¥n", a, b);

    funcB(&a, &b);
    printf(" ② %d-%d¥n", a, b);

    funcC(c);
    printf(" ③ [%d %d %d]¥n", c[0], c[1], c[2]);

    return(0);
}
```

パターン①の結果は？
ク

パターン②の結果は？
ケ

パターン③の結果は？
コ

10

解答： **Q1** 関数

Q2 **ア**：double function(double dnum, int num);

イ：double 型で関数 function を作る　**ウ**：引数を２つ受け取る関数として定義

エ：関数 function の定義　**オ**：double 型で作った関数は、retuen する値も double 型

カ：関数呼び出し　※定義した引数の数と型を合わせること！　**キ**：関数 main の定義

Q3 **ク**：①2-4　**ケ**：②3-5　**コ**：③[9-9-9]

補足解説

①関数に変数を受け渡す場合、関数呼び出し側でも定義している関数でも単純に変数名を記載する。このときには、関数呼び出し側の変数は値がコピーされて、定義している関数の引数の変数に受け取られる。

②関数に変数を受け渡す場合、関数呼び出し側で引数である変数の前に「&」を付け、定義している関数の引数変数や関数の中の変数利用には「*」を変数名の前に付ける。このときには、関数を呼び出したときの変数と定義した関数の中の変数の値は同じものとして取り扱われる。

③関数に配列を渡す場合は、「&」や「*」を付けなくても②と同じように利用できる。

第10章 新しい機能を設計する —独自に関数を作る

まとめ

● C言語では、いくつかの処理をまとめて新しい関数を定義し、利用することができる。

●「関数名([受け渡し変数や定数])」として呼び出すための関数を定義するときには、main()のまとまりの外に次のように記述する。

関数の定義

```
int 関数名(値を受け取る変数の宣言…)
{
    ⋮
    return(整数)
}
```

intとしたら下のreturnのあとに整数を記載、doubleとすればreturnのあとにdoubleの実数を記載

● 関数としてまとめる処理の中で、関数に変数や定数を渡して関数の中でその値を利用したいときには、関数呼び出し部で指定した変数や定数の順番に対応した「値を受け取る変数の宣言」を記述しければならない。

● 関数の呼び出し部で利用していた変数は、次に記載の「＊」や「＆」を使った変数の受け渡しをしなければ呼び出された関数の中で利用することができない。

● 関数の中で変数の値を更新し、その結果を関数の呼び出した場所以降にも反映させるには、関数の呼び出しのとき「関数名(＆ 変数名)」のように「＆」を付加し、呼び出す関数の宣言では、「＊ 変数名」として対応する変数を記述しなければならない＊。

● 関数を定義するとき、その定義の場所を呼び出しの記述よりもあとに記述するときには、呼び出しを行う記述の前に次のような中身のない関数宣言のような記述（これを「プロトタイプ宣言」という）をしなくてはならない。

---

int **関数名**(**受け渡し変数名**…);

● 関数を利用する場合には、次の3つの場面が考えられる。
- プログラム内で何度も同じ記述をするとき
- 機能別にプログラムを分離して記述したいとき
- 作ったプログラムの部分部分を他のプログラムを作るときの資源として活用するとき

＊関数を利用するときに( )の中で変数や定数を記述します。この括弧の中の記述を**引数**と呼びます。

Lesson 10-1　関数の書き換え

次のプログラムの枠で囲んだ部分の処理を、プログラムの機能を損なうことなく、関数 function() としてまとめ、プログラム全体を書き換えなさい。

```
#include <stdio.h>

int main()
{
    int num1, num2, num3;
    int array[3];
    int loop;

    num1 = 10; num2 = 100; num3 = 1000;
    array[0] = 3; array[1] = 5; array[2] = 7;
    num1 = 1;
    array[2] = 11;
    printf("%d-%d-%d\n", num1, num2, num3);
    for (loop = 0; loop < 3; loop++)
    {
        printf("array[%d] = %d\n", loop, array[loop]);
    }
    printf("--------------------------\n");
    printf("%d-%d-%d\n", num1, num2, num3);
    for (loop = 0; loop < 3; loop++)
    {
        printf("array[%d] = %d\n", loop, array[loop]);
    }
    return(0);
}
```

Lesson 10-2　関数を利用したプログラム設計

次の問題のプログラムを、自分なりの考えのもと、機能別に関数に分けてプログラムを完成させなさい。

「sample.txt」というテキストファイルに1行1単語で20個の単語が書かれている。このファイルを読み込んでおき、検索したい単語を入力すると、「sample.txt」の中にその単語があるかないかを調べるプログラムを作る。
　ただし、単語の最大文字数は9文字とする。

第 2 部　アルゴリズムを組み立てる

第 11 章

関数を呼び出して活用する
―標準ライブラリの利用―

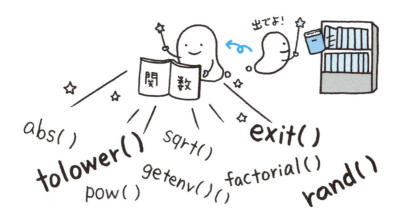

　この章では、自分で関数を作るのではなく、追加機能として利用することができる関数を活用する実践的なプログラミング技法のはじめの一歩を学んでいきます。
　加えて、自分で関数を作る場合でも、これまでとは違う考え方で「ある関数の定義中で、その関数を呼び出す」という再帰関数の考え方についても学んでいきます。

この章で学ぶこと
- ▶ ちょっと便利な機能のための `stdlib.h` の活用
- ▶ 数学知識を活用するための `math.h` の活用
- ▶ 文字をより扱いやすくするための `ctype.h` の活用
- ▶ 時間をコントロールするための `time.h` の活用
- ▶ 再帰関数に触れてみる

第**11**章 関数を呼び出して活用する —標準ライブラリの利用

11.1 関数を活用する意義

　入門書でプログラミングの考え方だけ学べばよいということならば、本章の学びは必要ないかもしれません。しかし、小規模でも実際にプログラミングを行ってソフトウェアを開発する場合には、本章の学びが不可欠です。

　実際の開発では、すべての機能を自分でゼロから作り上げることはありません。過去の資産を活用することで、早く・正確に開発が進められ、信頼性の高い動作を実現することができます。

　そのためには、他者が提供してくれている機能である関数を活用する術をここで学びましょう。

　また、本章で学ぶ再帰関数は、プログラミング的思考ならではの産物です。再帰関数の動作を理解し、自分で論理を組み立てられるようにトレーニングすることで、必ずや皆さんの論理的思考を育ててくれます。

　基本的なC言語プログラミングの学びが進んできましたので、本章ではこのあとの各節で紹介する関数についてサンプルプログラムを通して学んでいきます。ただし、サンプルプログラムでは各節で示すすべての関数を紹介してるわけではありません。次のステップに続くプログラミングの学びのスタートとして、「**サンプルプログラムに掲載されていない部分を自分で調べて学ぶ**」主体的な発展の学びを始めていきましょう。

11.2 ちょっと便利な関数を使う
～stdlib.hの活用

　C言語に限らず、プログラミングは基本機能だけを使って進めるものではなく、**さまざまに蓄積された資源を活用して進める**ものです。そうした過去の資源を活用してより高度な開発を進めることで、より良いソフトウェアを次々誕生させることができます。

　その最初の一歩として、C言語の入門者が学ぶべき便利機能のセットがあります。それが本節で利用する「stdlib.h」にまとめられている追加機能です。この追加機能を使う考え方は、9章で文字列に対してstring.hを利用したことと同じです。

　それでは以下のサンプルプログラムを入力し、動作させてみましょう。

11-2　ちょっと便利な関数を使う ～stdlib.hの活用

List 11-1
stdlib.hの活用

```c
#include <stdio.h>
#include <stdlib.h>          ①

int func()
{
    printf("プログラム中断\n");
    exit(1);                 ②
}

int main()
{
                                                         ③
    printf("intの絶対値 => |%d| |%d|\n\n", abs(-4), abs(2));

    printf("環境変数OS=%s\n\n", getenv("OS"));
                                              ④
    printf("乱数発生=%d\n", rand());
    printf("乱数発生=%d\n", rand());         ⑤
    printf("乱数発生=%d\n\n", rand());

    printf("数字を表す文字列を整数に:%d\n", atoi("123"));      ⑥
    printf("数字を表す文字列を実数に:%f\n\n", atof("2.123"));

    func();
    printf("ここの処理は実行されない\n");      ⑦

    return(0);
}
```

11

　次のような実行結果が確認できました。それでは、プログラムの記述を理解してい
きましょう。

実行結果

```
Intの絶対値 => |4| |2|

環境変数OS=Windows_NT

乱数発生=41
乱数発生=18467
乱数発生=6334

数字を表す文字列を整数に:123
数字を表す文字列を実数に:2.123000

プログラム中断
```

307

第**11**章 関数を呼び出して活用する —標準ライブラリの利用

■ **stdlib**にまとめられた機能を利用できるようにする（❶の部分）

本節で紹介する追加機能を利用するためには、はじめに

```
#include <stdlib.h>
```

の記述を加える必要があります。stdlibは、standart library（標準ライブラリ）を意味する名前がついているほどの、プログラミングをもう一歩進めていくには必要になるであろう関数などがまとめられた**ヘッダーファイル**です*。

もしこの記述を忘れたときには、ビルド（コンパイル）を行った際に、本節で解説する関数atoi()などが「定義されていません」というエラーメッセージがでるので注意してください。

> ＊拡張子が「.h」となっているファイルで、定数の定義や関数の定義などがまとめられています。自分で作成することもできますが、ここではC言語の標準開発環境に用意されているものを扱います。

■ **プログラムを途中で中断させる**（❷の部分）

exit()という関数があります。exit()関数が処理されると、プログラムがそこで中断され終了します。一見すると、returnと同じように見えるかもしれません。しかし、returnは「**その関数を呼び出した元の処理に戻る**」という処理なので、main()の中でreturnがあればプログラム終了になりますが、それ以外ではreturnにたどり着いても**プログラムがそこで中断され終了することはありません**。そこが大きな違いです。

これは実際の開発現場では活用する機会はほとんどありませんが、演習問題などを考える際には便利です。exit()を記述する場所を変更しながらアルゴリズムを見返すことで、異常な動きをしている記述を探すことにも活用できます*。

本サンプルプログラムにおいて、関数func()の中でexit()関数が呼び出されてプログラムが中断して終了したため、❼に示すprintf()の処理が実行されなかった、という動作の流れを読み取ってください。

> ＊このようなexit()を使ってプログラムの動作を確認したり、実行時のエラー発生場所を見つけることに利用することに関しては、14章14.2.2でも紹介してます。

■ **整数の絶対値を求める**（❸の部分）

さまざまな計算をする際に、符号なしの整数、すなわち整数の絶対値を求めたいことがあります。そのときには、**abs()**という関数が用意されています。**引数で与えた整数の絶対値をreturnしてくれる関数**です。

整数だけでなく、実数に対してもできるといいのに……と考えた方は、センスがいいです。次節で実数に対応した関数を紹介します。

■ **システムの環境変数を取得する**（❹の部分）

WindowsなどのOSには、さまざまな環境変数が設定されています。その環境変数をプログラムで利用したい場合、システムで設定している環境変数がどうなっている

308

11-2　ちょっと便利な関数を使う ～stdlib.hの活用

＊環境変数「os」は、Windows10でもWindows11でも「Windows_NT」と表示されます。osの記述をPROCESSOR_ARCHITECTUREに変更するとプロセッサーの種類を知ることができます。

のかを取得する必要があります。それを実現するのが`getenv()`関数です。引数で文字列を指定すると＊、その文字列で設定されてるシステムの環境変数の値を「文字列」として取得することができます。

■ 乱数を発生させる（❺の部分）

たとえばカードゲームを作るとき、毎回配られる手札が同じでは、ゲームとして面白味に欠けます。そのようなときに、不規則な数字である「**乱数**」を活用します。

毎回違う手札を配りたい

厳密な乱数というといろいろと難しい問題がありますが、簡単なゲームなどでは十分に使えるランダムな数字を作り出すのが`rand()`関数です。皆さんの実行結果を確認してください。本書で示す3つの乱数と同じ数字は出なかったはずです。

しかしここで重大な問題があります。ビルド（コンパイル）し直すことなく、同じ実行プログラムをもう一度動作させてみてください。同じ乱数の結果が表示されましたね。この`rand()`関数は**ビルドされたときに乱数発生規則が固定化されてしまうため、ビルドし直さない限りは何度実行しても同じ乱数が同じ順番に出てきてしまいます**。これではゲームプログラミングとしては大問題です。その解決方法は……11.5節で紹介しますので安心してください。

また、`rand()`では整数乱数しか出せませんが、実数で乱数がほしいことが多くあります。そんなときには、stdlib.hをインクルードしたときに使える`RAND_MAX`（`rand()`で発生させる乱数の最大値が記憶されている）という定数を活用し、次の式のようにして実数0〜1の値に変形することができます。

```
実数乱数 = (double)rand() / RAND_MAX
```

■ 文字列を数字に変換する（❻の部分）

`scanf()`での入力で、%dや%fを利用しているときに間違って英文字を入力してしまうと、プログラムが暴走したり異常終了したりすることは、これまでの問題演習できっと経験してきたと思います。しかし、実際のアプリケーションで、数字を入れるところで間違って文字を入れたらプログラムが異常終了する、ということでは市場に出すことはできません。そのような場合に、**文字列として入力をいったん受け取り、その文字列を数字に変換して利用する**という手順を踏むことで、ユーザーの誤った入力でも止まらないプログラムを作ることができます。

＊atoiのaはascii文字のa、toはAをBに変換を意図する英単語のto、iは整数：integerのiなので、関数名そのものが「文字列から整数への変換」を意味したものになっています。加えて、atofのfは浮動小数：floating-point numberを意味します。

そのとき、「文字列として与えられたものを数字に変換する処理」は現段階の皆さんのプログラミングの例題としてはとてもよい問題ですので、ぜひチャレンジしてほしいのですが、毎回記述するのは大変です。そこで、文字列からint型の整数に変換する関数`atoi()`と、文字列からdouble型の実数に変換する関数`atof()`が用意されています＊。

309

第**11**章　関数を呼び出して活用する ―標準ライブラリの利用

　以上がサンプルプログラムの解説です。ここに挙げた関数は stdlib.h のなかのごく一部です。さらなる学びとして、「C言語　stdlib.h　定義されている関数」のように検索してみましょう。膨大な数の関数定義があることがわかり、関数のマニュアル記述に触れることができます。こうした資料をこの段階から、本書の解説でわかった関数から読み始めることで、自分で学んでいけるプログラミング知識修得法を身に着けることができます。

　　一日にしてならず、されど継続せねば成し得ず……です。

11.3 数学知識を活用する
〜math.hの活用

　数学と聞いて「うわぁ…」と感じる数学嫌いになってしまってる方もいるかもしれませんが……、さまざまなプログラムを作成するにあたって数学知識は欠かせないものです。だって、コンピュータは「計算機」とも呼ばれていますからね。とはいえ、式の証明問題をここで扱うわけではありません。皆さんが知っている数学知識をプログラムで表現するための機能を、math.h＊をインクルードすることで活用することができます。

　その一端を、次のサンプルプログラムを動かして学んでいきましょう。

＊math.hのmathは　もちろん数学（mathematics）の略です。

List 11-2
math.hの活用

```
#include <stdio.h>
#define _USE_MATH_DEFINES  ……… ❶
#include <math.h>

int main()
{
    printf("PI=%.15f\n", M_PI);
                                    ❷
    printf("e =%.15f\n\n", M_E);


    printf("3.5の2.5乗 = %f\n", pow(3.5, 2.5));
                                                ❸      ❹
    printf("ルート3.2の計算 = %f\n\n", sqrt(3.2));


    printf("doubleの絶対値 => |%f| |%f|\n\n", fabs(-4.5), fabs(2.3));


    printf(" 自然対数 ln(3.3)=%f\n\n", log(3.3));  ❺


    printf("sin(2π/3)=%f\n", sin(2 * M_PI / 3));
    printf("cos(2π/3)=%f\n", cos(2 * M_PI / 3));  ❻
    printf("tan(2π/3)=%f\n", tan(2 * M_PI / 3));
```

310

11-3　数学知識を活用する 〜math.hの活用

```
    return(0);
}
```

次のような実行結果が確認できました。それでは、プログラムの記述を理解していきましょう。

実行結果

```
PI=3.141592653589793
e =2.718281828459045

3.5の2乗 = 22.917651
ルート3.2の計算 = 1.788854

doubleの絶対値 => |4.500000| |2.300000|

自然対数 ln(3.3)=1.193922

sin(2π/3)=0.866025
cos(2π/3)=0.500000
tan(2π/3)=1.732051
```

■ math.hにまとめられた機能や数学でよく使う定数を利用できるようにする（❶の部分）

```
#define _USE_MATH_DEFINES
```

という初めて見る記述が出てきました。この#defineの記述に関しては、14章で詳しく解説します。数学に関連するさまざまな機能はmath.hをインクルードすることで利用できるのですが、Visual Studioでは数学のよく使う定数（πの値やeの値）がmath.hのインクルードだけでは使えるようになりません。他のほとんどのC言語開発環境では、この#defineから始まる1行は必要ありません。Visual Studioのときには必要になる記述と理解しておいてください。

＊もっとmath.hの機能を学びたいときは、「C言語 math.h 定義されている関数」と検索してみましょう。

math.hをインクルードすることによって使える数学計算の多種多様な機能は膨大にあります。本節ではその代表的な使い方を以下で紹介します＊。

■ 円周率や自然対数の底（ネイピア数）を利用する（❷の部分）

＊開発環境によって、設定されている桁数が異なることもあります。

❶の記述をすることにより、数学的に頻繁に利用する円周率の値を`M_PI`と記述するだけで利用できるようになります。同様に、自然対数の底を示すeの値も`M_E`と記述するだけで利用できるようになります。特に円周率の表示結果を見ると、小数点以下10桁以上＊が設定されていますので、単に3.14と書くよりも高精度な計算ができることがわかります。

311

第**11**章 関数を呼び出して活用する —標準ライブラリの利用

■ 累乗や平方根の計算を利用する（❸の部分）

pow(実数1, 実数2) のように利用することで、実数1の実数2乗の計算ができます。以前は関数を自分で作ることで実現していた2^3のような計算が実数範囲でできるのはとても便利です。

sqrt(実数)のように利用することで、実数の平方根を求めることができます。$\sqrt{5}$のような計算が簡単な記述でできるのはとても便利です。

■ 実数の絶対値を求める（❹の部分）

前節のabs()を利用することで整数の絶対値が求められましたが、math.hを利用してfabs(実数)を利用することでdoubleの絶対値を求めることができます。

■ 対数を求める（❺の部分）

log(実数)の関数を利用することで、対数計算を行うこともできます。

■ 三角関数を利用する（❻の部分）

sin/cos/tanといった三角関数もsin(実数)/cos(実数)/tan(実数)で求めることができます。このときの引数の実数は、角度をラジアンで表します。度で表さないので注意してください。

11.4 ▶ 文字の取り扱いツールを活用する ～ctype.hの活用

文字列を便利に使うためにstring.hを活用することを学びましたが、ここまで学んだ機能だけでは単純なことを行うにしても、複雑で多くの記述をする必要があります。そんな大変さを和らげてくれる機能を使うため、ctype.hをインクルードしてみましょう。

その一端を、次のサンプルプログラムを動かして学んでいきましょう*。

＊ここも同じく、より詳細を学ぶには「C言語 ctype.h 定義されている関数」と検索してみましょう。

List 11-3
ctype.hの活用

```c
#include <stdio.h>
#include <ctype.h>        ········❶

int main()
{

    int loop;
    char str[10] = "aA2+ Z@*8x";
```

11-4　文字の取り扱いツールを活用する ～ctype.hの活用

```c
    for (loop = 0; loop < 10; loop++)
    {
        printf("[%c]は文字", str[loop]);
        if (isalpha(str[loop]) != 0)
        {
            printf("○");              ❷
        }else {
            printf("×");
        }
        printf("　数字");
        if (isdigit(str[loop]) != 0)
        {
            printf("○");              ❸
        }else {
            printf("×");
        }
        printf("　空白");
        if (isspace(str[loop]) != 0)
        {
            printf("○");              ❹
        }else {
            printf("×");
        }
        printf("　小文字");
        if (islower(str[loop]) != 0)
        {
            printf("○");              ❺
        }else
        {
            printf("×");
        }
        printf("¥n");
    }
                                                    ❻
    printf("¥n¥n小文字[%c]->大文字[%c]変換¥n", tolower('A'), toupper('a'));
    return(0);
}
```

313

第**11**章 関数を呼び出して活用する —標準ライブラリの利用

実行結果

```
[a]は文字○  数字×  空白×  小文字×
[A]は文字○  数字×  空白×  小文字×
[2]は文字×  数字○  空白×  小文字×
[+]は文字×  数字×  空白×  小文字×
[ ]は文字×  数字×  空白○  小文字×
[Z]は文字○  数字×  空白×  小文字×
[@]は文字×  数字×  空白×  小文字×
[*]は文字×  数字×  空白×  小文字×
[8]は文字×  数字○  空白×  小文字×
[x]は文字○  数字×  空白×  小文字○

小文字[a]->大文字[A]変換
```

そろそろ記述規則になれてきたと思います。

❶はctype.hの機能を有効にするための記述です。

文字の種類を判定する関数 ～ isXXXX()関数（❷～❺の部分）

isのあとにいろいろ違った記述をしているものがあります。どれも基本的な使い方は同じなので、ここでは表にまとめます。

表 11-1
文字の種類を判定する
関数

記述	意味
isalpha(文字)	'a'<= 文字 <='z' または 'A'<= 文字 <='Z'なら真、それ以外は偽 「その文字はアルファベットですか？」という意味で利用する
isdigit(文字)	'0'<= 文字 <='9'なら真、それ以外は偽 「その文字は数字ですか？」という意味で利用する
isspace(文字)	空白やタブや改行などの空白類の文字なら真、それ以外は偽 「その文字は空白類ですか？」という意味で利用する
islower(文字)	'a'<= 文字 <='z'なら真、それ以外は偽 「その文字はアルファベット小文字ですか？」という意味で利用する

どれも文字の取り扱いをしたときの演習で、ifの条件を複雑に考えて作った経験がありそうなものばかりです。ctype.hを使えば、こんなに簡単な記述で書けるのです。

大文字と小文字を変換する（❻の部分）

tolower(文字)は、大文字アルファベットを小文字に変換する関数です。

toupper(文字)は、小文字アルファベットを大文字に変換する関数です。

さらに演習でやったことがあるような機能ですね。

文字chがあったとき、「ch-'A'+'a'」や「ch-'a'+'A'」のようにアルゴリズムを組み立てたものが、このような単純で短い関数で実現できるのです。

314

11-5 時間をコントロールする 〜time.hの活用

11.5 時間をコントロールする
〜time.hの活用

　次はtime.hをインクルードすることで、コンピュータに設定されている時間を取り扱うプログラムを紹介します。ここからは、1行ずつではなくブロック単位で解説していくので、これまでの学びで得た知識をフル活用して理解していきましょう。

　まずは、次のサンプルプログラムを動かして学んでいきましょう。

List 11-4

time.hの活用

```
#include <stdio.h>
#include <stdlib.h>
#include <time.h>
#include <string.h>
```
❶

❷

```
int main()
{
    time_t timeA, timeB;
    clock_t clockA, clockB;
    char str[81];

    timeA = time(NULL);
    clockA = clock();

    do
    {
        printf("Input ABCD: ");
        scanf("%s", str);
        timeB = time(NULL);
        clockB = clock();
    } while (strcmp(str, "ABCD") != 0);

    printf("\nFinish! Input time: %.0f[sec] \n", difftime(timeB, timeA));
    printf("高精度計測：%f[sec]\n\n", (double)(clockB - clockA) / CLOCKS_PER_SEC);
```

```
    srand((unsigned int)time(NULL));
    printf("乱数発生=%d\n", rand());
    printf("乱数発生=%d\n", rand());
    printf("乱数発生=%d\n", rand());
```
❸

```
    return(0);
}
```

315

第11章 関数を呼び出して活用する —標準ライブラリの利用

実行結果

```
Input ABCD: ABC
Input ABCD: ABCD

Finish! Input time: 7[sec]
高精度計測: 7.155000[sec]

乱数発生=32208
乱数発生=18301
乱数発生=11017
```

■ 必要な関数を利用するためのインクルード（❶の部分）

ここではtime.hを取り上げるのですが、実際に時間に関する機能を使う場合には、これまでに学んだ複数のincludeと組み合わせて利用することが多くあります。

stdlib.hは、❸の乱数発生を行うときに必要になるもので、string.hは❷の文字列判定のstrcmp()を利用するために必要となるものです。

■ 時間を求める処理（❷の部分）

ここでは、"Input ABCD: "と表示したあと、正しく「ABCD」と入力されるまで入力を繰り返させる処理をしています。その処理の前後で、**コンピュータ内部の時間を取得して、その時間差を求めることで入力にかかった時間を表示**しています。

time_tやclock_tという変数の型を利用していますが、これもtime.hのなかで定義されています。

ここでは2種類の時間計測の例を示しています。

timeAやtimeB、time(NULL)を使って時間を求めているのは、**秒単位の精度の時間計測**です。

clockAやclockB、clock(NULL)を使って時間を求めているのは、**プログラムを実行してからのCPU時間を計測**しています。CPU時間は使っているコンピュータのクロック速度で割らないと秒の時間に直せません。そこで、CLOCKS_PER_SECという定数が用意されているので、サンプルプログラムの式のように計算することで秒に直すことができます。秒単位よりも高精度な時間計測ができます*。

* 実際の計測精度は、利用しているコンピュータの性能によって変わります。

■ 違う乱数を発生させる処理（❸の部分）

11.2節のList 11-1で示した乱数を発生させるプログラムと異なる記述が❸の1行目にあります。

srand()は、乱数を初期化させる関数で、引数の値によって乱数のパターンを設定できます。List 11-1のときには、ビルドを1回したあと繰り返して実行すると同じ乱数が発生していました。しかし、❸では**現在の時間をtime(NULL)で取得し、それを利用して乱数のパターンを設定**しています。そのため、同時刻にプログラムを実行

316

11-6　再帰関数に触れてみる

しない限り、1回ビルドした実行プログラムを複数回動かしたときに違う乱数が発生します。これでゲームなどにも活用できる乱数が作り出せるようになります。

11.6 ▶ 再帰関数に触れてみる

　関数の利用の応用として、プログラミング思考力を高めるために通るべき例題があります。それが次の**再帰関数**といわれる形のプログラムです。関数factorial()の定義（❶の部分）の中で、関数factorial()の呼び出し（❷の部分）をしています。

　次のサンプルプログラムを動かして学んでいきましょう。

List 11-5
再帰関数

```c
#include <stdio.h>

int factorial(int num);          再帰関数には、関数プロトタイプ宣言が必須

int factorial(int num)                                              ❶
{
    if (num == 1)
    {
        return(1);
    }else
    {
        return num * factorial(num - 1);          ❷
    }
}

int main()
{
    printf("5の階乗: %d¥n", factorial(5));
    printf("6の階乗: %d¥n", factorial(6));
    printf("7の階乗: %d¥n", factorial(7));
```

実行結果

```
5の階乗: 120
6の階乗: 720
7の階乗: 5040
```

```c
    return(0);
}
```

　この関数の動きを図にしてみましょう。

317

第11章 関数を呼び出して活用する —標準ライブラリの利用

Fig. 11-1
factorial()関数の動き

定義した関数を
何重にも呼び出す
んだね

mainでのfactorial(5)の呼び出し

❶のfactorialをn=5で動かし、elseを
たどり、5*factorial(4)を求める

今度はfactorialをn=4で動かし、else
をたどり、4*factorial(3)を求める

今度はfactorialをn=3で動かし、else
をたどり、3*factorial(2)を求める

今度はfactorialをn=2で動かし、else
をたどり、2*factorial(1)を求める

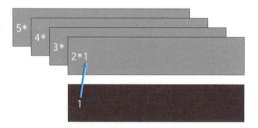

今度はfactorialをn=1で動かし、
retuen(1)にたどり着き、最後に使った
factorialの結果を1にする

2*1=2の結果が出たら、それをreturn
して、その前に使ったfactorialの結果
に埋め込んでいく

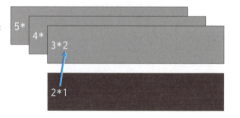

318

3*2=6の結果が出たら、それをreturnして、その前に使ったfactorialの結果に埋め込んでいく

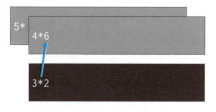

4*6=24の結果が出たら、それをreturnして、その前に使ったfactorialの結果に埋め込んでいく

何回も呼び出した関数が順番にreturnで終了し、最初に呼び出した関数の結果が5*24=120として求められ、それをmainにreturnする

　このような、ロシアの民芸品マトリョーシカのように、定義した関数を何重にも呼び出して値を求めるアルゴリズムを組み立てることができます。こういう発想を使うことで、複雑なアルゴリズムを極めて完結にまとめられることもあります。まずは、動作を理解することを目標に理解を進めてみましょう。それを繰り返すことで、自分で再帰関数のアルゴリズムを組み立てられるようになります。

第11章 関数を呼び出して活用する —標準ライブラリの利用

標準ライブラリを調べてみよう

　C言語には、「標準ライブラリ」という基本となる追加関数や追加定数のセットが存在します。これらは、標準のC言語開発環境を導入したときに一緒にインストールされているので、本章のように#include <名前.h>として追記するだけでその機能を利用することができます。

　本章で紹介したものは、標準ライブラリのなかでもごくごく一部です。「C言語　標準ヘッダー一覧」と検索してみると、「名前.h」としてまとめられているヘッダーファイルの一覧が確認できます。C言語のバージョンによっても違いますが、20種類以上のものがあります。これらを利用することで、標準的なC言語の全機能を活用してプログラミングすることができるようになります。

　すごく豊富で、勉強することがいっぱいですね……。これらは、基本を少し触れておけば、必要に応じて探しながらプログラミングすればよいのです。覚える必要はありません。でも一度目を通しておくと、使いたいときに適切に探すことができるので、ぜひ折をみて読み込んでみましょう。

　さらに、あくまでこれは「標準」ライブラリです。こうした追加機能も、他のプログラマや企業や団体が開発して公開している場合があります。その場合には、利用したいときに追加インストールをします。インターネット上には、そんな資源が溢れています。

　まず入門者は「作りたい機能を作る」ことで力を養いましょう。そして力をつけて、実用的なシステムを開発するときは「安心して公開されている機能を探し、再利用する」ことで、早く・信頼の高いシステム開発につなげることができます。

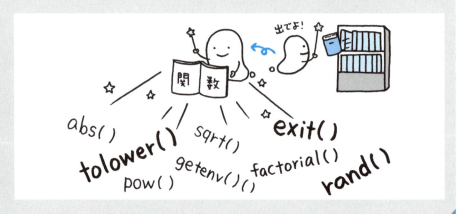

理解度チェック！

次の表を埋めて、理解を確認しましょう。

使いたい関数	インクルードが必要なヘッダーファイル名
isslpha()	ア
clock()	イ
pow()	ウ
sin()	エ
fabs()	オ
abs()	カ
sqrt()	キ
exit()	ク
printf()＊	ケ

＊printf()やscanf()もインクルードして使っていたことを思い出しましょう。

※本章は実践理解なので、まとめや章末問題はありません。例示したもので理解を深めてください。

解答：**ア**：ctype.h　**イ**：time.h　**ウ**：math.h　**エ**：math.h　**オ**：math.h
　　　カ：stdlib.h　**キ**：math.h　**ク**：stdlib.h　**ケ**：stdio.h

練習問題 11

Lesson 11-1 ctype.h を使った文字の処理

　ctype.h を活用し、英字または空白だけで英単語が書かれたファイル input.txt を読み込み、大文字アルファベット、小文字アルファベットの数をそれぞれカウントするプログラムを作成しなさい。

Lesson 11-2 math.h を活用した球体の体積と表面積の計算

　自分で円周率を 3.14 と設定して

- 半径の数値を実数で与えたら体積を求め return する関数
- 半径の数値を実数で与えたら表面積を求め return する関数

M_PI を利用した円周率を使って

- 半径の数値を実数で与えたら体積を求め return する関数
- 半径の数値を実数で与えたら表面積を求め return する関数

の 4 つの関数を作り、半径を 100, 200, 1000 で与えたときの結果を比較する。
main 関数で呼び出して値を比較するプログラムを作成しなさい。

Lesson 11-3 総合応用問題－宝探しゲーム

　10×10 のマス目があり、その中の 1 つのランダムなマス目に宝物が埋まっている。
　宝物の場所は、毎回 time.h を利用した乱数初期化によって変化するようにする。
　プレイヤーは、2 つの整数で座標を入力し、宝物の位置を当てればゲームクリアとなる。
　ゲームのスコアは、ゲーム開始からクリアまでの時間に基づき計算されて表示されるものとする。（スコアをどのようにするかは、皆さんが設計してください）
　このような宝探しゲームを作成しなさい。

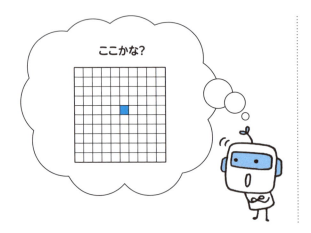
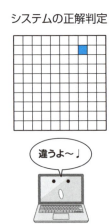

第2部　アルゴリズムを組み立てる

第12章

データをまとめて管理する
―構造体―

　この章では、複雑・膨大なデータを扱うときに大切なＣ言語プログラミング技法を学んでいきます。

この章で学ぶこと
- さまざまなデータをまとめて管理するのに適した「構造体」とはどんなものなのか？
- いくつかのデータをまとめる配列と構造体はどう違うのか？
- Ｃ言語では構造体はどのように記述するのか？

　世界中のＣ言語で書かれたソフトウェアすべてで、構造体が使われています。構造体を使わなくても、どんなプログラムでも記述できます。しかし、構造体を使うとわかりやすいプログラムを記述できます。
　構造体は、Ｃ言語を学ぶ上で、大きな壁となることが多い部分です。そのため、本書では、完全な理解よりも、構造体を使えるようになるためのイメージを作ることを目標にしました。

第**12**章 データをまとめて管理する —構造体

12.1 どんなふうにデータをまとめて扱うと便利か？

大量のデータをまとめて扱うときに便利なものとして6章で配列を解説しました。ここでまたデータをまとめて扱う方法を学ぶのか？と疑問に感じるかもしれません。

そこでまず、配列としてまとめたデータについて考えてみます。配列は、「10人の身長」や「100人の10科目の点数」といったデータをまとめて扱うときに、繰り返し処理と組み合わせて利用して便利さを発揮するものでした。さらに、複数の文字のまとまりである文字列を扱うときにも配列を利用してきました。これはすなわち、「整数」や「実数」や「文字」といった**同種類のデータが膨大にあり、それらをひとつにまとめて扱いたいときに配列を使ってきた**わけです。

ところが、次のようなデータを扱うときを考えてみてください。

Fig. 12-1
いろいろな
データをまとめて
扱いたいときは？

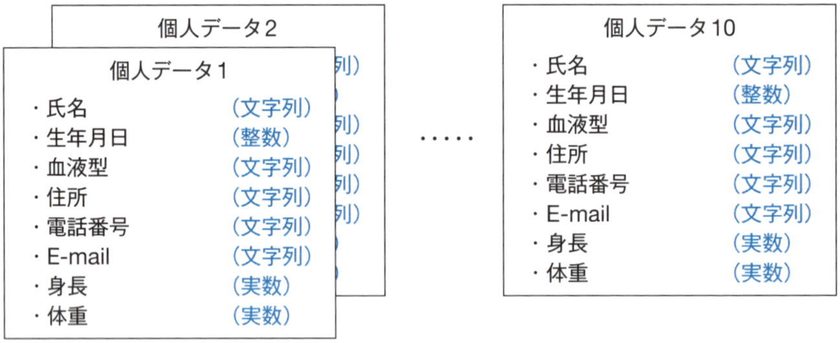

このようなデータを配列で扱おうとした場合には、

1人の氏名の文字型1次元配列 ×10 → 文字型2次元配列

1人の生年月日の整数型変数 ×10 → 整数型1次元配列

⋮

1人の体重の実数型変数 ×10 → 実数型1次元配列

というように個々のデータをまとめて管理することができます。しかし、図のように個人のデータをひとつにまとめることはできません。これは、**配列は同じ型のデータのみをまとめて扱う方法**だからです。

しかし、普段人間がこのようなデータを扱うときには、この図のように一人ひとりのデータをカードのようにしてまとめて考えているはずです。すなわち、データがどんな型であるかなんて関係なく、データのまとまりを自由に作っています。

プログラミングを行うときも、このようにデータの型に関係なく、データをグループ化できたほうが考えやすいですね。そこで、人間が考えているようにデータのまとまりを作る方法がC言語では用意されています。それが**構造体**（structure type）という記述方法です。

本章では**構造体の利用方法**について学んでいきましょう。

12.2 実際にデータをまとめてプログラミングをしてみよう

構造体を覚えるには、なにより「**習うより、慣れろ**」です。だからといって、悪い例題をやっても何の意味もありません。

実際に大きなプログラムを作るときには、大人数で分割して作っていきます。そのため、どのようなプログラムを作るのかを決めたら、データをどう扱うかという**データ構造**（deta structure）をまず決めなければあとでつじつまが合わなくなります。

そこで、本節では「例題」、「データ構造」、「アルゴリズム」、「ソースプログラム」を一組にして解説していきます。大きなプログラムを作るときには、「データ構造をまとめる」ということを行えば、間違いの少ないプログラミング作業につながるはずです。

12.2.1 単純にデータをまとめる

まずは最も基本的な構造体の利用方法を、次の例題で考えてみましょう。つまらない問題ですが、基本的な構造を知るにはまず単純な例題で考えるのが一番です。

例題1　個人データ照合

A君とB君のデータとして次の表のことがわかっている。それぞれの項目名を選択し入力すると、2人のデータが同じか異なっているかを判定し結果を表示するプログラムを作成したい。

項目	A君	B君
血液型	A	B
出身地	長野	長野
年齢	21	22
アルバイト経験（月）	15	12
時給（円）	800	800

325

第12章　データをまとめて管理する —構造体

　このプログラムを作るにあたって、データをどのように変数に格納するかという
データ構造を考えます。まず、一人分のそれぞれの項目にどの型を使い、どれだけの
大きさが必要になるのかをまとめると次のようになります。

血液型	文字型（1文字）
出身地	文字型（5文字）
年齢	整数型
アルバイト経験（月）	整数型
時給（円）	整数型

　ここでは血液型はAB型がないので1文字、出身地は全角2文字なのでその倍の「4
文字＋何もない文字（'¥0'）1文字」で5文字として準備することにしました[*]。

*問題によっては、「不
必要な変数を使わない」
という考えも有効な手
段になります。

　これをもとに、まずはここまで学んできた方法を使って、プログラム内でデータを
どのように扱うかを考えてみます。

▶▶ 二人分のデータなので、A君を0番、B君を1番とした配列で準備するとします

```
血液型        : char blood[2]
出身地        : char area[2][5]
年齢          : int  old[2]
アルバイト経験 : int  exp[2]
時給          : int  wage[2]
```

　確かにこのようにすることでデータをまとめることができます。しかし、普段考え
るデータのまとまりは次のように、A君のデータをひとつのグループ、B君のデータ
をひとつのグループにするのではないでしょうか？

▶▶ A君をAdata、B君をBdataというデータであらわすとします

```
————— Adata —————
血液型         : char blood
出身地         : char area[5]
年齢           : int  old
アルバイト経験  : int  exp
時給           : int  wage
```

```
————— Bdata —————
血液型         : char blood
出身地         : char area[5]
年齢           : int  old
アルバイト経験  : int  exp
時給           : int  wage
```

　こちらのデータ表現のほうが、普段頭で考えているイメージと一致するのではない
でしょうか？ いままで学んできた記述方法ではこのようなデータのまとまりを作る
ことができませんでしたが、構造体を使えば実現できます。

　次にこの問題のアルゴリズムを考えると次のようになります。

326

12-2 実際にデータをまとめてプログラミングをしてみよう

アルゴリズム ●●●

1. A君のデータを既定値で初期化する
2. B君のデータを既定値で初期化する
3. どの項目を比較するかを数値で入力できるように、
    「何で比較しますか？
        1：血液型　2：出身地　3：年齢　4：アルバイト経験　5：時給」
    という質問を表示する
4. 入力された項目でA君とB君のデータを比較し、同じならば「二人は同じです」、異なれば「二人は違います」と表示する

アルゴリズムはごくシンプルなものですね。ソースプログラムは次のようになります。

List 12-1
個人データの
照合プログラム

```c
#include    <stdio.h>
#include    <string.h>


struct private_data
{
    char    blood;
    char    area[5];
    int     old, exp, wage;
};


int main()
{
    struct private_data Adata, Bdata;
    int                 input;
    int                 same;

    /* A君の既定データの代入 */
    Adata.blood = 'A';
    strcpy(Adata.area,"長野");
    Adata.old = 21;
    Adata.exp = 15;
    Adata.wage = 800;

    /* B君の既定データの代入 */
    Bdata.blood = 'B';
    strcpy(Bdata.area,"長野");
    Bdata.old = 22;
```

❶ 構造体の名前づけと、扱う変数の定義

❷ 構造体を記憶する場所を用意する。構造体を使った変数宣言

❸ Adataのまとまりのそれぞれの項目に既定のデータを代入

❸ Bdataのまとまりのそれぞれの項目に既定のデータを代入

12

327

第**12**章 データをまとめて管理する —構造体

```
Bdata.exp = 12;
Bdata.wage = 800;

/* 質問の表示と選択結果の入力 */
printf("何で比較しますか？¥n");
printf("1：血液型  2：出身地  3：年齢  4：アルバイト経験  5：時給¥n");
scanf("%d", &input);
same = 0;

/* 判定と結果表示 */
switch (input)
{
case 1: if (Adata.blood == Bdata.blood)
            same = 1;
        break;
case 2: if (strcmp(Adata.area, Bdata.area) == 0)
            same = 1;
        break;
case 3: if (Adata.old == Bdata.old)
            same = 1;
        break;
case 4: if (Adata.exp == Bdata.exp)
            same = 1;
        break;
case 5: if (Adata.wage == Bdata.wage)
            same = 1;
        break;
default:printf("そんな項目番号はありません¥n");
            same = 2;
}

if (same == 0)
{
    printf("二人は違います¥n");
}else
{
    if (same == 1)
    {
        printf("二人は同じです¥n");
    }
}
return(0);
}
```

> AdataとBdataのそれぞれの項目の値が等しいかを比較。等しければ変数sameに1を代入する

12-2 実際にデータをまとめてプログラミングをしてみよう

このサンプルプログラムではsameという変数をひとつ余計に用意して、比較結果がどうなったのかをあらわすようにしています。こういう変数の使い方もあることを覚えておいてください。

さて、このList 12-1の枠で囲んだ部分の記述は見慣れない記述ですね。この部分が構造体を利用したときの独特の記述方法です。それぞれの部分について解説します。

■ どんな構造体かを記述する（❶の部分）

この部分の記述は、main()関数の外にありますが、10章で紹介したような関数の記述にもなっていません。この部分は、**構造体がどんな変数のまとまりなのかを定義**している部分です。

構造体は、複数の変数をまとめてひとつの名前で管理します。struct（ストラクト）のあとに、「なんという名前の構造体*」であるか、その中にまとめて扱うのは「どんな変数でなんという名前なのか（変数の宣言）*」を記述します。ここで、最後に ; （セミコロン）がついていることにも注意してください。

* ここでつけている名前のことを**構造体タグ**といいます。

* 中で宣言されているそれぞれの変数を**メンバー**といいます。

```
構造体の定義

struct 定義する構造体の名前
{
    変数の型　変数名(配列名[]);     ← この構造体の中で使う変数の宣言
};

struct private_data     ← private_dataという名前で管理する
{
    char    blood;
    char    area[5];              ← まとめて扱いたい変数を宣言
    int     old, exp, wage;
};
```

ただし、ここではprivate_dataがどんなデータを扱うのか、その型を定義しているだけであって、その構造体の実体を作っているのではありません。

■ 構造体を使った変数宣言（❷の部分）

この部分の記述は、❶で決めた構造体の名前を使って、実際に構造体のデータを記憶する場所を用意しています。これまで「int num」のように変数を宣言していたのと同じです。この記述を、構造体を使った変数宣言といいます。これで、private_dataの実体が用意できました。

329

第12章 データをまとめて管理する —構造体

■ 構造体でまとめたそれぞれの変数に値を代入（❸の部分）

　これらの記述は、構造体でまとめたそれぞれのデータに対して、値の代入や、値の参照を行っています。以下のようなAdataのまとまりの中にある変数bloodに値を代入するときには、「Adata.blood =［値］」のようにしてピリオド（.）をつけて記述します。

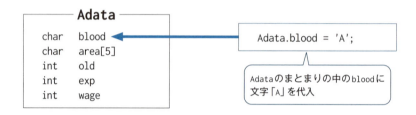

　「Adataのまとまりの中のblood」→Adata.bloodのように、「.」を「〜のまとまり中の〜」と読み替えるとよいでしょう。

12.2.2　構造体×配列で効果絶大！

　前項の例を通して、「構造体＝いくつかの変数をまとめて扱うもの」というイメージができたと思います。しかし、このような例では構造体を使ってもプログラムの記述が複雑になるだけで、構造体でまとめることの恩恵をほとんど感じられません。なぜなら、2つのデータのまとまりを作り、ただそれぞれに名前がついただけだからです。

　そこで、6章で学んだ配列を思い出してください。配列はいくつかの同じ型を持つ変数をまとめて番号で管理する方法でした。この考え方を構造体の変数にも利用したときはじめて、構造体を使うことのメリットがわかるでしょう。そのことを次の例題を通して学んでいきましょう。

12-2 実際にデータをまとめてプログラミングをしてみよう

例題2 データ集計プログラム

50人の個人データが記述されているテキストファイルがある。このとき、年齢・月収の項目について、データの分布を調べ、グラフ状にまとめたい。

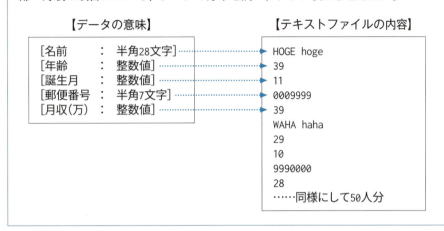

■ データ構造を考える

まずは、データをどのように表現するかというデータ構造を考えてみましょう。この問題では、「名前」「年齢」「誕生月」「郵便番号」「月収」の5つのデータが一人のデータとしてあるので、これを構造体を利用してまとめることにします。

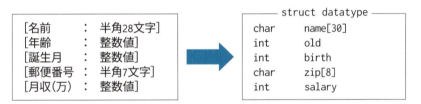

さらに、この問題では50人分のデータを取り扱うため、この構造体を50個まとめた1次元配列で表現することにします。そのための、構造体の配列を準備する変数宣言は、先のdatatypeの構造体定義を利用して次のように記述することができます。

これは、いままで利用してきた、変数を配列にするときとまったく同じかたちの記述ですね。もちろん、構造体の配列で、2次元配列、3次元配列……を作ることができ、そのときの記述もこれまでと同じように「**struct 構造体定義名 配列名**[n][m]…」と書きます。また、この構造体の配列で0番目のデータの要素である名前を取り扱う

ときには、「data[0].name」のように記述します。

アルゴリズムを考える

次に、この問題のアルゴリズムを考えてみましょう。まずは、大まかな流れを考えると次のようになります。

アルゴリズム ●●●

1. 構造体配列data[50]を準備する
2. データをファイルから読み込むためファイルをオープンする
3. データを読み込むため、次の処理を50回繰り返す（繰り返し数：n）
   - （ア）ファイルから1行読み込み、data[n].nameに記憶する
   - （イ）ファイルから数値を読み込み、data[n].oldに記憶する
   - （ウ）ファイルから数値を読み込み、data[n].birthに記憶する
   - （エ）ファイルから1行読み込み、data[n].zipに記憶する
   - （オ）ファイルから数値を読み込み、data[n].salaryに記憶する
4. 年齢の分布をグラフ化して表示
5. 月収の分布をグラフ化して表示

このアルゴリズムでは、数値をグラフ化する方法がまだ曖昧です。与えられた数値配列をグラフ化して表示する方法についてもう少し考えてみます。

ここでは、次のようなグラフを表示することを考えます*。

*グラフを作るといっても、グラフィクスを駆使したきれいなグラフを作るには、まだ多くのことを学ばなければなりません。

```
年齢分布グラフ
  -----+---------+---------+---------+---------+---------+
   0-20|**
  20-40|*********
  40-60|******************
  60-80|****************
  80---|***
  -----+---------+---------+---------+---------+---------+
```

年齢、月収の分布はともに0以上80未満を20刻みにしたものと、80以上という5個の分類を作ってグラフにするものとします。

このとき5個の分類に含まれる数をint graph[5]として表現すると、グラフを表示するアルゴリズムは次のようになります。

12-2 実際にデータをまとめてプログラミングをしてみよう

それぞれの部分のアルゴリズムは、関数としてまとめられます

アルゴリズム
1. グラフで表示する数値の1次元配列を集計により求める
2. グラフのx軸方向の罫線を表示する
3. 次の処理を5回繰り返す（繰り返し数：m）
    （ア）「$(m×2×10) - ((m×2+2)×10)$¦」として軸の範囲を表示する
        ただし、m=4のときには、「80---¦」と表示する
    （イ）実際のグラフを表示するため、graph[m]回だけ「*」を表示する
    （ウ）改行を表示する
4. グラフのx軸方向の罫線を表示する

どうですか？ これで全体のアルゴリズムもできてきました。このように問題が大きくなってきたときには、大まかなアルゴリズムを考え、次にそれぞれの部分のアルゴリズムを考えていくとわかりやすいと思います。しかも、それぞれの部分は独立した処理として考えているので、関数を作って処理をまとめることも簡単になります。

■プログラム

次に、このアルゴリズムに基づいてプログラムを考えてみましょう。

List 12-2 データ集計プログラム

```c
#include <stdio.h>
#include <string.h>

struct datatype
{
    char    name[30];
    int     old, birth;
    char    zip[8];
    int     salary;
};

/* graph[]の内容をグラフ表示する関数 */
int write_graph(int graph[5])
{
    int     loop1, loop2;

    /* 軸の表示 */
    printf("-----¦");
    for (loop1 = 0; loop1 < 5; loop1++)
    {
```

構造体の定義部
この部分は、どのようなデータをまとめた構造体を作るのかを定義した「構造体の定義部」です。種類の異なる5つの変数がひとつにまとめられています。

どのようなデータをまとめた構造体かを定義

第12章 データをまとめて管理する —構造体

```c
        for (loop2 = 0; loop2 < 9; loop2++)
            printf("-");
        printf("+");
    }
    printf("¥n");

    /* ヒストグラム・グラフの表示 */
    for (loop1 = 0; loop1 < 5; loop1++)
    {
        if (loop1 != 4)
            printf("%2d-%2d|", loop1*2*10, (loop1*2+2)*10);
        else
            printf("80---|");
        for (loop2 = 0; loop2 < graph[loop1]; loop2++)
            printf("*");
        printf("¥n");
    }

    /* 軸の表示 */
    printf("-----|");
    for (loop1 = 0; loop1 < 5; loop1++)
    {
        for (loop2 = 0; loop2 < 9; loop2++)
            printf("-");
        printf("+");
    }
    printf("¥n");

    return(0);
}

int main()
{
    struct  datatype    data[50];
    FILE                *FP;
    int                 graph[5];
    int                 loop;

    /* ファイルの読み込みモードでのオープン */
    if ( (FP = fopen("data1.txt","r")) == NULL )
    {
        printf("Can't Open file: data1.txt¥n");
```

> 50個の要素をもつ配列として
> 構造体の記憶場所を用意

構造体を使った変数宣言

この部分では、実際に構造体を変数宣言し、値を記憶する場所を確保しています。ここでは、構造体を50個ならべた配列としています。

12-2　実際にデータをまとめてプログラミングをしてみよう

ファイルから名前の行を読み込み、代入

この部分は、ファイルから名前の書いてある行を読み込み、構造体のそれぞれの変数 data[n].name に記憶させています。ただし、fgets 関数では改行までの文字列が指定した字数以内で読み込まれることに注意が必要です。そのため、この部分の最後の行で、読み込んだ文字列の最後に入っている改行文字を取り除く（つまり '¥0' を代入する）処理を記述しています。

ファイルから数値を 1 つ読み込み、代入

これらの部分は、ファイルから数値を 1 つ読み込む処理ですが、ここまでの用例とは異なり「¥n」が付加されています。もし、「¥n」を付加しないときには、次回のファイルの読み出しは改行文字からはじめられるため、もし次に fgets 関数を利用したときには、何もない文字列が取り出されてしまいます。そこでこのように「¥n」を付加することで、数値＋改行というところまでファイルから読み込んだことになり、次回のファイル読み込みは次の行の先頭からはじめることができます。

データの集計

これらは与えられたデータの集計を行っている部分です。

```
        return(1);
    }

/* ファイルからデータを読み出す */
for (loop = 0; loop < 50; loop++)
{
        /* name の読み込み */
        fgets(data[loop].name, 29, FP);
        data[loop].name[strlen(data[loop].name)-1] = '¥0';

        /* old の読み込み */
        fscanf(FP, "%d¥n", &data[loop].old);

        /* birth の読み込み */
        fscanf(FP, "%d¥n", &data[loop].birth);

        /* zip の読み込み */
        fgets(data[loop].zip, 8, FP);
        data[loop].zip[7] = '¥0';

        /* salary の読み込み */
        fscanf(FP, "%d¥n", &data[loop].salary);

}

/* graph の初期化 */
for (loop = 0; loop < 5; loop++)
{
        graph[loop] = 0;
};

/* old の集計 */
for (loop = 0; loop < 50; loop++)
{
        if (data[loop].old >= 0)
        {
                if (data[loop].old < 20)
                {
                        graph[0] = graph[0] + 1;
                }else
                {
                        if (data[loop].old < 40)
                        {
```

> ファイルから名前の書いてある行を読み込み、構造体のそれぞれの変数に順に記憶

> ファイルからそれぞれの数値を読み込み、構造体のそれぞれの変数に順に記憶

ファイルから郵便番号の行を読み込み、代入

この部分は、ファイルから郵便番号の書いてある行を読み取り、data[n].zip に記憶させています。ただし、ここでも fgets 関数を利用しているので最後に改行文字が入っています。そこで、郵便番号は 7 桁に決まっているので、8 番目の文字（data[n].zip[7]）に '¥0' を代入して改行を取り除いています。

> データの集計を行う

335

第12章 データをまとめて管理する —構造体

```
                    graph[1] = graph[1] + 1;
            }else
            {
                if (data[loop].old < 60)
                {
                    graph[2] = graph[2] + 1;
                }else
                {
                    if (data[loop].old < 80)
                    {
                        graph[3] = graph[3] + 1;
                    }else
                    {
                        graph[4] = graph[4] + 1;
                    }
                }
            }
        }
    }
}
```

```
/* graph[]をグラフ化して表示 */
printf("¥n年齢分布¥n");
write_graph(graph);

/* graph の初期化 */
for (loop = 0; loop < 5; loop++)
{
    graph[loop] = 0;
}
```

```
/* salaryの集計 */
for (loop = 0; loop < 50; loop++)
{
    if (data[loop].salary >= 0)
    {
        if (data[loop].salary < 20)
        {
        graph[0] = graph[0] + 1;
        }else
        {
            if (data[loop].salary < 40)
            {
```

データの集計を行う

336

12-2 実際にデータをまとめてプログラミングをしてみよう

```
            graph[1] = graph[1] + 1;
        }else
        {
            if (data[loop].salary < 60)
            {
                graph[2] = graph[2] + 1;
            }else
            {
                if (data[loop].salary < 80)
                {
                    graph[3] = graph[3] + 1;
                }else
                {
                    graph[4] = graph[4] + 1;
                }
            }
        }
    }
}

/* graph[]をグラフ化して表示 */
printf("\n月収分布\n");
write_graph(graph);

return(0);
}
```

　どうですか？ これまでよりソースプログラムのサイズが大きくなっていますが、ほとんどの部分は見慣れた処理です。まとまりごとに慎重に見れば理解できるでしょう。ただし、関数write_graph()の中の数ヶ所で、**ifやforの処理の内容が1行であるため、{}でくくるのを省略している**ことに注意してください。

　またデータの集計部分はif文の何重もの入れ子構造になっています。慣れないうちは理解しにくいかもしれません。そんなときには、次の図のように条件分岐の構造をまとめると理解の助けになるでしょう。

第12章 データをまとめて管理する —構造体

Fig. 12-1
データ集計部のifの入れ子構造

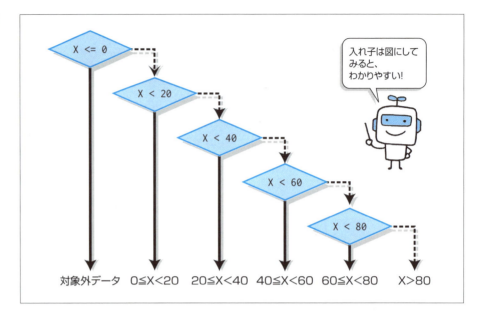

　構造体の基本的な使い方の説明はこれでおしまいです。簡単ですね。
　しかし…

構造体の基本は簡単でも、どう使うかが勝負

です。
　センスの悪い（わかりにくい、意図がわからない）構造体を作ってもプログラムが見難くなるだけです。とはいえ、慣れないうちは「データをまとめたほうがわかりやすい」と考えたときにはとりあえず構造体を使ってプログラムしてみるのもよいでしょう。プログラムを書いていく途中や、**書いたプログラムを見直して本当にわかりやすくなっているのか？** を考えてみてください。きっと適材適所の使い方が見つけられるはずです。

理解度チェック！

次の質問に答えましょう。

Q1 同じ型の変数をまとめて管理するのは、□□□□ です。

Q2 異なる型の変数をまとめて管理するのは、□□□□ です。

Q3 構造体の定義と利用の基礎について、次のサンプルプログラムの各記述の意味を考えてみましょう。

```
#include <stdio.h>
#include <string.h>

struct character_data
{
    char    name[81];
    int     attack;
    int     defence;
    int     speed;
    double  luck;
};

int main()
{
    struct character_data data[10];

    strcpy(data[0].name, "King");
    data[0].attack = 10;
    data[0].defence = 9;
    data[0].speed = 8;
    data[0].luck = 0.6;

    strcpy(data[1].name, "Queen");
    data[1].attack = 6;
    data[1].defence = 10;
    data[1].speed = 6;
    data[1].luck = 0.8;

    //…
```

ア　name、attack、defence、spped、luckという型の異なる値をまとめてcharacter_dataというセット名を定義

イ

構造体character_dataというセットをdataという名前の　ウ　で準備

エ

オ

第**12**章 データをまとめて管理する —構造体

理解度チェック！

```
for (int loop = 0; loop < 2; loop++)
{
    printf("[%s]¥n[%2d][%2d][%2d][%1.1f]¥n¥n",
        data[loop].name,
        data[loop].attack, data[loop].defence, data[loop].speed,
        data[loop].luck);
}

return(0);
}
```

カ

によって、構造体記述の効果絶大！
配列なし、繰り返しなしで構造体を使って
も、記述の効率化は不可能

解答： **Q1** 配列　　**Q2** 構造体
　　　Q3 **ア**：構造体 character_data の定義　**イ**：セミコロンを忘れない
　　　　　ウ：構造体配列　**エ**：data[0] の各要素に値を代入
　　　　　オ：data[1] の各要素に値を代入　**カ**：構造体配列＋繰り返し

まとめ

まとめ

● C言語で異なる型の変数をひとつにまとめて管理する方法に「構造体」がある。

● 構造体を利用するときには、まず、どんな変数をまとめて扱うのかを「構造体の定義」で記述しなくてはならない。

構造体の定義

```
struct    構造体の定義名
{
     まとめる変数の変数宣言;
};
```

● 構造体の定義は、構造体の変数宣言より前に記述しなければならない。

● まとめる変数の変数宣言では、整数型（int）や実数型（double）といった変数のほか、配列も使うことができる。

● まとめる変数の変数宣言の中に、構造体の定義名を記述すれば、何重にも入れ子になった構造体も定義できる。

● 構造体を利用するときには、構造体の定義だけでなく、「構造体の変数宣言」を記述しなくてはならない。

構造体の変数宣言

```
struct    構造体の定義名    構造体の変数名;
```

● 構造体の変数名には、一般の変数名と同様に [] で囲んで数値を指定し、構造体の配列を用意することもできる。

● 構造体を利用するときには、「本当に構造体を使ってプログラムがわかりやすくなる（または記述しやすくなる）か？」を検討する。

練習問題 12

Lesson 12-1 アンケート集計

下記のような予想結果を10人分入力し、男女別の予想結果を「勝ち・引き分け・負け」に分けて集計し、表示するプログラムを構造体を利用して作成しなさい。

```
あるスポーツの勝敗予想

1人目の予想    （男性：M）ホームチーム  勝ち：1
2人目の予想    （女性：F）ホームチーム  負け：2
                  ⋮
10人目の予想   （女性：F）ホームチーム  引き分け：0
```

ただし、ここでは簡単化のため、入力はすべて数値で行い、データとして保存するときには、性別はM、Fで取り扱うものとする。

Lesson 12-2 応用問題－データをまとめて管理する1

アーティストごとに6曲ずつ入れられたサウンドプレイリスト10個（list1～list10）のデータを入力し、テキストファイルに記録するプログラムを作成しなさい。ただし、作成するのは次のようなテキストファイル（Playlist.txt）とします。

[例]

プログラム作成にあたり、データの細部、ファイルへの情報の書き方フォーマットについては自由に決めてよいが、データ構造やアルゴリズムはソースプログラム作成前にまとめること。

Lesson 12-3 応用問題－データをまとめて管理する2

Lesson 12-2で作成したテキストファイルを読み込み、曲名を入力するとその曲が入っているプレイリストの名前とプレイリストの何番目の曲かを表示してくれるプログラムを作成しなさい。

第 **2** 部　アルゴリズムを組み立てる

第 **13** 章

アドレスとポインタを活用し中級プログラミングに挑戦

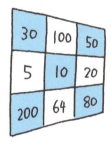 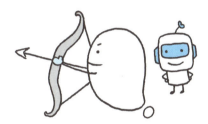

　この章はこれまでの章よりも理解難易度が高いです。一つひとつのことを確認して、しっかり手を動かして理解することを大切にしてください。この章を完全に習得すれば、実践的Ｃ言語プログラミングの入り口が開きます。そして、Ｃ言語検定試験等の合格も手が届くようになります。

この章で学ぶこと
- ▶ 変数とコンピュータのメモリの関係とは？
- ▶ 配列とコンピュータのメモリの関係とは？
- ▶ ポインタの基本的な使用方法
- ▶ 構造体とポインタを活用するには？

第13章 アドレスとポインタを活用し中級プログラミングに挑戦

13.1 変数とコンピュータのメモリの関係

ここまでにC言語プログラミングの基礎知識の学びを進めてきましたが、これだけでは実際に活用されているC言語で開発されたソースプログラムのほとんどが読み解けません。加えて、C言語の検定試験などでも合格点をとることはほとんど不可能です。

こんなに頑張って進めてきたのに……

と思う方もいると思います。実用的なC言語プログラム開発に必須で、C言語検定試験にも必ず大きく出題されるC言語プログラミング要素があります。それが本章で扱う**アドレス**と**ポインタ**の活用です。「アドレス」と「ポインタ」の理解には、動作しているプログラムが、コンピュータのメモリ上でどのように扱われているのかを知ることが不可欠です。

これまでのプログラミングでは、あくまで作っているプログラムの動作だけを意識してプログラムを記述してきました。しかし、作成したプログラムが動くのは、WindowsやAndroid、macOSといったOS（オペレーティングシステム）の管理下であり、それはそれぞれのコンピュータのハードウェアがあってはじめて動作します。

C言語の良いところは、こうしたハードウェアの細部を意識しながらプログラム制御しやすいことです。そのため、いろいろな電気製品等に利用されている「組み込みシステム」の開発分野でいまも多く利用されています。

ここでは、そうしたOSで制御されているコンピュータの中で、プログラムがどのように動いているのかの一部を理解することから始めます。

13.1.1 動作しているプログラムがメモリをどのように利用しているのか調べてみる

この章で注目するのは、「メモリ：記憶装置」の使われです。とはいえ、コンピュータを分解するのではなく、次のサンプルプログラムを使って、プログラムが動作するときのメモリの状況を調べてみましょう。

List 13-1
メモリの状況を調べる

```
#include <stdio.h>

int main()
```

344

13-1 変数とコンピュータのメモリの関係

```c
{
    int a=0, b=1, c=1, d=999;
    double  dnum1 = 0.0, dnum2 = 1.1, dnum3 = 2.2;

    printf("%p: %d¥n", &a, a);
    printf("%p: %d¥n", &b, b);
    printf("%p: %d¥n", &c, c);
    printf("%p: %d¥n", &d, d);
    printf("----------¥n");
    printf("%p: %lf¥n", &dnum1, dnum1);
    printf("%p: %lf¥n", &dnum2, dnum2);
    printf("%p: %lf¥n", &dnum3, dnum3);
    printf("----------¥n");

    a = 99;
    printf("%p: %d¥n", &a, a);
    printf("%p: %d¥n", &b, b);

    return(0);
}
```

　今回のプログラムの実行結果は、皆さんの開発環境や設定によって、表示される1行の文字数が2種類あります。よって、パターンAとパターンBの2種類の結果を次ページに示します。加えて、各実行結果の色枠で囲んだ部分に表示される「英数字の8桁または16桁桁の並び」は、実行するたびに毎回違うものになります。本書で示した結果と同じ並びが出ることは、ガチャ1回でUR（ウルトラレア）を引き当てるくらい起こりえないものですので、英字・数字の違いがあることはいったん気にしないでください。

第13章 アドレスとポインタを活用し中級プログラミングに挑戦

Fig. 13-1
List 13-1の実行結果
（パターンA）

Fig. 13-2
List 13-1の実行結果
（パターンB）

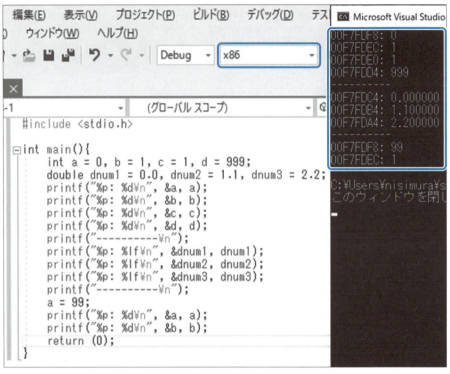

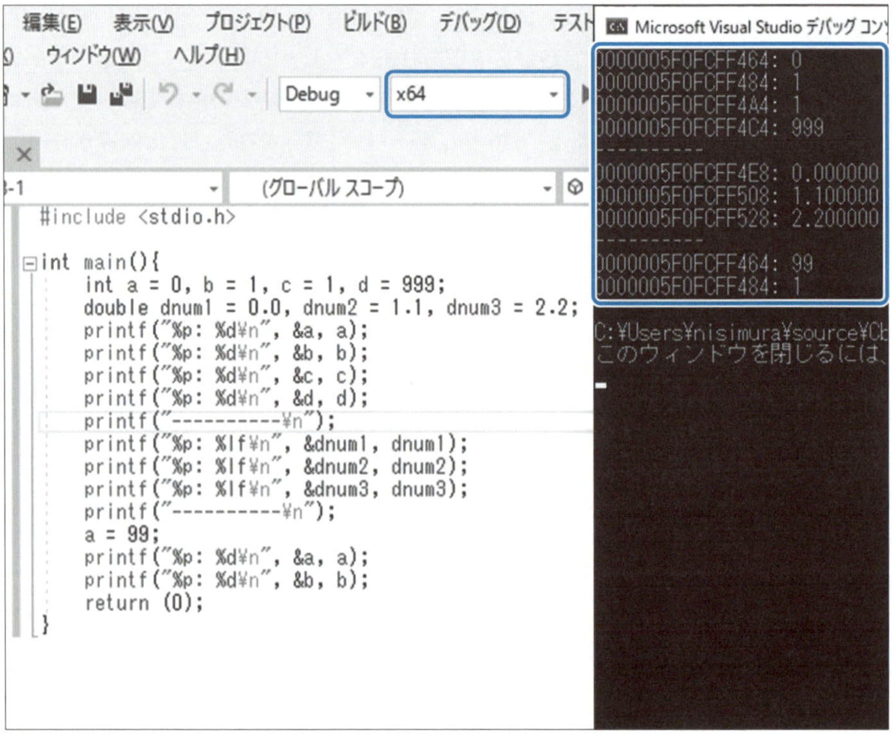

2種類の結果（パターンA・パターンB）に分かれたのは、皆さんのいま使っている開発環境が32ビット用のアプリケーションを作るように設定されているのか、64ビット用のアプリケーションを作るように設定されているのかの違いです。最近（2024年段階で）のコンピュータでC言語開発環境も新しいものを入手して利用していれば、パターンBのような16桁の英数字が初めに表示されます。これは64ビット開発環境となっていることを意味します。少し前のコンピュータで開発環境を準備していた場合は、パターンAのような8桁の英数字が初めに表示され、これは32ビット開発環境となっていることを意味します。

利用しているOSが64ビットのものであれば、32ビットのアプリケーションも64ビットのアプリケーションも動作するのが標準になっているので、作ったプログラムを動作させる上ではどちらでも問題はありません（もし32ビットのOSを使っているのであれば、64ビットで作ったアプリケーションは動作しません）。Visual Studio系の開発環境であれば、画面の色枠で囲んだところを「x86」に切り替えてリビルドして実行すればパターンA、「x64」に切り替えてリビルドして実行すればパターンBの結果を確認することができます。

13.1.2　変数のアドレスを表示させる方法

List 13-1の動作を理解していきましょう。プログラムの中に新しい記述があります。

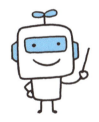

■アドレスを16進数で表示する（❶の記述）

%d、%f、%lf、%c、%sがprintf()のなかで使えることはこれまで学びました。ここでは新しく%pという記述を使っています。これは、**アドレスを16進数で表示する**ことを意味する記述です。そのためこれによって表示された英数字が混ざった文字列は、16進数の数値を表していることになります。

■変数がメモリ上のどの場所にあるのかを取り出す（❷の記述）

変数の前に「&」をつけました。この使い方は、scanf()の記述のときと同じです。scanf()を学んだときは、まだ学びはじめであったので法則として覚えましたが、ここで意味を理解しましょう。変数名の前に「&」をつけると、「**その変数がメモリ上のどの場所にあるのかという情報（これをアドレスといいます）**」を取り出すことができます。

第**13**章 アドレスとポインタを活用し中級プログラミングに挑戦

この❶、❷の効果が合わさって、実行結果には、

変数のアドレス（16進数表示）：変数の値

が表示されていることがわかります。

13.1.3 変数のアドレスを確認する

次に実行結果の表示の意味を読み解きます。

パターンAの場合から見てみます。

実行結果
パターンA

```
00F7FDF8: 0
00F7FDEC: 1
00F7FDE0: 1
00F7FDD4: 999
----------
00F7FDC4: 0.000000
00F7FDB4: 1.100000
00F7FDA4: 2.200000
----------
00F7FDF8: 99
00F7FDEC: 1
```

上の4つのint型変数のアドレスを確認すると、4行目のアドレスが一番小さい数値で、順番に1行上にいくとC_{16}（16進数ではC_{16}、10進数では12）ずつ増えていることがわかります。このことから、4つ宣言した変数は、**12バイトずつ場所をずらしてd→c→b→aの順番にメモリ上に配置されている**ことがわかります。

MEMO

Visual Studioの32ビット版の慣例で、記述を並べて書いた変数宣言は、最後のものから順番にメモリ上に配置されます。さらにVisual Studioの32ビット版では、メモリ・アライメントという機能のため12バイトずつの区画でメモリに配置されています。そのため、実際には4バイトしか使っていないint型変数1つを先頭4バイトで情報を記憶し、残り8バイトを未使用としています。

下の3つのdouble型変数は下から順番にアドレスが10_{16}（16進数では10_{16}、10進数では16バイト）ずつ大きくなっており、**dnum3→dnum2→dnum1の順番にメモリ上に配置されている**ことがわかります*。

次に、パターンBの場合を見てみます。

＊MEMOで述べたのと同じく、ここでもアライメントが影響しています。Visual Studioの標準ではdoubleは8バイトで管理されているので、10バイトずつ1つのdouble型変数をとり、先頭8バイトに情報を記憶し、残り2バイトを未使用としています。

348

13-2　配列とコンピュータのメモリの関係

実行結果
パターンB

```
0000005F0FCFF464: 0
0000005F0FCFF484: 1
0000005F0FCFF4A4: 1
0000005F0FCFF4C4: 999
----------
0000005F0FCFF4E8: 0.000000
0000005F0FCFF508: 1.100000
0000005F0FCFF528: 2.200000
----------
0000005F0FCFF464: 99
0000005F0FCFF484: 1
```

上の4つのint型変数のアドレスを確認すると、1行目のアドレスが一番小さい数値で、順番に1行下にいくと20_{16}（16進数では20_{16}、10進数では32）ずつ増えていることがわかります。このことから、4つ宣言した変数は、**32バイトずつ場所をずらしてa→b→c→dの順番にメモリ上に配置されている**ことがわかります。

下の3つのdouble型変数も上から順番にアドレスが20_{16}（16進数では20_{16}、10進数では32バイト）ずつ大きくなっており、dnum1→dnum2 →dnum3の順番にメモリ上に配置されていることがわかります。

Visual Studioの64ビット開発環境の場合、intもdoubleも変数1つに先頭から20バイトを情報記憶に使い、余った部分は利用されていないようになっているのが標準状態であることがわかります。これは開発環境やOSの特性にも依存するものなので、皆さんの環境では違う規則で運用されているかもしれません。そうした違いを、このサンプルプログラムで可視化することができます。

13.2　配列とコンピュータのメモリの関係

13.1節で行った変数のアドレス表示を、この節では配列に対して行ってみます。

次のサンプルプログラムを動作させて実行結果を確認します。ここでも32ビット版と64ビット版の双方で実行した結果を示します。

List 13-2
配列のアドレスを
表示する

```c
#include <stdio.h>

int main()
{
    int     idata[3] = { 1,2,3 };
    double  ddata[3] = { 1.1, 2.2, 3.3 };
    char    cdata[3] = "AB";

    printf("%p: %d¥n", &idata[0], idata[0]);
    printf("%p: %d¥n", &idata[1], idata[1]);
    printf("%p: %d¥n", &idata[2], idata[2]);
```

❶

349

第13章 アドレスとポインタを活用し中級プログラミングに挑戦

```
    printf("----------\n");
    printf("%p: %f\n", &ddata[0], ddata[0]);
    printf("%p: %f\n", &ddata[1], ddata[1]);     ……❷
    printf("%p: %f\n", &ddata[2], ddata[2]);

    printf("----------\n");
    printf("%p: [%c]\n", &cdata[0], cdata[0]);
    printf("%p: [%c]\n", &cdata[1], cdata[1]);    ……❸
    printf("%p: [%c]\n", &cdata[2], cdata[2]);

    printf("Input: ");
    scanf("%d", &idata[0]);                       ……❹
    printf("%p: %d\n", &idata[0], idata[0]);

    return(0);
}
```

実行結果
32ビット版での
実行結果

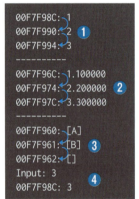

■ int型配列要素のアドレスと値の表示（❶の部分）

サンプルプログラムの❶の部分は、int型配列要素についてアドレスと値を順番に表示しています。実行結果を見ると、**16進数で4つずつ増えており、4バイトずつアドレスが増えている**ことが確認できます。Visual Studio の標準設定でintは4バイトの大きさで定義されているので、int型の配列としてメモリを利用した場合には、無駄なく連続したアドレスに値を入れて管理していることがわかります。

Fig. 13-3
int型配列の
アドレス管理

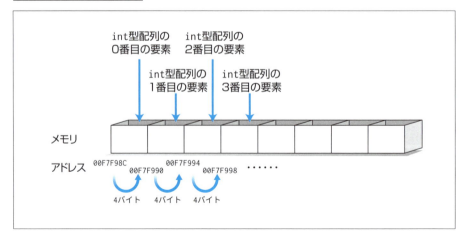

350

13-2 配列とコンピュータのメモリの関係

■ double型配列要素のアドレスと値の表示（❷の部分）

❷の部分は、double型配列要素についてアドレスと値を順番に表示しています。結果を見ると、**16進数で8つずつ増えており、8バイトずつアドレスが増えている**ことが確認できます。Visual Studioの標準設定でdoubleは8バイトの大きさで定義されているので、double型の配列としてメモリを利用した場合には、無駄なく連続したアドレスに値を入れて管理していることがわかります。

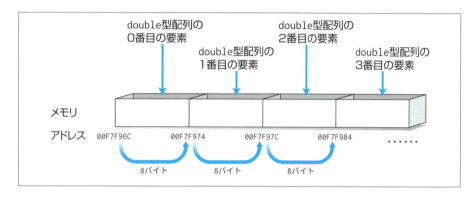

Fig. 13-4
double型配列の
アドレス管理

■ char型配列要素のアドレスと値の表示（❸の部分）

❸の部分は、char型配列（文字列）要素についてアドレスと値を順番に表示しています。結果をみると、**16進数で1つずつ増えており、1バイトずつアドレスが増えている**ことが確認できます。char型は1バイトの大きさで定義されているので、double型の配列としてメモリを利用した場合には、無駄なく連続したアドレスに値を入れて管理していることがわかります。

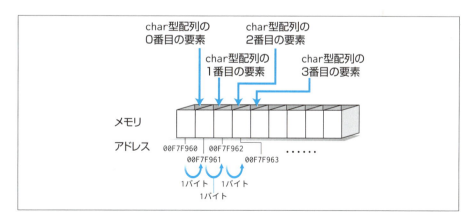

Fig. 13-5
char型配列の
アドレス管理

❹の部分は、値を代入し直しても、配列の要素の場所（アドレス）は変化しないことを確認しています。あくまで値の変更であり、値を記憶している場所の変更はありません。

351

第13章　アドレスとポインタを活用し中級プログラミングに挑戦

実行結果
64ビット版での
実行結果

```
000000AD6A2FF918: 1        ①
000000AD6A2FF91C: 2
000000AD6A2FF920: 3
----------
000000AD6A2FF948: 1.100000  ②
000000AD6A2FF950: 2.200000
000000AD6A2FF958: 3.300000
----------
000000AD6A2FF974: [A]       ③
000000AD6A2FF975: [B]
000000AD6A2FF976: []
Input: 3
000000AD6A2FF918: 3        ④
```

64ビット版として実行した場合も、アドレス表記桁数が長くなっていますが、32ビット版の配列と同じ規則でアドレスが増えているのが確認できます。

13.3　scanf() や関数の利用を振り返る

本章で学んでいる「*」や「&」の記号に関しては、scanfを使ったときや、関数の引数などで使っていました。そこでは、記述規則として覚えてきましたが、ここで正確な理解をしましょう。

まずは復習として、次のサンプルプログラムを動作させてみましょう。

List 13-3
scanf() や関数での
* と & の利用

```c
#include <stdio.h>

int func(int num0, int *num1, int a[3])
{
    printf("Input No.1: ");
    scanf("%d", &num0);

    printf("Input No.2: ");
    scanf("%d", &*num1);num0 = 100;    //&*num1と書くところを、&*を削除しnum1と書いてよい

    a[0] = 10;  a[1] = 20;  a[2] = 30;
    return (0);
}

int main()
{
    int n1=0, n2=0;
    int DD[3] = { 1,2,3 };
    printf("[%3d][%3d]-%3d-%3d-%3d\n", n1, n2, DD[0], DD[1], DD[2]);
    func(n1, &n2, DD);
```

352

13-3 scanf()や関数の利用を振り返る

```
        printf("[%3d][%3d]-%3d-%3d-%3d¥n", n1, n2, DD[0], DD[1], DD[2]);
        return(0);
    }
```

実行結果

```
[  0][  0]-  1-  2-  3
Input No.1: 100
Input No.2: 100
[  0][100]- 10- 20- 30
```

13.3.1 アドレス演算子「&」と間接演算子「*」

　変数n1を関数の引数num0で受け渡す処理は、10章の関数のところでも説明した「値を変更しない変数の受け渡しの方法」です。そのため、関数func()の中でscanf()をしてnum0に値を代入していますが、それはmain()の中の変数n1には影響を与えていません。関数の中に書かれたnum0に対するscanf()の記述は、これまでに馴染んできたscanf()の記述です。本章で学んでいる「**&：アドレス演算子**」を理解すると、scanf()で値を代入するときに変数名の前に&をつけてきた記述は、「**scanf()で読み取った値を、"&変数"で表した変数のアドレスの場所に代入しなさい**」という意味であるという説明ができるようになりました。

> ＊intの値を覚えるのはint型変数であるように、アドレスの情報を覚える変数を**ポインタ変数**と呼びます。
> 　int型変数AAのメモリ上のアドレスを記憶させるときには、int型変数のポインタ変数に値を記憶させることができます。

　色枠囲みで示した変数n2と関数の引数num1の受け渡しは、「呼び出された関数の中で引数で与えた変数の値を変更し、それが呼び出した関数でも変更が有効になっている変数の受け渡し方法」です。このとき、関数に渡す引数の記述に&n2、関数で受け取るときに*num1と記述してきました。このときのint *num1のように宣言したものは、「**int型の変数の場所を記憶するポインタ変数＊ num1を定義しなさい**」という意味の宣言になります。さらに、この&n2の記述は「**n2のアドレスを関数に渡してください**」となり、*num1の記述は「**間接演算子 * を使って、アドレスで受け取ったnum1の場所に記憶されている値を扱いなさい**」となります。

　プログラム内のコメントで紹介したように、ある変数に対して、アドレス演算子と間接演算子を連続で記述する場合、「ある変数のアドレスを求め、そのアドレスの値を扱いなさい」という回りくどい表現を意味し、それは単に「その変数を扱いなさい」という意味と同じになります。そのため、&*や*&と連続して出てきた場合は、「&と*をまとめて削除してもよい」という規則になることも覚えておくとよいでしょう。

13.3.2 配列の場合の関数受け渡し

　網かけで示した記述は、配列の場合の関数受け渡しの復習です。配列の場合、関数を呼び出すときの引数では、配列の名前だけ（DD）を記載しています。配列の添え字を除いた名前だけを記載したときには、配列の先頭アドレスを指し示します。そし

353

第**13**章　アドレスとポインタを活用し中級プログラミングに挑戦

て、呼び出された関数の引数では配列宣言で記載すれば、渡された配列の先頭アドレスから、指定した要素数の配列として関数の中で利用することができるようになります。そのため、アドレス演算子や間接演算子を使わなくても、関数の中で配列の値を変更しても、配列のアドレスを受け渡しているので、呼び出した関数でも関数内で変更した値が共有されることになります。

13.4 基本的なポインタの使用例

　ここまでで、アドレス演算子、関節演算子、ポインタ変数の3つの概念をサンプルプログラムで見てきました。それはあくまで記述確認でしかなく、これらを使って何をするのかが見えないサンプルでした。

　そこで、本節ではポインタを活用して小規模ながらも意味ある動作に繋がるサンプルを紹介します。

List 13-4
アドレスを入れ替える

```
#include <stdio.h>

int main()
{
    int AA, BB;
    int *tmp;
    int *adr1 = &AA; ········❶
    int *adr2; ··············❷
    adr2 = &BB; ·············❸

    AA = 3; BB = 5;
    printf("1:%3d[%p]-%3d[%p]\n", AA, &AA, BB, &BB);
    printf("2:%3d[%p]-%3d[%p]\n", *adr1, adr1, *adr2, adr2); ········Ⓐ
    tmp = adr2; ·············❹
    adr2 = adr1; ············❺
    adr1 = tmp; ·············❻
    printf("3:%3d[%p]-%3d[%p]\n", AA, &AA, BB, &BB);
    printf("4:%3d[%p]-%3d[%p]\n", *adr1, adr1, *adr2, adr2); ········Ⓑ
    return(0);
}
```

実行結果
（64ビットの場合。
32ビットの場合は今回省略）

```
1:   3[000000723C2FF714]-   5[000000723C2FF734]
2:   3[000000723C2FF714]-   5[000000723C2FF734]
3:   3[000000723C2FF714]-   5[000000723C2FF734]
4:   5[000000723C2FF734]-   3[000000723C2FF714]
```

■ポインタ変数の宣言とアドレスの格納（❶❷❸の記述）

❶❷❸の記述は、ポインタ変数の宣言とアドレスの格納をしています。アドレスを格納するための変数であるint型のポインタ変数adr1とadr2を宣言し、❶では宣言と同時にadr1に変数AAのアドレスを、❸では、❷で宣言したadr2に変数BBのアドレスを格納しています。

なお、ここでは整数型変数のアドレスを格納するため、「int *名前」としてポインタ変数を作成しましたが、実数型変数のアドレスを格納する場合は、「float *名前」や「double *名前」と記述することでfloat型のポインタ変数、double型のポインタ変数を作成することができます。

❷の記述は、整数型のポインタ変数adr2の宣言であり、ポインタ変数「*adr2」という意味ではありません。すなわち、この記述は「int *」までが型を意味し、整数型のポインタ型を表しています。世の中の多くのプログラムがList 13-4と同様の書き方をしていますが、次のように書いても正しく動作します*。

```
int*     adr2;
adr2 = &BB;
```

＊意味を解釈する上では、この「int*」の記述のほうが「intのポインタ型」と読み取りやすいように筆者は思います。記述の自由度もC言語の特徴ですので、好みと共同作業者の慣例に合わせて、柔軟に対応しましょう。

■ポインタの入れ替え（❹❺❻の記述）

❹❺❻の記述は、ポインタの入れ替えを行っています。ⒶとⒷの表示処理はまったく同じですが、間に❹❺❻の処理が入ることで、adr1とadr2のポインタの入れ替えを行っています。下図のようなデータの並び順を入れ替えたい場合に、いままではデータそのものをコピーして移し替える方式A（次ページ図）を行ってきましたが、ポインタを利用すれば、巨大なデータであってもそのデータを移し替えることはせずに、データがどこにあるのかというポインタの情報を使い、データ参照の順番だけを入れ替える方式B（次ページ図）のような入れ替えが可能になります。

下の図は、3つのデータが左から順にメモリ内に並んで配置されている状態を意味し、いまdata1とdata2の順序を入れ替えることを考えます。

Fig. 13-6
3つのデータが順に配置

いままでプログラムで扱ってきたdata1とdata2を入れ替える方法では、次の方式Aのように、色矢印の番号順に値そのものをコピーすることでデータの入れ替えを行ってきました。

第13章　アドレスとポインタを活用し中級プログラミングに挑戦

Fig. 13-7
【方式A】値そのものを入れ替える

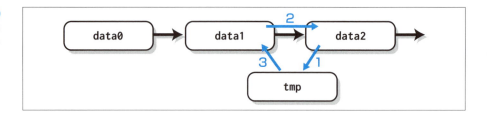

上記の方式Aとは異なり、次の方式B は**アドレスの入れ替えでデータの並びを変える方法**です。データそのものは移動せず、「次のデータはどこにあるのか」という情報を下図のように書き換えると、順序を入れ替えたように見せかけることができます。

Fig. 13-8
【方式B】アドレスの入れ替えでデータの並びを変える

巨大データになるほど、方式Aのようにデータそのものをコピーして並び替えるには膨大な処理が必要になりますが、方式Bのように次のデータがどこにあるのかという場所情報を変更するだけであれば、高速に処理を行うことができます。今後は、状況に応じて使い分けてプログラム設計することを心がけましょう。

More Information

巨大データの並び替え

　プログラミングの入門書、アルゴリズムの学習などでは並び替え（ソート）問題を必ず取り扱います。なぜこれだけ取り上げられているのでしょうか。
　現代は、コンピュータシステムで扱うデータが巨大なものになっています（ビッグデータといいます）。以下は総務省の平成24年度情報通信白書からの引用ですが、この文章からも昨今取り扱うデータが巨大であることがわかります。

> まず、その量的側面については（何を「ビッグ」とするか）、「ビッグデータは、典型的なデータベースソフトウェアが把握し、蓄積し、運用し、分析できる能力を超えたサイズのデータを指す。この定義は、意図的に主観的な定義であり、ビッグデータとされるためにどの程度大きいデータベースである必要があるかについて流動的な定義に立脚している。（…中略…）ビッグデータは、多くの部門において、数

十テラバイトから数ペタバイト（a fewdozen terabytes to multiple petabytes）の範囲に及ぶだろう。」との見方がある。ただし、ビッグデータについては、後に述べるように、目的面から量的側面を考えるべき点について、留意する必要がある。

つまり、昨今ではこのような数ペタバイトにもおよぶ巨大なデータをプログラムで扱う必要があるのです。データ集計においては、まず並び替えを行い、その後必要なデータを探し出すのが効率的です。しかし、リアルタイムに増減するデータであれば、データの追加や削除は同時に膨大な数で行われています。そのたびに並び替えを行うことはできませんし、1日分を夜中に並び替えて、翌日整理したデータを使えるようにしたい…と考えても、巨大なデータでは並び替えの中でデータコピーを行うと一晩で処理が終わらないほど時間がかかることがしばしば起こります。

そんなときには、データ移動時間を節約するために、「データの位置は変更せず、並び順だけを変更する」のが効率的で実際に多くのデータベースを使うときにも採用されています。

しかし、この方法にもデメリットがあります。何度も処理を繰り返すとデータを順にたどる道筋が複雑になり、処理効率が悪くなるのです。そこで、普段はデータの場所を動かさない「データの場所情報だけで並び替え」を実施し、長時間のデータ整理メンテナンスができるタイミングでは「データそのものを入れ替える並び替え」を行いきれいに順番どおりデータを配置する、という2種類の並び替えを切り替えて使うデータベースシステムの運用が行われています。

13.5 構造体とポインタの共演

構造体とポインタを活用するときには、**アロー演算子**「**->**」という特別な演算子を活用します。構造体に対するポインタの扱いを理解するために、次のサンプルプログラムを実行してみましょう。

List 13-5
構造体とポインタ

```c
#include <stdio.h>


struct Dtype
{
    int     ID;
```

第**13**章　アドレスとポインタを活用し中級プログラミングに挑戦

```c
    double  dnum[2];
};
int main()
{
    struct Dtype data[3] =
    {
        {1001, {1.1, 2.2}},
        {1002, {3.3, 4.4}},
        {1003, {5.5, 6.6}}
    };
    struct Dtype* SP;                               ❶

    SP = data;                                      ❷
    printf("A:%d¥n", SP->ID);                       ❸
    printf("%f-%f¥n¥n", SP->dnum[0], SP->dnum[1]);  ❹

    SP = SP + 1;                                    ❺
    printf("B:%d¥n", SP->ID);
    printf("%f-%f¥n¥n", SP->dnum[0], SP->dnum[1]);

    SP = SP + 1;
    printf("C:%d¥n", SP->ID);
    printf("%f-%f¥n¥n", SP->dnum[0], SP->dnum[1]);

    return (0);
}
```

実行結果
```
A:1001

1.100000-2.200000

B:1002
3.300000-4.400000

C:1003
5.500000-6.600000
```

　先頭からの構造体定義とmain()に入っての構造体配列dataの宣言までは、12章の構造体で解説した内容ですので、本節では省略します。

　❶の記述は、構造体Dtype型のポインタ変数SPの定義です。このSPという変数により、構造体配列を記憶しているアドレスを記憶して管理しようとしています。

　❷の記述は、dataの先頭アドレスをSPに代入する処理です。これでSPの場所にある内容を参照することで、構造体配列の中身の参照ができるようになります。

■ アロー演算子を利用した参照（❸❹の記述）

　❸と❹の記述にある「**->**」の2文字は、2つあわせて**アロー演算子**という記述です。ポインタで示したアドレス情報の先にある構造体メンバーを参照するときに利用する演算子です。構造体そのものに対して構造体メンバーを参照するときには、data[0].

358

IDのようにピリオドを利用しましたが、ポインタで示した構造体のアドレスに対しThe
てはアロー演算子を利用して参照します。

構造体型のポインタ変数の操作（❺の記述）

❺の記述は、構造体Dtype型のポインタ変数に1を加えるという処理です。これは
単純にアドレスを1バイト進めるのではなく、**構造体Dtype型1つ分のメモリを先に
進める**という効果があります。そのため❺の処理前は、SPはdata配列の先頭＝
data[0]の先頭のアドレスを記憶していましたが、1を加えることで構造体1つ分先
の場所＝data[1]の先頭アドレスとして取り扱えるようになります。そのため、以降
の処理で2つ目、3つ目の値を表示することができるようになります。

このサンプルプログラムのように、構造体型のポインタ変数を活用することで、こ
れまでとは異なり1つ先、1つ前のように構造体配列を取り扱うことができるように
なります。

13.6 ▶ メモリの動的確保と利用

ここまでに学んできたプログラミング技法では実現できないプログラムがありま
す。それは、「取り扱うデータの数が何個であるか、プログラム作成段階では決定し
ていないが、メモリ上にデータを記憶しておきたい」というニーズに応えるプログラ
ムの作成です。C言語の配列は、あらかじめプログラム作成段階で要素数を決めてい
なければなりません。それならば、「1000個程度使うから、十分な余裕をもって
9999個の配列にしておく」これも解法のひとつではありますが、メモリを無駄に利
用する可能性があり、そのプログラムを動かしているとほかのプログラム動作が遅く
なる……といったことが起きることもあり、好ましい解法とはいえません。

「利用するとき、利用するだけメモリを使う」というプログラムのほうが、メモリ
利用効率が上がり好ましい解法といえます。そのためには、「**プログラム動作中に記
憶するメモリの場所を確保して利用し、利用が終わったらそのメモリを解放する**」と
いうことができることが理想です。

そのための記述を次のサンプルプログラムを実行して学びましょう。

List 13-6
メモリの動的確保

```
#include <stdio.h>
#include <stdlib.h>


int main()
```

359

第13章 アドレスとポインタを活用し中級プログラミングに挑戦

```
{
    int n, i;
    int *data;

    printf("整数データを何個扱いますか？:");
    scanf("%d", &n);
    data = malloc(sizeof(int)*n);  ·············································· ❶
    if (data == NULL)
    {
        fprintf(stderr, "メモリ不足¥n"); return (1);   ❷
    }

    printf("メモリ確保完了¥nデータ入力してください¥n");
    for (i = 0; i < n; i++)
    {
        printf("data[%d]:", i); scanf("%d", &data[i]);  ········ ❸
    }

    printf("入力完了¥nデータ確認¥n");
    for (i = 0; i < n; i++)
    {
        printf("[%d]¥n", data[i]);
    }

    printf("確認完了¥nデータ保存用メモリ解放¥n");
    free(data);  ·································································· ❹

return(0);
}
```

実行結果

```
整数データを何個扱いますか？:3
メモリ確保完了
データ入力してください
data[0]:1
data[1]:2
data[2]:3
入力完了
データ確認
[1]
[2]
[3]
確認完了
データ保存用メモリ解放
```

　このプログラムは、最初に数を入力します。入力された数に応じて、整数を記憶できる場所を確保します。もし、指定した数だけ記憶できる場所が確保できない場合には、プログラムを終了します。確保できた場合には、繰り返し処理で確保した場所に値を入力して記憶させ、その後記憶した値をすべて表示させます。

■ メモリを動的に確保する（❶の記述）

　❶の記述は、**malloc()** という関数を利用して、**メモリの動的確保** という処理を行っています。malloc()関数は、stdlib.hをインクルードすることで利用できます。

13-6 メモリの動的確保と利用

> **ポインタ変数 = malloc(サイズ[バイト])**

という記述方法で、バイト単位で指定したサイズをメモリ上に確保し、その先頭アドレスをポインタ変数に代入して利用する関数です。

ここでは、dataはint型のポインタ変数として定義されていますが、「int *data」の段階では、実際に値を記憶する場所は用意されていません。記憶する場所を指し示す情報を確保するための場所として、dataが定義されています。

また、このとき **sizeof(型名)** という関数も利用しています。このsizeof()の関数は引数で指定した型のメモリサイズを求めることができる関数です。いま利用しているVisual Studioのintが4バイトであるならば、sizeof(int)と記載すれば、4という値を取得できる関数です。このことから、❶の記述は、

```
data = malloc(4*n);
```

と記載しても、intをn個記憶する場所を作ることができます。でも、プログラムを別な開発環境で利用するとき、そこでintが4バイトではなく8バイトになったとしても同じプログラムが利用できるようにするために※、❶のような記述をしています。これにより、intの大きさが違うシステムにも使える汎用性の高いプログラムを記述することができます。

※C言語の仕様では、intが4バイト以上としか定められていません。

■ メモリが確保できなかった場合の処理（❷の記述）

❷の記述は、❶のmalloc()の処理でメモリが確保できなかった場合の処理を記述しています。メモリ上に空きがない場合など、mallocでデータを保存する場所が確保できないこともあります。malloc()関数の定義では、メモリ上に連続した領域で指定した大きさが確保できない場合、dataにNULLが入ると定められています。そこで❷では、メモリ確保できなかった場合にエラーとして処理を終了させています。

■ malloc()によるメモリ領域の利用方法（❸の記述）

❸の記述のように、malloc()で確保されたメモリ領域は、配列と同様に記述して利用することができます。正確には、malloc()を使うと、1次元配列と同じように、**n個の情報が連続したメモリ領域に確保**されます。そのため、値の参照には**配列と同じ記述方法が利用**できます。すなわち、intが4バイトの開発環境において、「data = malloc(4*5);」として作成された「int *data」は、「int data[5];」として定義した配列と同じように利用できるのです。

361

第13章 アドレスとポインタを活用し中級プログラミングに挑戦

■使用済みのメモリの解放を行う処理（❹の記述）

　❹の記述は、使用済みメモリの解放を行う処理です。free()を使うと、指定したアドレスから先の「ひと固まり」のメモリを解放し、未使用状態にして他の処理や他のプログラムが利用できるようにします。プログラムが終了すると、プログラム内で使われた変数などはすべてfree()されたように、他のプログラムで利用できるようになります。今回は、プログラムの最後でfree()しているので実質的効果はありません。しかし、この後いろいろな処理を追加していくときには、「ひとつのプログラム内で使い終わったメモリを解放して、別な用途で再利用できるようにする」という大切な役目を持ちます。

　今回は、1回のmalloc()で「ひと固まり」の配列分のメモリを確保しているため、free()の処理でも同じ「ひと固まり」のメモリを解放できています。もし、整数1つ分ずつをN回に分けてmalloc()して確保した場合などでは、free()もN回実施することが必要になります。中級プログラマでも、このfree()を適切な数で必要十分なメモリを管理していくことは難題です。簡単な利用から少しずつ考えて応用して経験を積み上げていきましょう。

必要なときに必要だけ記憶する場所を作って管理する

　現在のプログラミング環境は、コンピュータの高性能化に伴い、大きく変わりました。しかし、それ以上に、扱うデータのサイズも超巨大になっています。いくらメモリが大きくなったとはいえ、すべてのデータをメモリ上に常に読みこんで処理することはできません。

　そこで、メモリには頻繁に利用する必要最低限のデータを読み込み、常にデータを入れ替えながら利用することになります。本節で紹介したメモリの動的確保（実行しながら記憶する領域を確保すること）と領域解放を繰り返せば、限られたメモリ資源を有効活用できます。

　特にVisual Studioで標準的にプログラムを作成する場合、静的に領域確保（これまでに学んだ方法で変数や配列や構造体を利用すること）ができる量には制限があります。プロジェクトの設定でスタック領域等を増やせば解決できますが＊、処理速度は落ちます。不必要な領域の確保を減らし、一時的に利用するものは動的に確保するようにしていきましょう。

　より高度なプログラミング技術を身につけるための訓練としても、この考え方は非常に有効です。次のステップに向けて、本書の学習後にも心がけましょう。

＊スタック領域の管理は、入門者の学習範囲を超えるので、本書では取り扱いません。中上級者に向けて興味があれば、開発環境ごとに扱いが異なる要素も含むので、たとえば「Visual Stidio C言語 スタック領域 変更」とすると関連資料にたどり着けます。

理解度チェック！

次の質問に答えてください。

Q1 numのアドレスを参照するには、どのように記述しますか？

Q2 numのアドレス情報を保存するint型ポインタ変数ptrの変数宣言は、どのように記述しますか？

Q3 上記ptrにint data[20]の先頭アドレスを代入するには、どのように記述しますか？

Q4 ポインタの指し示す値を取り出す間接演算子の記述は？

Q5 構造体ポインタstptrが示す場所に保存されている構造体メンバIDの値を参照するには、どのように記述しますか？

Q6 動的にint型4個分のメモリを確保し、先頭アドレスをptr2に代入するには、どのように記述しますか？

Q7 ptr2の示すひとまとまりのメモリ領域を解放するには、どのように記述しますか？

解答： **Q1** &num　**Q2** int *ptr;　**Q3** ptr = data;　**Q4** *　**Q5** stptr->ID
Q6 ptr2 = malloc(sizeof(int)*4); または、Visual Studio2021等では ptr2 = malloc(4*4);　**Q7** free(ptr2);

第13章 アドレスとポインタを活用し中級プログラミングに挑戦

まとめ

● アドレスとポインタの活用
- コンピュータで情報を記憶するメモリで、変数がどこに記憶されているかという情報を、変数のアドレスと呼ぶ。
- アドレスを記憶するための変数をポインタ変数と呼ぶ。
- 変数の前につけてその変数のアドレス情報を取り出す演算子を「アドレス演算子」と呼び「&」を利用する。
- ポインタ変数のようなアドレス情報に対して、そのアドレスに記憶されている値を取り出す演算子を「間接演算子」と呼び「*」を利用する。
- 構造体のポインタ変数に対して、構造体メンバを参照する演算子を「アロー演算子」とよび「->」を利用する。

● メモリの動的確保

　13-6節で示したサンプルプログラムは、ポインタの活用と実用的な中級プログラムに向けての重要な例示です。動作をしっかり理解しましょう。そのために、まずは覚えるまで繰り返し動作させてみましょう。そのうえで、int型ではなく、構造体に対して動的確保ができるように拡張することに挑戦してください。

　皆さんのプログラミングスキルが、初級を超えるレベルに到達します。

練習問題 13

Lesson 13-1　ポインタの理解

以下のプログラムを64ビットでビルドして実行し、問いに答えなさい。

```
#include <stdio.h>

int main()
{
    int aa = 0, bb = 1, cc = 2;
    int dd[4] = { 10,20,30,40 };
    double ee[2] = { 0.1, 0.2 };
    int *pt;
    int loop;

    printf("\n--Point A--\n");
```

```
    printf("[%d][%p]\n", aa, &aa);
    printf("[%d][%p]\n", bb, &bb);
    printf("[%d][%p]\n", cc, &cc);

    printf("\n--Point B--\n");
    for (loop = 0; loop < 4; loop++)
    {
        printf("[%d][%p]\n", dd[loop], &dd[loop]);
    }
    printf("\n--Point C--\n");
    for (loop = 0; loop < 2; loop++)
    {
        printf("[%f][%p]\n", ee[loop], &ee[loop]);
    }
    printf("\n--Point D--\n");
    printf("[%4d][%p]\n", dd[0], &dd[0]);
    printf("[%4d][%p]\n", dd[1], &dd[1]);

    pt = &dd[0];············❶
    *pt = *pt + 100;········❷
    pt++;···················❸
    *pt = *pt + 1000;·······❹

    printf("\n--Point E--\n");
    printf("[%4d][%p]\n", dd[0], &dd[0]);
    printf("[%4d][%p]\n", dd[1], &dd[1]);
    return (0);
}
```

設問1

Point Aで各行に2つ数が表示されているが、右側の数が何を意味するか答えなさい。

設問2

Point B、Point Cで、各行の右側の数は規則的に増加している。この増加から何がわかるか、空欄を埋めて文章を完成させなさい。

intが [　　　] バイト、[　　　　　　] が [　　　] バイトでこの処理系は定義されており、配列の要素は連続したメモリ空間に配置されていることがわかる。

設問3

Point D、Point Eの結果から、❶～❹の処理がそれぞれ何を行っているか答えなさい。

❶ 配列ddの0番目の [　　　　　　] をポインタ変数 [　　] に代入している
❷ [　　　　　　　] に100を加算している
❸ [　　　　　　　]
❹ [　　　　　　　] に1000を加算している

365

第**13**章 アドレスとポインタを活用し中級プログラミングに挑戦

Lesson
13-2

【応用問題】ポインタのより深い理解

次のデータを1つの構造体で管理する。

- 製品名（アルファベット、1単語80文字未満）
- 製造コスト（整数）
- 販売価格（整数）

こうしたデータを管理するため、製品20個分管理する構造体配列を利用することにした。この構造体配列の入力処理、出力処理をそれぞれ関数化してプログラムを作成し、それらの動作確認を行うmain( )関数も作成しなさい。

なお、各関数は構造体配列を引数で受け渡すものとする。

第2部 アルゴリズムを組み立てる

第14章

プログラミングの道はまだまだ続く
―その他の記述方法―

　いよいよ本書も最後の章になりました。ここまでの章では、C言語のさまざまなプログラミング技法を学んできましたが、まだまだ技術を磨いていかなくては、自在にプログラミングをすることはできません。しかし、ここまでのことをマスターしてきたならば、「プログラムを作ることはどんなことなのか？」というイメージができたと思います。

この章で学ぶこと
- ▶ ここまでに紹介しなかった「実際使えるプログラミング技法」
- ▶ プログラミング技術をさらに高めるため、これからどのようなことを学んでいけばよいのか

第**14**章 プログラミングの道はまだまだ続く —その他の記述方法

14.1 ここまでに紹介しなかった 「実際に使えるプログラミング技法」

ここまでの章では、基本的で不可欠なプログラミング技法を学んできました。しかし、実際に優れた機能のプログラムを作るには、これらの技法を少し応用して利用する必要があります。本節では、このような**実際に使えるプログラミング技法**をいくつか紹介します。

14.1.1 何度も記述する定数をあらかじめ定義しておく

次第にプログラムの規模が大きくなるにつれて、関数の受け渡しや繰り返し処理などで何度も同じ数値を記述することが増えてきます。プログラムを書いたらもう変更しないというときには、これまでのような記述方法でもよいのですが、配列の大きさをあとで増やしたり減らしたりするときにはこれらの数すべてを書き換えることは大変な作業です。

そこで、変数名のようにして、あらかじめ名前をつけて数値や文字列を定義しておくという記述方法があります。以下のList 14-1の囲み部分のようにして記述したものは（「100」という数値を「max」という名前で定義）、変数とは異なりコンパイル時にすべて数値に置き換えられます。実行プログラムにとってはすべての箇所に数値を記述してあるのとまったく同じに扱われます。

List 14-1
定数の定義

```
#include <stdio.h>

#define     max     100

int function1(int array[max])
{
    return(0);
}

int function2max(int array[max])
{
    return(0);
}


int main()
{
```

「100」として処理される

定数の定義

このあとに出てくるmaxという文字列をすべて数値の「100」と書いてあるものとして扱うことを意味しています。そのため網かけ部分のmaxはすべて100として処理されます。
これは、変数とよく似ていますが、いったん#defineしたあとは、変数のように別の値を記憶させることはできないことに注意してください。

＊function2maxのような、文字列の一部としてmaxを入れているものは、この記述の影響を受けません。

14-1 ここまでに紹介しなかった「実際に使えるプログラミング技法」

```
int array[max];
int loop;
```

「100」として処理される

```
    for (loop = 0; loop < max; loop++)
    {
        array[loop] = 0;
    }

    function1(array);
    function2max(array);

    return(0);
}
```

14.1.2 定義に名前をつける

　12章では、構造体の使い方を学びました。構造体の定義のときも、構造体の変数宣言のときも、加えてそれを関数の引数に渡すときも、繰り返し何度も「struct 構造体名 構造体変数名」という記述を行う必要がありました。今までの変数宣言が「型名 変数名」と2単語であったのに、構造体だけ3単語書くので他と違うな……と違和感を覚えたかもしれません。しかし、2単語で記述する方法があり、多くのプログラムでその書き方が採用されています。

　考え方はdefineと似ています。defineは定数を定義するのに使いますが、本項で学ぶtypedefは型名を定義することができます。難しい理屈はここまでにして、次のサンプルプログラムを実行し、使い方を確認しましょう。

List 14-2
typedefで型名を定義する

```
#include <stdio.h>
#define DATANUM 3
```
データ数定義

```
typedef struct Dtype
{
    int      id;
    double   score;
}DTYPE;
```
❶ この構造体の定義をDTYPEという名前で定義

```
int printALL(DTYPE data[]) {
```
❷

```
    int loop;
    for (loop = 0; loop < DATANUM; loop++)
    {
        printf("%3d: ID[%6d] Score[%f]\n", loop+1, data[loop].id, data[loop].score);
```

369

第**14**章 プログラミングの道はまだまだ続く —その他の記述方法

```
    }
    return (0);
}

int main()
{
    DTYPE data[DATANUM];      ❸
    int Dnum = 0;

    data[0].id = 1001;
    data[0].score = 77.5;
    data[1].id = 1002;
    data[1].score = 88.5;
    data[2].id = 1003;
    data[2].score = 99.5;

    printALL(data);
    return (0);
}
```

❶の記述は、構造体の定義の記述です。いままでの構造体定義の記述の前に
typedefがつき、末尾にDTYPEという記述が追加されました。このDTYPEはこの構造
体定義に対して、開発者がつけた名前なのでどんな文字列でもかまいません。

この記述を一度行うことで、それ以降の記述で、❷や❸のように、

```
    struct Dtype
```

と書くところを

```
    DTYPE
```

と書くことができます。これですっきりとした記述になります。

MEMO

defineやtypedefでつける名前は自由な文字列で決められますが、変数などと区別する
ため全部大文字にしたり、先頭を大文字にするなど規則的につけていることが多いです。
それにより、あとで見返すときのわかりやすさにもつながります。組織の慣例ルールがあ
る場合もあるので、仕事でプログラミングするときには過去のプログラム資産に気をつけ
て理解しましょう。

370

14-1 ここまでに紹介しなかった「実際に使えるプログラミング技法」

14.1.3 ファイルの名前を与えて読み込む・書き出す

これまでファイルからデータを読み込むときや、ファイルにデータを書き出すときにはあらかじめ決めておいたファイル名を利用してきました。しかし、実際にファイルを保存したり読み込んだりするときには、プログラム実行時にファイル名を入力できたほうが便利ですね。そこでここでは、ファイル名を与えて書き出すプログラム技法を紹介します。

List 14-3
filename を指定した
ファイル書き出し
プログラム

```c
#include <stdio.h>
#include <string.h>

int main()
{
    char    FILENAME[20];
    FILE    *FP;

    /* ファイル名の入力 */
    printf("File名を入力してください¥n");
    gets_s(FILENAME, 19);
    printf("FILE : [%s]に書き込みます¥n",FILENAME);

    /* ファイルの書き込みモードでのオープン */
    if ( (FP = fopen(FILENAME,"w")) == NULL )
    {
        printf("Can't Open file : %s¥n",FILENAME);
        return(1);
    }

    /* ファイルへの書き込み */
    fprintf(FP,"書き込みテスト¥n");

    /* file close */
    fclose(FP);

    return(0);
}
```

どうですか？ 特に目新しい記述方法はありませんね。使っているのは、「文字列の操作」と「ファイルの操作」のふたつの技法です。ただし、枠囲みのところには注意してください。これまで、ファイル名をソースプログラムで指定しておくときには、ここを次のように記述していました。

371

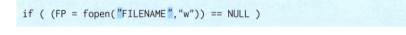

```
if ( (FP = fopen("FILENAME","w")) == NULL )
```

そう、いままでは、「"」で囲ってファイル名を与えていました。しかし、サンプルプログラムのように、**文字配列でファイル名を与えるときには、「"」で囲まずに、文字配列名を記述すればよい**のです。

この記述方法は、さまざまな応用場面が考えられます。これから先のプログラム作成にぜひ役立ててください。

14.1.4 何行書いてあるかわからないファイルを全部読み込みたい

これまでファイルからデータを読み込むときには、あらかじめ何行のデータがあるのかということがわかっていることが前提でした。しかし、実際にファイルを読み込むときには、何行ファイルに書かれているかなんてわからないときのほうが多いですね。

そこで、こんなときのために、「**何行書いてあるかわからないファイルのデータを全部読み込むプログラミング技法**」を紹介します。

List 14-4 何行書いてあるかわからないファイルを全部読み込むプログラム

```
#include <stdio.h>
#include <string.h>

int init_array(char readline[100])
{
    int     loop1;
    for (loop1 = 0; loop1 < 100; loop1++)
        readline[loop1] = '\0';
    return(0);
}

int main()
{
    char    readline[100];
    FILE    *FP;

    /* 読み込みファイルのオープン */
    if ( (FP = fopen("read.txt","r")) == NULL )
    {
        printf("Can't Open file: read.txt\n");
        return(1);
```

14-2　デバッグに役立つ小技！

```
    }

    do
    {
        init_array(readline);
        fgets(readline, 99, FP);
        printf("%s", readline);
    }while(readline[0] != '¥0');

    fclose(FP);
    return(0);
}
```

　このサンプルプログラムも目新しい記述はありません。枠囲いした箇所を見てください。ファイルを読み込むときに、

ファイルの最後まできたときには、

fgets(readline, 99, FP) では **readline[0]** に **'¥0'** が代入される

ということを利用し、繰り返し処理を使ってこのように記述することができるのです。

　このプログラミング技法を利用すれば、データをどんどん追加できるアドレス帳などを作ることができます。さまざまな応用場面を見つけ、活用してみてください。

14.2　デバッグに役立つ小技！

　プログラミングを行っていくと、一番面倒で時間がかかる作業は、プログラムの誤りを見つけて修正する作業だと感じられると思います。プログラムの誤りを見つけて修正する作業のことを**デバッグ**（debug）といいます。

　面倒な作業ですが、大きなプログラムを作っていくときにはデバッグ作業から解放されることはありません。また、より高いプログラミング技術を身につけていくにはより多くのデバッグの知識も必要とされます。すなわち、**デバッグの上級者になることは、プログラミングの上級者につながる！** といえるでしょう。

　そこで、この節ではデバッグ作業の基本的、かつ有効な方法を紹介します。しかし、**万能なデバッグ方法はありません**。状況に応じた柔軟な対応が必要であることを念頭において、基本的な方法をマスターしてください。

　デバッグをするには、まず「エラー箇所を見つける」ことが第一です。本節では、

373

第**14**章 プログラミングの道はまだまだ続く —その他の記述方法

エラー箇所を見つけるための小技をいくつか紹介していきます。

14.2.1 コンパイラのエラーがどこを指すのかを特定する小技

デバッグをはじめるには、まずエラーがどこにあるのかを見つける必要があります。しかし、プログラミング初心者にとってコンパイラのエラーメッセージは非常にわかりにくいものです。たとえば、次のプログラムの11行目にエラーがあることはわかっても、どの部分を直せばよいのか見つけるには経験が必要です。

List 14-5
エラー箇所を探す

```c
#include <stdio.h>
#include <string.h>

int main()
{
    int     num;
    char    s1[50], s2[50];

    num = 68;
    strcpy(s1, "Yes Boss");
    strcat(s2, strcat( (char)num, s1) );

    return(0);
}
```

【Visual Studio でのエラーメッセージ】

(11)error C2664: 'strcat' : 1番目の引数を 'char' から 'char *' に変換できません。整数型からポインタ型への変換には reinterpret_cast，C スタイルキャストまたは関数スタイルキャストが必要です。

【gcc でのエラーメッセージ】

11: warning: passing arg 1 of `strcat' makes pointer from integer without a cast

このエラーメッセージからは、「strcat の1番目の引数がおかしい」ということがわかりますが、ソースプログラムには strcat が2箇所ありどちらを指しているのかわかりませんね。

こんなときには、次のようにソースプログラムを書き換えてコンパイルし、エラーメッセージを出しなおせばよいのです。

374

14-2　デバッグに役立つ小技！

List 14-6
ソースプログラムを書き換えてエラーメッセージを出しなおす

```c
#include <stdio.h>
#include <string.h>

int main()
{
    int     num;
    char    s1[50], s2[50];

    num = 68;
    strcpy(s1, "Yes Boss");
    strcat(s2,
        strcat( (char)num,
        s1) );

    return(0);
}
```

→ 行をばらばらに記述する

　どうですか？ こうすると12行目のstrcatの1番目の引数がおかしいというエラーメッセージが表示されたはずです。こうすれば、どの部分がエラーなのかということをはっきり知ることができましたね。

　このように、複雑な1行に関してコンパイラがエラーを出力したときには、その行をばらばらに分けて記述し、再度エラーメッセージを出力させることで場所が一目瞭然になることがあるのです。

14

14.2.2　コンパイルは正常終了し、実行結果がおかしくなるときのエラー箇所を見つける小技

　実行ファイルはできるけれど、実行してみると異常終了したり、結果が目的のものとは違ったりというエラーをデバッグしなければならないときがあります。これは短いプログラムの場合であれば誤り箇所が一目瞭然な場合がありますが、プログラムが長く複雑になるにつれて、「どの部分の処理がエラーを起こしているのか？」を特定することは難しくなります。

　このような場合にエラー箇所を見つける簡単な方法はふたつあります。ひとつは「処理をコメントアウトしてひとつずつ確認していく」という方法です。ある関数がエラーを起こしている可能性が高いと思ったならば、その関数を動かさないように**関数呼び出し部をコメントアウト**すればよいのです（ここで関数定義部はコメントアウトする必要は必ずしもありません）。そうすれば、どの部分の処理がエラーを起こしているのかを知ることができます。しかし、これはプログラムが複雑になるにつれて面倒な作業になる場合があります。

375

第**14**章 プログラミングの道はまだまだ続く —その他の記述方法

＊11.2節でも簡単に紹介しましたね。

そこで、もうひとつ、簡単に同じ効果をあげる方法があります。それは`stdlib.h`をインクルードして、`exit()`という関数を利用する方法です＊。次のサンプルプログラムを実行して`exit()`の使い方を見てみましょう。

List 14-7
関数exit()を利用する

```c
#include <stdio.h>
#include <stdlib.h>

int main()
{
    printf("A");
    printf("B");
    printf("C");

    exit(1);
    printf("D");
    printf("E");
    return(0);
}
```

どうですか？ `exit()`がなければ、「ABCDE」と表示されるプログラムですが、サンプルプログラムでは「ABC」と表示されてプログラムが終了してしまいました。実は、この`exit()`という関数は、呼び出されるとプログラムを終了させるという機能を持っているのです。ここでは`exit()`の関数に「1」を与えていますが、1でなくとも数値であればなんでもかまいません（エラーならば0以外の値とするのが一般的です）。

この`exit()`を、プログラムのさまざまな位置に挿入して、どこまでが正常に動作しているのか調べていくことで簡単にエラー箇所を見つけることができるのです。

14.2.3 エラーの場所がわかったあと、どうする？

エラーの場所がわかっても、C言語の文法的な間違いならすぐにわかるかもしれませんが、実行結果が正しくないときには、どこをどう直してよいのかわからないことがよくあります。

そんなときには、そこで使われている値を`printf()`を使って表示して、値が正しいかを確認していけばよいのです。「なぁんだ、簡単だ」と思うかもしれませんが、実はここに罠があるのです。

実は、現在使われている多くのコンピュータの場合、改行文字を表示しないかぎり、画面には何も表示されないことがあるのです。これを次の例で見てみましょう。

376

14-2　デバッグに役立つ小技！

List 14-8
printf()で値が正しいか
を確認していくときに

```
#include <stdio.h>

int main()
{
    char     a;

    a = 'C';
    printf("A¥n");

    printf("B[%s]",a);
    printf("D¥n");
    return(0);
}
```

　このプログラムを実行すると、「A」とだけ表示されてプログラムが異常終了した人もいると思います。「AB」と表示された人も、それ以外の表示になった人もいるはずです。ここで、プログラムの枠囲みの部分に注目してください。エラーになる根本の原因は、Bを表示したあと、文字型変数aを%sで文字列型として表示しようとしているからです。これならば、プログラムが異常終了するまでには、「AB」という表示が終わっていると考えるのが自然ですが、ここでは「B」は表示されない場合もあるのです*。

＊そのコンピュータの性能、現在行っている処理によって表示されたり、表示されなかったりします。

　実はprintf()が行うような**画面に何かを書き出す処理というのは、コンピュータにとっては非常に遅くて苦手な処理**なのです。そこで、現在の多くのコンピュータでは、表示の処理が間に合わないときに、これから表示していく内容を記憶しておき、先に別な処理をやりつつ記憶している内容を表示していくようにできているのです。

　そのため、もし、表示が間に合わなくなっているときにプログラムでエラーが発生すると、記憶しているはずの「これから表示する内容」が失われてしまう場合があります。そのため、表示結果だけを見てもどこでエラーが起きたのか判断できない場合があるのです。すなわち、ある行のprintf()の結果が表示されないからといって、その「printf()まで」処理が正しく行なわれていないと判断できないことがあるのです。これは、printf()でエラーを探していくときに陥りやすい罠ですので、注意してください*。

＊100％保障できることではないのですが、経験的に最後の改行までは正しく表示されることが多いです（OSやコンパイラなど、いろいろな要因が絡んでくることですが、ここではデバッグの注意点として覚えておいて下さい）。

14

377

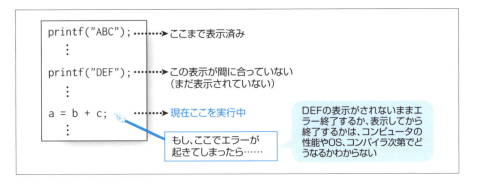

Fig. 14-1
printf()の注意点

かなり難しい話にも触れましたが、基本的にはprintf()でさまざまな変数の値を調べていくことでエラーの個所を見つけていけばよいのです。ただし、printf()は表示が間に合わないことがありえるということに気をつけてください。

14.2.4 便利な道具「デバッガ」を使う

ここまでに紹介した紹介した方法でも、うまく活用すればデバッグ作業は順調に進められますが、もっと便利な道具が用意されていることがあります。それは、デバッガとよばれるデバッグをするために開発されたソフトウェアです。

このようなソフトウェアを使えば、記述したプログラムを1行ずつ実行順に実行しながら、それぞれの変数の値を調べていくこともできますし、どの部分でプログラムが異常終了したのかを正確に知ることもできます。

WindowsでVisual Studioを利用しているのなら、メニューからデバッグの開始と選ぶだけでこのデバッガを利用することができるようになっています。UNIXでgccを使っている場合には、別にデバッガソフトをインストールする必要があります。

プログラミング上級者になるには、このような開発に便利なソフトウェアを使って作業効率をあげていくことも必要になってきます。

14.3 共同作業の第一歩 〜分割コンパイル

プログラミングの学習では、一人でプログラムを作り学びを進めてきました。しかし、実際のシステム開発において、**一人ですべてのプログラムを構築し、システムを作りあげることは極めて稀**な状況です。たとえば、関数の数が1,000にもおよぶ大規模システムの開発を行うときを考えると、とても一人ではできません。しかも、いま行っているように、すべてのプログラムを1つのソースファイルに記述する方法で

14-3　共同作業の第一歩 〜分割コンパイル

は、1,000もの関数を何人ものプログラマが分業して開発するのは困難です。

　そこで、各プログラマーが、それぞれの責任で1つずつのファイルを完成させ、複数のソースファイルを組み合わせてビルド（コンパイル＆リンク）をするようにすれば、共同作業が非常に効率的に進められます。そのとき、原則として「**1関数を1ファイル**」のように管理していけば、過去に構築したプログラムを他のシステム開発に転用することも容易になります。このように共同で開発するために、C言語には、**複数のファイルで1つの実行ファイルを構築する**機能が用意されています。

14.3.1　4つのプログラムのファイルを同じプロジェクトに追加する

　サンプルプログラムを用意しました。次にあげた4つのプログラムは、それぞれ1つのファイルを意味しています。これらの4つのプログラムを、1つのプロジェクト内にファイルを追加して記述し、実行してみてください。

　これまでのサンプルプログラムと異なり、4つのファイルから構成されています。Vosual Studioでは、これらのファイルをすべて同じプロジェクトに追加してください。そのとき、ファイル名も正確に設定するように注意してください。

List 14-9
mydef.h
各種定義ファイル
【ファイル名：mydef.h】

```
【ファイル名：mydef.h】
#include <stdio.h>
#define CLEN 81
#define SCORENUM 3
#define DATANUM 10

typedef struct Dtype
{
    char name[CLEN];
    char address[CLEN];
    int score[SCORENUM];
}DTYPE;
```

List 14-10
main.c メイン
【ファイル名：main.c】

```
【ファイル名：main.c】
#include "mydef.h"

//このファイルで呼び出す関数のプロトタイプ宣言
int printALL(DTYPE data[], int Dnum);
int inputData(DTYPE data[], int* Dnum);

int main()
{
```

379

第14章 プログラミングの道はまだまだ続く —その他の記述方法

```c
    DTYPE data[DATANUM];
    int Dnum = 0;
    inputData(data, &Dnum); printALL(data, Dnum);
    printf("\n==Now Dnum=%d\n\n", Dnum);
    inputData(data, &Dnum); printALL(data, Dnum);
    return(0);
}
```

List 14-11
inputData 関数
【ファイル名：
inputData.c】

【ファイル名：inputData.c】
```c
#include "mydef.h"

int inputData(DTYPE data[], int* Dnum)
{
    int loop, addnum, snum;
    printf("何個データを追加しますか?[後%d個まで可能]:", DATANUM - *Dnum);
    scanf("%d", &addnum);

    for (loop = *Dnum; loop < *Dnum + addnum; loop++)
    {
        printf("Name:"); scanf("%s", data[loop].name);
        printf("Address:"); scanf("%s", data[loop].address);
        for (snum = 0; snum < SCORENUM; snum++)
        {
            printf("score[%d]:", snum + 1); scanf("%d", &data[loop].score[snum]);
        }
    }
    *Dnum = *Dnum + addnum;
    return(0);
}
```

List 14-12
printALL 関数
【ファイル名：
printALL.c】

【ファイル名：printALL.c】
```c
#include "mydef.h"

int printALL(DTYPE data[], int Dnum)
{
    int loop, snum;
    for (loop = 0; loop < Dnum; loop++)
    {
        printf("----[%2d]-----\n", loop + 1);
        printf("Name: %s\n", data[loop].name);
        printf("Address: %s\n", data[loop].address);
        for (snum = 0; snum < SCORENUM; snum++)
        {
```

380

14-3 共同作業の第一歩 ～分割コンパイル

```
            printf("score[%d]: %3d¥t", snum + 1, data[loop].score[snum]);
        }
        printf("¥n");
    }
    return 0;
}
```

> **MEMO**
>
> ここまで本書は、returnのあとに引数を記載するときに、他の関数の記述と同じように見て覚えやすいように、括弧をつけてreturn(0)のように記載していました。括弧をつけても正しく動作するのですが、returnの記述の元来の文法定義では括弧をつけません。
>
> 本書では、初学者が覚える規則を少なくするため、括弧つきでreturnの引数を記載してきました。
>
> 上記は本書の最後のサンプルプログラムになりますが、ここでは括弧をつけない記述例を示します。

正しくファイルを4つ保存したVisual Studioの画面例を下記に示します。

色矢印で示した4つのファイルが、画面と同じ関係になるように注意して操作してください。ファイルの並び順は画面どおりである必要はありません。右のソリューションエクスプローラー画面でmydef.hがヘッダーファイルというフォルダーに入っていますが、別な場所でも動作します。管理上は、画面のように「*.h」のファイルはヘッダーファイルのフォルダーにマウスで移動しておくとわかりやすいです。

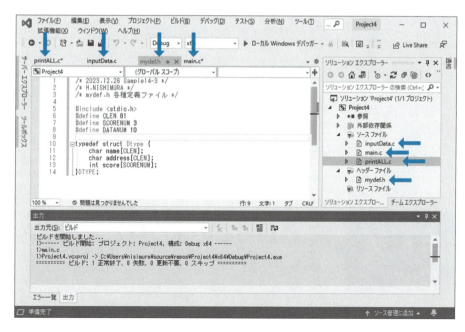

Fig. 14-2
ファイルを4つ保存したVisual Studioの画面例

第**14**章 プログラミングの道はまだまだ続く —その他の記述方法

14.3.2 4つのファイルについて

■ mydef.hはヘッダーファイル

拡張子が「.h」のファイルは、ヘッダーファイルと呼ばれます。このファイルは、拡張子が「.c」の他のC言語ソースファイルの冒頭で、「#include "mydef.h"」という記述*を行い、mydef.hの内容をこのincludeの場所に読み込むという使われ方をしています。

* このように自分で記述したヘッダーファイルは、「"」で囲んでファイル名を指定します。これまでに使ってきた「<>」で囲んだ場合は、開発環境で用意されているヘッダーファイルであることを意味しています。

すべての開発メンバーが共通で利用するincludeの指定、構造体の定義、define定義などは、このようにヘッダーファイルに記述しておきます。そして、ヘッダーファイルは了解なく書き換えできない規則にして事前配布しておけば、プログラム記述の統合ができて効率的な開発が可能です。

■ main.c、inputData.c、printALL.cは関数ごとに記述

これらのファイルは、関数ごとにソースファイルを分けて記述したものです。特別な事情がないときには、このように1関数を1ファイルにまとめておくと、メンテナンス時に探しやすくなります。

他のファイルで定義した関数をmain()の中で呼び出す必要があるため、**関数のプロトタイプ宣言が必要**です。とくに、別ファイルの関数を使用する場合には、プロトタイプ宣言が必須になるので注意してください。

プログラマーとして開発チームでの仕事を経験することはとても大切なことです。そのためには、大規模開発に慣れることが重要です。今後は可能な限り、このようにファイル分割して開発を行いましょう。

MEMO

さらにGitHub（ギットハブ）という開発プラットホームを採用して、大勢のシステム管理や、さらにソフトウェアのバージョン管理を円滑に進めることが多くの開発現場で導入されています。本書の理解のさらに先になりますが、ぜひGitHubについて検索して調べてみることから始めてみましょう。そしてGitHubで公開されているプログラムを活用し、GitHubを使いこなし、いつか皆さんもさまざまな開発に参加していってください。

14.4 これからどのようなことを学んでいけばよいのか？

さて本書の解説もいよいよ最後になりました。そこで本書を終えたあと、さらにどんなことを学んでいけばより高度なプログラミングができるようになるのかを紹介し

ます。

14.4.1 次に学びたいことは

　C言語で自在にプログラミングができるようになるためには、次に挙げる知識が必要になるはずです。

- bit単位の変数操作法を学ぶ。
- テキストファイルだけでなくバイナリファイルの操作法を学ぶ。
- ウィンドウを利用したプログラムの記述方法を学ぶ。

　「bit単位の変数操作法」とは、変数をbit単位で取り扱うことで、コンピュータの中の動きとプログラムの関係を知るのに非常に役に立ちます。これを自由に使いこなせるようになれば、**メモリの無駄のない速いプログラム**を作ることができるようになります。

　「バイナリファイルの操作法」とは、画像ファイルや音声ファイルなどのさまざまなファイルを取り扱うことにつながります。もちろんこれには、上の「bit単位の変数操作法」の知識も必要になります。

　「ウィンドウを利用したプログラム記述法」とは、Windowsの多くのソフトウェアやUNIX上のX-Window system上のソフトウェアのように、マウスで操作ができ、グラフィカルな画面を使って見やすい入出力になっているものを指します。このようなソフトウェアを開発するためには、WindowsならWindows独特の特殊な関数などを覚え、使いこなさなくてはなりません。しかし、Windowsで作ったこのようなプログラムは、X-Window Systemでは動きませんし、ときにはプログラム構成もまったく異なります。まずは、どれかひとつのウィンドウシステムを決めて、そのプログラミング技術の習得を目指すとよいでしょう。すると他のウィンドウシステムでプログラミングするときにも知っている知識とつなぎ合わせて簡単に覚えていけるはずです。

14.4.2 さらにプログラミング技術を高めるために

　さらにこれから先プログラミング技術を高めるためには、どのように学んでいけばよいのでしょうか？　いろいろな問題のプログラミングに挑戦することはもちろん必要ですが、それだけでは不十分です。その他に、

- さまざまな制限の下でプログラムを作る。
- 何人かのグループでひとつの大きなシステムを構築する。

ということを行うとよいでしょう。

　さまざまな制限とは、「コンピュータを知らない人にも使いやすいプログラムを作る」や、「メモリの使用量を1bitでも少なくプログラムを作る」や、「どんな入力をしても（数値を入れるところに文字を入れるなどをしても）異常終了しないプログラムを作る」などを指します。このようなことに挑戦してみることは、プログラミング技術向上だけでなく、発想豊かなプログラミングができるようになることにもつながるはずです。

　そして、14.3節でもその重要性について述べましたが、何人かでひとつの大きなシステムを構築することにも挑戦してください。普段使っているようなアプリケーションは決して一人の力だけで作られるものではありません。大勢のプログラマーが力を合わせてひとつのシステムを作っているのです。このように協力してシステムを作ることは、作業効率を高めるだけでなく、他人の作ったプログラムと協調したプログラムを作ることを学べます。これは「見やすさ」と「機能性」を追及していくには最もよい学び方だと思います。

　そしていつかは、コンピュータに合わせてプログラムを作るのではなく、**自分の発想を自由にプログラムにし**、**コンピュータを道具として**自在に使いこなしてください。

練習問題 14

Lesson 14-1　総合応用問題

　家計簿システムを構築したい。一月ごとに収入と支出をまとめ、「202401.txt」のように年（4桁）＋月（2桁）のファイル名で保存・読み出しができるようにしたい。
　家計簿としての使いやすさを考慮し、自由に設計してシステムを構築しなさい。

Lesson 14-2　最終問題

　これまでに学んできたことを生かして、自由なテーマでシステムを構築しなさい。そのとき、システムの仕様、データ構造、アルゴリズムをプログラム構築前の設計図としてまとめること。

章末練習問題の
解説編

章末練習問題の解説編

解説編にあたり…

「どんな問題のプログラムであっても、答えにたどりつく道筋（アルゴリズム）は無数にある。」

このように聞いても、「どこかに最良の答えがあるのではないか？」と考えてしまうものです。が、現在のコンピュータにおいては、絶対的な最良のアルゴリズムなんて存在しないのです。

「それじゃあ、答えが出ればなんでもいいのか？」というと、そうではありません。「どんな状況で利用するプログラムを作るのか？」によってよいアルゴリズムというのは決められます。たとえば、次のような状況で求められるアルゴリズムはそれぞれ異なります。

- 100万分の1秒でも速く結果がほしい。
- あとで改良できるように、ひとつひとつの仕事のまとまりがわかりやすくなっていてほしい。
- いろいろな人が使うので、操作ミスがあっても、プログラムが異常終了しないでほしい。
- 結果はただ数値で出ればいいので、文字の配置や画面などは一切こだわらない。
- 速いコンピュータでも遅いコンピュータでも、同じ速さで実行できるようにしてほしい。

ここではほんの数例の状況をあげましたが、現在コンピュータに求められている状況は無限にあるといっても過言ではないでしょう。

自在にプログラムを組むことができるということは、さまざまな状況に応じて、よりよいアルゴリズムを考えプログラム化できるということです。ここでは章末の練習問題の解説と解答例を記載しますが、決して最良の方法であるとは限らないということを念頭におき、「こんな状況なら、こうしたほうがよいだろう」と考えながら理解を進めてください。

なお、応用問題については、基本的には解答のためのヒントのみを掲載しています。解答例や解説はありません。これは、「与えられた問題に対して、自分の力だけで試行錯誤しながらプログラムを作り上げることが、本当のプログラミング力を養成する」と考えるからです。ぜひチャレンジして力をつけていってください。

第1章　練習問題の解説

Lesson 1-1

A：曖昧ではない。

B：「大きいものと小さいもの」というのは、比較対象がはっきりしていないので「曖昧」。

C：「おいしい」というのは感性的な基準なので「曖昧」。

D：$a=0$、$b=2$に答えが求められるので、曖昧ではない。

E：$a=2-b$の関係を満たすすべての整数の組み合わせが答えとなり、答えを一意に決めることはできない。

F：aの値について何も定められていないため、bを一意に決めることはできない。

第1章　練習問題の解説

Lesson 1-2

<2×3>
- 2に2を足す
- 4に2を足す

< (4＋2) ×2>
- 4に2を足す
- 6に6を足す

Lesson 1-3

異なる8つの数字を、ここではA、B、C、D、E、F、G、Hとする

<アルゴリズム1>
- AとBを比較し、大きい数値を見つける　　　（結果をN1とする）
- N1とCを比較し、大きい数値を見つける　　　（結果をN1とする）
- N1とDを比較し、大きい数値を見つける　　　（結果をN1とする）
- N1とEを比較し、大きい数値を見つける　　　（結果をN1とする）
- N1とFを比較し、大きい数値を見つける　　　（結果をN1とする）
- N1とGを比較し、大きい数値を見つける　　　（結果をN1とする）
- N1とHを比較し、大きい数値を見つける

<アルゴリズム2>
- AとBを比較し、大きい数値を見つける　　　（結果をN1とする）
- CとDを比較し、大きい数値を見つける　　　（結果をN2とする）
- EとFを比較し、大きい数値を見つける　　　（結果をN3とする）
- GとHを比較し、大きい数値を見つける　　　（結果をN4とする）
- N1とN2を比較し、大きい数値を見つける　　　（結果をN5とする）
- N3とN4を比較し、大きい数値を見つける　　　（結果をN6とする）
- N5とN6を比較し、大きい数値を見つける

この問題では8つの数値で考えましたが、これよりも数が大きい場合と小さい場合で2つのアルゴリズムに違いがでることがあります。どのようになるかを考えてみましょう。また。どのようなときにどちらを使えばよいのかを考えてみましょう。

Lesson 1-4

はじめに置いてあるカードを左から順に、A、B、Cとする。

- AとBを比較し、左に小さい数値のカード、右に大きい数値のカードを置く
- BとCを比較し、左に小さい数値のカード、右に大きい数値のカードを置く
- AとCを比較し、左に小さい数値のカード、右に大きい数値のカードを置く

はじめに「3・1・2」と並んでいるなら、2回の並び替えだけで完了しますが、「3・2・1」の場合などでは3回の並び替えが必要になります。考えられるすべての状態で必ず並び替えが完了する手順を考えること

387

章末練習問題の解説編

が大切です。

第3章 練習問題の解説

Lesson 3-1

ここでは空白（スペース）と改行をどのようにして表現するかということをしっかり理解してください。表示2では、実際には4行表示するのに、プログラムの表示記述では2行であらわしています。

【表示1】

```
#include <stdio.h>

int main()
{
    printf("C Program number 1.1¥n");
    printf("print program sample¥n");
    printf("¥n");
    printf("That's all.¥n");

    return(0);
}
```

【表示2】

```
#include <stdio.h>

int main()
{
    printf("私の名前は○○です¥n¥n¥n");
    printf("どうぞよろしく");

    return(0);
}
```

Lesson 3-2

プログラムの中で数値の計算を行います。さらに、変数を利用しないときに比べ、変数を利用することでどのようにプログラムが書き換えられるかを理解してください。基本料金（base）と追加料金（add）を変数にしました。

【変数を利用しない場合】

```
#include <stdio.h>

int main()
{
    printf("---通信料金表---¥n");
    printf("10時間 : %d¥n", 2000);
    printf("11時間 : %d¥n", 2000+250);
    printf("12時間 : %d¥n", 2000+250*2);
    printf("13時間 : %d¥n", 2000+250*3);
    printf("14時間 : %d¥n", 2000+250*4);
    printf("15時間 : %d¥n", 2000+250*5);
    printf("16時間 : %d¥n", 2000+250*6);
    printf("17時間 : %d¥n", 2000+250*7);
    printf("18時間 : %d¥n", 2000+250*8);
    printf("19時間 : %d¥n", 2000+250*9);
    printf("20時間 : %d¥n", 2000+250*10);

    return(0);
}
```

【変数を利用した場合】

```
#include <stdio.h>

int main()
{
    int base, add;

    /* 変数に値を設定する */
    base = 2000;
    add = 250;

    printf("---通信料金表---¥n");
    printf("10時間 : %d¥n", base);
    printf("11時間 : %d¥n", base+add);
    printf("12時間 : %d¥n", base+add*2);
    printf("13時間 : %d¥n", base+add*3);
    printf("14時間 : %d¥n", base+add*4);
    printf("15時間 : %d¥n", base+add*5);
    printf("16時間 : %d¥n", base+add*6);
    printf("17時間 : %d¥n", base+add*7);
    printf("18時間 : %d¥n", base+add*8);
    printf("19時間 : %d¥n", base+add*9);
    printf("20時間 : %d¥n", base+add*10);

    return(0);
}
```

第 3 章　練習問題の解説

このふたつのプログラムを比べてみましょう。変数を使わないほうが簡単に書けるから便利だと思うかもしれません。しかし「基本料金が2100円に値上がりになりました」ということになったとき、どちらの修正が簡単にできるでしょうか? 変数を使っているほうが、たった2箇所を書き換えるだけで対応できますね。

このように、さまざまな状況に対してもプログラムを再利用しやすく作っておけば、あとで利用するときにも非常に便利なものになります。さらに、計算が複雑になったときにも、変数を利用すればシンプルにまとめられることもあります。シンプルにプログラムを作ることは、プログラムの誤りを少なくするのに最も大切な心がけです。どこにどのように変数を利用するかいろいろと考えてみてください。

Lesson 3-3

この問題では、

基本料金＋通話時間×20＋Web通信容量 (/KB) ×5

によって、求めたい使用料金が求められることがわかります。そこで、通話時間とWeb通信容量を変数として用意し、scanf() を使って、その変数に値を入れるようにすればよいのです。

```c
#include <stdio.h>

int main()
{
    int base, time, amount;

    /* 基本料金の設定 */
    base = 3780;

    /* 変数に値を読み込む */
    printf("通話時間を入力してください[分単位]¥n");
    scanf("%d", &time);
    printf("Web通信容量を入力してください[KB]¥n");
    scanf("%d", &amount);
    printf("--- 使用料金 ---¥n");
    printf("%d円¥n", base+time*20+amount*5);

    return(0);

}
```

Lesson 3-4

応用問題のため、ヒントのみを述べます。

この問題の基本部分である、料金の計算はLesson 3-3と同じです。

ただし、3通りの計算をして、3通りの結果を表として表示するためには、Lesson 3-3よりも多くの変数を利用することになります。変数をとり間違えないように気をつけましょう。

章末練習問題の解説編

第4章　練習問題の解説

Lesson 4-1

　この問題では、値を入力し、その入力した値によって異なる結果を表示するプログラムを作ります。まずは、適当な3択の問題を想定しましょう。

　ここでは、

　　　「コンピュータを操作するときのポインティングデバイスといえば、次のどれ？」

という質問に対して、

　　　　　1：マウス

　　　　　2：マワス

　　　　　3：マウフ

という3択を用意するものとします。そして、1が入力されれば「正解です」、それ以外の数値が入力されれば「誤りです」と表示するようにしましょう。

　この問題のプログラムでは、入力された値の判断を行い、判断結果によって異なる表示をする必要があります。このようなときには、if else文を使った分岐を利用しましょう。

```c
#include <stdio.h>

int main()
{
    int ans;

    /* 質問の表示 */
    printf("\n問題です。\n");
    printf("コンピュータを操作するときのポインティングデバイスといえば、次のどれ？ \n");
    printf("1:　マウス \n");
    printf("2:　マワス \n");
    printf("3:　マウフ \n");
    printf("番号でお答えください \n");

    /* 回答入力 */
    scanf("%d", &ans);

    if (ans == 1)
    {

        printf("正解です \n");
    }else
    {

        printf("誤りです \n");
    }

    return(0);
}
```

390

第 4 章　練習問題の解説

> **StepUp!**　ここでは、入力された数値が4であっても「誤りです」と表示されてしまいます。しかし、1、2、3以外は入力ミスです。そんなときには、「回答は1、2、3の数値でお願いします」と表示するようにプログラムを改良してみましょう（ただし、再度、入力の受け付けはしない）。
>
> このとき、if else文の使い方が2種類考えられます。
>
> ・ひとつ目のif elseの記述が終わったあと、もうひとつのif elseを記述する方法
> ・if elseのelseのまとまりの中で、if elseを記述する方法（if elseの入れ子構造）
>
> 2通りの方法で記述して、何が違うのか考えてみましょう（※4章末のコラムに解説があります）。

Lesson 4-2

この問題では入力に対して12通りの表示を行うプログラムを作ります。そのとき、分岐を記述する方法としてif文、switch文の双方で記述してみましょう。

まずは、if文を使った記述です。

ここで紹介する回答ではソースプログラムを見やすくするため、ifをあえて入れ子構造にしていません。

さらに、ifの2~12の分岐では、{}を省略した記述にしています。

```c
#include <stdio.h>

int main()
{
    int month;

    /* 質問の表示 */
    printf("あなたの生まれた月を1～12の数値で入力すると誕生石を表示します ￥n");
    printf("￥n私の生まれた月は:");

    /* 回答入力 */
    scanf("%d", &month);

    printf("￥nあなたの誕生石は: ");
    if (month == 1)
    {
        printf("ガーネット");
    }
    if (month == 2)
        printf("アメジスト");
    if (month == 3)
        printf("アクアマリン");
    if (month == 4)
        printf("ダイアモンド");
    if (month == 5)
        printf("エメラルド");
    if (month == 6)
        printf("ムーンストーン");
    if (month == 7)
        printf("ルビー");
    if (month == 8)
        printf("ペリドット");
```

391

章末練習問題の解説編

```c
    if (month == 9)
        printf("サファイア");
    if (month == 10)
        printf("トルマリン");
    if (month == 11)
        printf("トパーズ");
    if (month == 12)
        printf("ターコイズ");

    printf(" ¥n");
    return(0);
}
```

次に switch 文を使った記述です。

```c
#include <stdio.h>

int main()
{
    int month;

    /* 質問の表示 */
    printf("あなたの生まれた月を1～12の数値で入力すると誕生石を表示します ¥n");
    printf("¥n私の生まれた月は:");

    /* 回答入力 */
    scanf("%d", &month);

    printf("¥nあなたの誕生石は: ");
    switch (month)
    {
        case 1: printf("ガーネット");
                break;
        case 2: printf("アメジスト");
                break;
        case 3: printf("アクアマリン");
                break;
        case 4: printf("ダイアモンド");
                break;
        case 5: printf("エメラルド");
                break;
        case 6: printf("ムーンストーン");
                break;
        case 7: printf("ルビー");
                break;
        case 8: printf("ペリドット");
                break;
        case 9: printf("サファイア");
                break;
        case 10:printf("トルマリン");
                break;
        case 11:printf("トパーズ");
                break;
```

第 4 章　練習問題の解説

```c
        case 12:printf("ターコイズ");
                break;
    }

    printf("¥n");
    return(0);
}
```

> **StepUp!**
>
> このサンプルでは、表示に関してちょっとした工夫をしてみました。
> ひとつは、これまでとは少し違った改行の表示を利用しています。キーボードからの入力を受け付けるときに、これまでは何も表示されていない行に入力をしていました。これを上記のプログラム例のように、行頭に「私の生まれた月は:」という入力待ちの文字を表示することもできます。
> また、「あなたの誕生石は:」という記述は、どの出力にも共通する部分です。これをそれぞれの分岐で記述するのではなく、出力に共通する部分として「分岐処理以外」で記述するようにしています。
> このようなちょっとした工夫で、見やすく、無駄のないプログラムにすることもできるのです。
> いろいろな問題で、「ほんのひと工夫」をしてみましょう。

Lesson 4-3

まず整数の変数をひとつ準備し、キーボードから整数を入力して変数に格納します。

次に整数の値によって条件分岐を作成します。条件分岐はいろいろな組み合わせで作ることができますが、この問題のポイントは、「不正入力と出力したときには、偶数または奇数の出力をしてはいけない」ということです。そのため、ifの条件分岐の中に、ifの条件分岐が入れ子構造で入るようにする必要があります。

また、偶数の判定には「%」の剰余演算子（割り算をした余りを出す演算）を利用して、2で割った余りが0か、そうでないか、で偶数奇数判定をしています。

```c
#include <stdio.h>

int main()
{
    int num;

    /* 入力処理 */
    printf("Input Integer Number¥n");
    scanf("%d", &num);

    /* 判定 */
    if (num < 0)
    {
        printf("不正入力¥n");
    }else
    {
        if (num % 2 == 0)
        {
            printf("偶数¥n");
```

393

章末練習問題の解説編

```
        }else
        {
            printf("奇数\n");
        }
    }

    return(0);
}
```

第5章　練習問題の解説

Lesson 5-1

　この問題は、10回に回数が決まった繰り返し処理を使って、整数の値を読み込む処理から構築します。このとき、何回目の点数入力なのかわかるように、入力を促すメッセージとしてloop+1の値をprintfで表示しています。また、このprintfに改行の\nを入れていないのもこの解答例の工夫です。\nを入れた場合と実行して比較してみましょう。入力を促すメッセージの場合、その後のscanf()の利用で改行が入力されるので、それを見越した記述になっています。

　次に繰り返しの中で、total=total+numとして、今までのtotalの値にnumの値を加えて、それを新しいtotalとして保存する処理を記述しています。繰り返し前の初期化段階でtotalの値を0に初期化しているので、この繰り返しが終わったときには、totalに入力した10個の整数の合計が記憶されています。

　最後に平均を求めて表示する処理があります。ここでは整数であるtotal÷10.0という実数の計算をしています。整数と実数の計算結果は実数で求められます。また、結果の表示では%.1fという記述を使い、小数点以下1桁で表示するようにしています。整数を10で割った答えは、小数第1位までしか有効な数値は出ませんので、無駄を省く結果表示の工夫をしています。

```
#include<stdio.h>

int main()
{
    int loop, num, total = 0;

    for (loop = 0; loop < 10; loop++)
    {
        printf("Input Score No.[%d]:", loop+1);
        scanf("%d", &num);
        total = total + num;
    }

    printf("Average: %.1f\n", total / 10.0);

    return(0);
}
```

394

第 5 章　練習問題の解説

Lesson 5-2

　この問題は、10個の整数値データを入力し、最大値を求めるというものです。2、3個のデータならば、これまでのようにひとつずつ処理を記述していけばよいのですが、数が増えていくと記述がだんだん面倒になってきますね。こんなときには、繰り返し処理を使いましょう。

　また、10個の数値の最大値を求めるというのも、2つの値の大きいほうを求めることを10回繰り返すことでできます。これも繰り返し処理を使えばいいですね。ただし、最大値を求めるときには、最大値を記憶する変数を用意する必要もあります。その使い方をしっかり覚えてください。

　さらに、ここでは10人の身長のデータは、最大値だけがわかればよいので、変数に保存し続けないようにしました。何度も同じ変数に値を読み込んでいるので、プログラムの流れと変数の値を慎重に追跡してみてください。このような使い方は、さまざまなプログラミングで応用できる大切な方法です。

```c
#include <stdio.h>

int main()
{
    int loop, input, max;

    /* はじめに最大値を記憶する変数に、ありえない最大値-1を代入しておく */
    max = -1;

    /* 10回繰り返し */
    for (loop = 0; loop < 10; loop++)
    {
        /* 表示 */
        printf("%d人目の身長を入力してください(単位: cm)\n", loop+1);

        /* 入力 */
        scanf("%d", &input);

        /* 今の入力値が、今記憶している最大値より大きいか? */
        if (max < input)
        {
            /* 大きいならば、その値を最大値として代入 */
            max = input;
        }
    }

    /* 結果標示 */
    printf("このなかで一番身長が高い人は、%dcmです \n", max);

    return(0);
}
```

Lesson 5-3

　この問題では、先の問題と違い、入力される数が決まっていません。「単価で0の入力があったとき」に終了するという条件で終了が決められています。このようなときには、whileを使った繰り返し処理を利用します。

章末練習問題の解説編

　この問題の、税込み価格や合計金額の計算、最大値・最小値の求め方についてはこれまでに学んだことの復習です。いろいろな処理が組み合わされていることに十分注意してください。

```c
#include <stdio.h>

int main()
{
    int price, amount;          /* 単価と数量 */
    int priceMAX, priceMIN;     /* 最も高い単価と最も安い単価 */
    int total;                  /* 合計金額 */

    /* 標示 */
    printf("\nミニミニ会計システム Ver. 1.1\n\n");
    printf("買い物したものの単価は？(0を入力で終了)：\n");

    /* 1つ目の単価の入力 */
    scanf("%d", &price);

    /* 1つ目の単価を、最高単価・最低単価に設定する */
    priceMAX = price;
    priceMIN = price;

    /* 合計金額を0に初期設定 */
    total = 0;

    /* priceが0でない間繰り返し */
    while (price != 0)
    {
        /* 表示 */
        printf("何個買いましたか？：");

        /* 数量の入力 */
        scanf("%d", &amount);

        /* 合計金額の計算 */
        total = total + price * amount;

        /* ここまでの結果の表示 */
        printf("\nこれまでの合計金額は、%d(税込み：%d)円です \n", total, total*110/100);
        printf("一番高いものの値段は、税抜き %d円です \n", priceMAX);
        printf("一番安いものの値段は、税抜き %d円です \n", priceMIN);

        /* 2個の以降の単価 */
        printf("買い物したものの単価は？(0を入力で終了)：\n");
        scanf("%d", &price);

        /* 最高・最低単価の決定 */
        if (price > priceMAX)
        {
            priceMAX = price;
        }
        if ( (price != 0) && (price < priceMIN) ) /* price==0なら終了の意味なので注意 */
        {
```

第 5 章　練習問題の解説

```
            priceMIN = price;
        }
    }

    return(0);
}
```

Lesson 5-4

応用問題のためヒントのみを解説…としたいところですが、学びの多い問題なので解答例を示します。

```c
#include <stdio.h>

int main()
{
    int num, loop, check;

    printf("正の整数を入力:");
    scanf("%d", &num);

    /* 1より大きい数字 */
    if (num > 1)
    {
        check = 0;
    }else
    {
        check = 1;
    }

    for (loop = 2; loop < num; loop++)
    {
        if (num % loop == 0)
        {
            check = 1;
        }
    }

    /* 結果判定表示 */
    if (check == 1)
    {
        printf("素数ではない\n");
    }else
    {
        printf("素数\n");
    }

    return (0);
}
```

　この解答例では、checkという変数をプログラム内の処理の状態を表す変数として活用しています。「フラグ変数」と呼ばれる使い方です（ゲームなどで「死亡フラグが立った」というのも、こうしたプログラムで「死亡する条件を満たしたとして変数に値が入った」ということに基づく言葉です）。

397

章末練習問題の解説編

入力処理のあと、1より大きい数字が入ったときにcheckの値を0にします。これは「今回の素数判定を継続する」ということを意味しています。checkが1になったら、「素数判定を継続しない」という意味になります。

次に繰り返し処理で、2～入力した数より小さい値でloopの値を変動させ、

入力した整数がloopで割り切れるか？

の判定を行い、割り切れたときだけcheckを1にして「素数ではない」と設定します。ここのifにはelseを書いていないことに特に注意してください。誤って記述してしまうと誤動作しますし、間違って記述することが多い箇所です。

最後に結果表示で、この段階までcheckの値が0のままであれば、それは素数となります。

> **StepUp!** プログラムの流れを理解する非常に重要な問題ですので、丸ごと流れを覚えてもよいくらい、繰り返し自分で書いてみて理解を深めましょう。

Lesson 5-5

応用問題のため、ヒントのみを述べます。この問題では、入力された時間を、

- 10時間以内
- 10時間を超えて20時間以内
- 20時間以上

の3通りに分けて計算をすることになります。しかし、この条件は、ifとelseを効果的に利用することで、

- 10時間以内
- 上記に該当せず、20時間以内
- 上記に該当せず

というような条件として考えることができます。このような、条件分岐を整理しなおすことはプログラムをシンプルに構築する上で非常に大切なことです。

また、使用時間で0が入力されるまで、何度でも計算できるようにするには、繰り返し処理が必要です。どのような繰り返し処理を使えばよいのか、必要な回数の繰り返しになっているのかをよく確認してください。

第6章 練習問題の解説

Lesson 6-1

この問題では、サイコロを2回振ったときの得点表を作ります。1回サイコロを振ったときの得点をpointという整数の配列に記憶させ、それを繰り返し処理と組み合わせることで合計得点表を作っていくことにしましょう。

このとき、配列の1番目の要素は、point[0]であり、point[1]ではないことに注意しましょう。

```
#include <stdio.h>
```

第 6 章　練習問題の解説

```c
int main()
{
    int point[6];          /* 1つのサイコロの得点 */
    int loop1, loop2;      /* 1つめ（2つめ）のサイコロの出た目 */

    /* 1つのサイコロの得点設定 */
    point[0] = 30;
    point[1] = 10;
    point[2] = 15;
    point[3] = 2;
    point[4] = 8;
    point[5] = 28;

    /* 表示 */
    printf("\n---サイコロ得点表---\n\n");
    printf("[1回目の出目] [2回目の出目] -> [得点]\n");
    for (loop2 = 0; loop2 < 6; loop2++)
    {
        for (loop1 = 0; loop1 < 6; loop1++)
        {
            printf("[%d] [%d] -> [%d]\n", loop1+1, loop2+1, point[loop1] + point[loop2]);
        }
    }

    return(0);
}
```

StepUp!　このサンプルでは、表示が見やすく整形されていません。見やすく表示する工夫をしてみましょう。

Lesson 6-2

　この問題では、入力した値から平均値を求めたあと、平均値と入力された値それぞれの差がどれだけあるのかを調べる必要があります。平均値を求めるだけであれば、入力された値をすべて記憶しておく必要はありません。しかし、再度平均との差を比較するために、入力された値をすべて記憶しておく必要があるのです。20もの値を記憶するのですから、配列を利用するとまとめて取り扱うことができるので便利ですね。

　さらに、2つのテストの得点を取り扱うので、20のデータをまとめた配列をさらに配列としてまとめる「2次元配列」を利用する部分に注意してください。

　また、平均との差を求めたあとに複雑な分岐になりますが、ひとつひとつの分岐を整理して考えていなかった抜け道がないように注意しましょう。解答例では省スペースのため、{}を省略して記述しているので注意してください。

```c
#include <stdio.h>

int main()
{
    int point[20][2];    /* 得点のための配列 */
```

399

章末練習問題の解説編

```c
int avr[2];          /* 平均点のための配列 */
int dist[5][2];      /* 得点分布の配列　5分類×テスト2つ */
int loop1, loop2;

/* 表示と得点入力 */
/* 同時に平均点の配列を使って合計得点を求めていく */
avr[0] = 0; avr[1] = 0;
for (loop1 = 0; loop1 < 20; loop1++)
{
    for (loop2 = 0; loop2 < 2; loop2++)
    {
        printf("%d番目の人のテスト%dの得点は？：", loop1+1, loop2+1);
        scanf("%d", &point[loop1][loop2]);
        avr[loop2] = avr[loop2] + point[loop1][loop2];
    }
}

/* 平均点の計算 */
avr[0] = avr[0] / 20;
avr[1] = avr[1] / 20;

/* distの中身をすべて0にする（0による初期化）*/
for (loop1 = 0; loop1 < 5; loop1++)
{
    dist[loop1][0] = 0;
    dist[loop1][1] = 0;
}

/* 分布を求める */
for (loop1 = 0; loop1 < 20; loop1++)
{
    for(loop2 = 0; loop2 < 2; loop2++)
    {
        if (point[loop1][loop2] -avr[loop2] >= 20)
            dist[0][loop2] = dist[0][loop2] + 1;
        else
            if (point[loop1][loop2] -avr[loop2] >= 10)
                dist[1][loop2] = dist[1][loop2] + 1;
            else
                if (point[loop1][loop2] -avr[loop2] >= -10)
                    dist[2][loop2] = dist[2][loop2] + 1;
                else
                    if (point[loop1][loop2] -avr[loop2] >= -20)
                        dist[3][loop2] = dist[3][loop2] + 1;
                    else
                        dist[4][loop2] = dist[4][loop2] + 1;
    }
}

/* 結果表示 */
for (loop2 = 0; loop2 < 2; loop2++)
{
    printf("テスト%d：平均%d点\n", loop2+1, avr[loop2]);
}
```

第 6 章　練習問題の解説

```
    printf("---------------------------------------------------------¥n");
    printf("                              テスト1        テスト2¥n");
    printf("平均＋20点以上              %5d        %5d¥n", dist[0][0], dist[0][1]);
    printf("平均＋10点以上＋20点未満    %5d        %5d¥n", dist[1][0], dist[1][1]);
    printf("平均－10点以上＋10点未満    %5d        %5d¥n", dist[2][0], dist[2][1]);
    printf("平均－20点以上－10点未満    %5d        %5d¥n", dist[3][0], dist[3][1]);
    printf("平均－20点未満              %5d        %5d¥n", dist[4][0], dist[4][1]);

    return(0);
}
```

このプログラムでは、配列をいかに効果的に利用するかをよく考えなければいけません。しかし、配列と繰り返しを使えばなんでも簡単にまとめて書けるわけではありません。

このプログラムの結果表示の部分は、繰り返しと配列を使っても（ここまでの知識だけでは）、簡単に記述できないですね。それは、得点分布を調べるときの各区間が等間隔で並んでいないからです。このように、法則性のないものは、繰り返し処理を駆使しても簡単に記述をまとめることはできないのです。

> **StepUp!**　このプログラムを入力データ数が20人という固定人数ではなく、何人でも入力できるようにプログラムを改良してみましょう（上限は決めて、それ以下であれば何人でも処理できるようにするということです）。
> また、得点分布を等間隔に求めたときには、結果表示部を繰り返し処理を使って簡潔に記述できるようになります。10点刻みの等間隔の得点分布を求めるようにプログラムを改良してみましょう。

Lesson 6-3

応用問題のため、ヒントのみを解説します。

この問題は、ソーティングと呼ばれるとても広く知られている問題です。問題の下にヒントとして説明してあるのは、ごく簡単なアルゴリズムです（同じ配列に並び替えしていないので、このアルゴリズムは厳密にはソーティングとはいえませんが）。このようなソーティングは、さまざまな場面で使われるため、非常に多くのアルゴリズムが状況に応じて開発されています。他にどのようなものがあるのかを調べて、プログラミングに挑戦してみましょう。

ヒントでも説明しましたが、n個のデータを大きい順に並べる最も単純な方法は、次のように考えていくことです。

　　　1：n個のデータの最大値を求め、結果の1番に保存し、データを消去する

　　　　　（残りのデータはn－1個）

　　　2：n－1個のデータの最大値を求め、結果の1番に保存し、データを消去する

　　　　　（残りのデータはn－2個）

　　　3：　　　　　　　⋮

　　　⋮

　　　n：1個のデータの最大値をもとめ、結果の1番に保存し、データを消去する

　　　　　（残りのデータは0個）

　　　　　（つまり、最後のデータをコピーするだけです）

401

章末練習問題の解説編

Lesson 6-4

応用問題のため、ヒントのみを解説します。

この問題では、入力された30個の数値のうち、5つの数値を組み合わせて、20以下で最も20に近い組み合わせを見つけるというものです。このようなときには、30個の数値から作ることができるすべての「5つの数値の組み合わせ」を計算し、その合計値を求めるという手順をとるのがよいでしょう。

それには、まず5つの数値の組み合わせを作る5重の繰り返し処理を考えます。そのとき、5重の繰り返しはどのように考えたらよいのでしょうか？

この問題のように、30個の数値からどれか数値を選ぶときには、次のようにして考えていくと簡単です。

- 1つめの数値を選ぶときには、1番目の数値から順番に選んでいく（1〜26番目を選ぶ）
- 2つめの数値を選ぶときには、1つめの数値よりも大きな番号の数値を順番に選んでいく（2〜27）
- 3つめの数値を選ぶときには、2つめの数値よりも大きな番号の数値を順番に選んでいく（3〜28）
- 4つめの数値を選ぶときには、3つめの数値よりも大きな番号の数値を順番に選んでいく（4〜29）
- 5つめの数値を選ぶときには、4つめの数値よりも大きな番号の数値を順番に選んでいく（5〜30）

一見するとこれですべての組み合わせを考えられるのか？ と疑問に感じるかもしれませんが、この問題では、選択した5つの数値の順番は関係ないため、このように一通りの順番で調べ上げていけばよいのです。

もう少しプログラムに近いヒントを出すなら、次のような多重構造の繰り返し処理を利用します。

```
int loop1, loop2;
for (loop1 = 1; loop1<= 26; loop1++)
{
    for (loop2 = loop1 + 1; loop2 <=27; loop2++)
    {
        ⋮
```

第7章　練習問題の解説

Lesson 7-1

この問題では、ファイルに書かれているデータを読み込み、ファイルに結果を書き出すプログラムを作ります。ファイルを読み書きするときには、ファイルをオープンしたあと読み書き可能になり、読み書きが終了したあとはファイルをクローズしなければならないことをしっかり覚えてください。

また、4桁の数値を右揃えにするため、わざと空白分を余計に考えてひとつの数値に6桁分用意して書き出していることにも注意してください。

```
#include <stdio.h>

int main()
{
    int    data[4][8];    /* 8つの整数を4行分記憶する */
```

```
int     loop1, loop2;
FILE    *Fread, *Fwrite;
int     result[8];   /* 合計結果を記憶する */

/* ファイルを読み込む準備 */
if ((Fread = fopen("read.txt", "r")) == NULL)
{
    printf("Fileが読み込めません ¥n");
    return(1);
}

/* データの読み込み */
for (loop2 = 0; loop2 < 4; loop2++)
{
    for (loop1 = 0; loop1 < 8; loop1++)
    {
        fscanf(Fread,"%d", &data[loop2][loop1]);
    }
}

/* 読み込みファイルのクローズ */
fclose(Fread);

/* 合計結果の集計 */
for (loop2 = 0; loop2 < 4; loop2++)
{
    if (loop2 == 0)
    {
        /* 初期化 */
        for (loop1 = 0; loop1 < 8; loop1++)
        {
            result[loop1] = data[loop2][loop1];
        }
    }else
    {
        for (loop1 = 0; loop1 < 8; loop1++)
        {
            result[loop1] = result[loop1] + data[loop2][loop1];
        }
    }
}

/* ファイルを書き出す準備 */
if ((Fwrite=fopen("result.txt","w")) == NULL)
{
    printf("Fileが書き出せません ¥n");
    return(1);
}

/* データの書き出し */
for (loop2 = 0; loop2 < 4; loop2++)
{
    for (loop1 = 0; loop1 < 8; loop1++)
    {
        fprintf(Fwrite, "%6d", data[loop2][loop1]);
```

章末練習問題の解説編

```
        }
        fprintf(Fwrite, "\n");
    }

    fprintf(Fwrite,
"----------------------------------------------------------
----------------------------------------------------\n");

    for (loop1 = 0; loop1 < 8; loop1++)
    {
        fprintf(Fwrite, "%6d", result[loop1]);
    }
    fprintf(Fwrite, "\n");

    /* 書き出しファイルのクローズ */
    fclose(Fwrite);

    return(0);
}
```

Lesson 7-2

　この問題では、ファイルにプログラム起動回数を記憶させておき、新たに起動されたときには「○回目の実行です」と出力するプログラムを作ります。

　最も簡単なプログラムでは、はじめに0とだけ記述したファイルを起動記録用に用意して、

- ● ファイルからの数値読み込み
- ● 起動メッセージの表示
- ● 読み込み数値＋1したものをファイルに書き出す

とする方法ですが、ここでははじめに0を記述したファイルがない場合にも、ファイルオープンのエラーによって自動的に記録ファイルができるようなサンプルを紹介します。

```
#include <stdio.h>

int main()
{
    int     number;
    FILE    *FP;

    /* ファイルを読み込む準備 */
    if ((FP = fopen("up.log", "r")) == NULL)
    {
        /* ファイルが作れないときは、初めての起動とみなしnumber = 1とする */
        number = 1;
    }else
    {
        /* データの読み込み */
        fscanf(FP, "%d", &number);
        /* 読み込みファイルのクローズ */
        fclose(FP);
```

404

第 8 章　練習問題の解説

```
        number = number + 1;
    }

    /* ファイルを書き出す準備 */
    if ((FP=fopen("up.log","w")) == NULL)
    {
        printf("Fileが書き出せません ¥n");
        return(1);
    }

    /* 現在までの起動数の保存 */
    fprintf(FP, "%d", number);

    /* 書き出しファイルのクローズ */
    fclose(FP);

    /* 表示 */
    printf("%d回目の起動です ¥n", number);

    return(0);
}
```

Lesson 7-3

応用問題のため、ヒントのみを述べます。

この問題では、ファイルにあらかじめ、全席（80席）分の予約状況が記憶されているものとして、そのファイルを読み込み、新たな予約を行い、その結果をファイルに保存するプログラムを作ります。

このとき、予約状況をどのようにファイルに記憶させるかを決めておかなければなりません。最も簡単な方法では、すべての席は番号付けされているので、その番号順に、予約なしなら0を、予約済みならば1を保存するようにします。そして、80個の数値を読み込み、0と1の条件で予約状況を検出し、適当な表示を行います。新たな予約は、現在の座席番号のデータが0であれば受け付け、その値を1にし、結果をファイルに書き出せばよいのです。

このプログラムのようにある程度大きな規模のプログラムを考えていくときには、まずは骨組みとなる部分だけを試作し、そのあとで細かな結果表示部を肉付けしていくとよいでしょう。具体的には、予約の流れのみを先に試作し、そのあとで料金表示などの処理を加えていくと開発が簡単になります。

> **StepUp!**　このプログラムでは、いったん座席を指定すると予約扱いになりますが、料金を表示したあとに確認ができたほうが便利ですね。このように「どうすれば使い勝手がよくなるか？」ということを考え、さまざまな工夫をしてみましょう。

第8章　練習問題の解説

Lesson 8-1

この問題では、文字を入力し、入力した文字が何という文字なのかを判断し、それにもとづいた出力をするプログラムを作ります。ここでは、1文字の入力のみを取り扱うので、scanf()を使ったサンプルを紹介

章末練習問題の解説編

します。

```c
#include <stdio.h>

int main()
{
    char    input;

    /* 表示 */
    printf("アルファベットの10番目の文字は？ ¥n");

    /* 入力 */
    scanf("%c", &input);

    /* 入力文字の判定 */
    if ( (input == 'j' ) || (input == 'J') )
    {
        /* 正解 */
        printf("###正解###¥n");
    }else
    {
        /* 不正解 */
        printf("----不正解 ----¥n");
    }

    return(0);
}
```

StepUp!　　この問題では1問だけを回答するプログラムでしたが、これを2、3問の回答をするプログラムに拡張してみましょう。またそのとき、1問目の回答で、「j k l」のように空白を入れて複数の文字を入力したらどのようになりましたか？
　いろいろな値を与えてみて、プログラムの挙動を確認し、問題が出たときには、どうすれば解決できるかにも挑戦してみましょう。
　わかったつもりでも、いろいろ試してみるとわかっていなかったことが見つかるはずです。それを解決できてはじめて理解できたといえます。

Lesson 8-2

　文字を取り扱う基本要素を詰め込んだ問題です。まず、これまでの繰り返しの使い方にもとづいて、アルファベット26文字を順番に表示することを考えると、次のようなプログラムが考えられます。このプログラムのポイントは、char型変数に数字を加えて、「Aから何個順番が先の文字を表示するか」を作り出していることです。

```c
#include <stdio.h>

int main()
{
```

406

第 8 章　練習問題の解説

```c
    char ch;
    int  loop;

    ch = 'A';
    for (loop = 0; loop < 26; loop++)
    {
        printf("%c", ch + loop);
    }
    printf("¥n");

    return(0);
}
```

　しかし、このプログラムより問題文の言葉をより厳密にとらえたプログラムも作ることができます。問題文では、loopのような変数を作るという記載がないので、指示されたchar型変数だけで繰り返し処理を記述することができます。

```c
#include <stdio.h>

int main()
{
    char ch;
    for (ch = 'A'; ch <= 'Z'; ch++)
    {
        printf("%c", ch);
    }
    printf("¥n");

    return(0);
}
```

StepUp!　どちらも正しく動作するプログラムですが、ふたつ目のプログラムのほうが、あとで読み返しても意味をとりやすいと感じませんか？　繰り替えしの記述そのものが、動作の意味を示しているためです。こうした小さな工夫の積み重ねを、状況に応じて使い分けることでよいプログラム開発者に近づいていきます（ここがAIが生成するプログラムとの違いともいえます）。

Lesson 8-3

　この問題は、文字列として読み込んだ内容を、1文字ずつ取り出して処理を行う部分が重要ポイントです。繰り返しの終了条件を、「¥0ではないならば」と記載してます。文字列として読み込んだ場合に、最後に¥0が代入されていることを活用した記述です。

　繰り返し中の改行を条件付きで行う処理は、プログラム内にコメントも記載しました。理屈は複雑ですが、動かして・書き換えて理解してほしい処理です。手を動かして理解を深めてください。

```c
#include <stdio.h>
```

407

章末練習問題の解説編

```c
int main()
{
    char    input[81];
    int     loop;

    printf("文字列を入力:");
    scanf("%s", input);

    /* input[loop]として1文字ずつ取り出して処理 */
    loop = 0;
    while (input[loop] != '\0')
    {
        printf("%c", input[loop]);

        /* 10の倍数文字のときだけ改行 */
        /* 数字を0から数えているため+1して処理 */
        if ((loop + 1) % 10 == 0)
        {
            printf("\n");
        }
        loop++;
    }
    printf("\n");

    return(0);
}
```

Lesson 8-4

　この問題も入力された文字列を1文字ずつ取り出して処理を行うプログラムです。そのため、読み込みや全文字を順番に取り出す繰り返し処理は、先のLesson8-3と同じ構造になっています。

　この問題の重要ポイントは、繰り返しの中の条件処理のブロックです。まずifの条件では、注目している文字line[lp]がa以上、かつ、z以下になっているかを確認しています。この判定で、小文字であるかを調べています。

　小文字であった場合に、「小文字1文字 - 'a'」とすることで「アルファベットの何文字目であるか」を調べることができ、その数に'A'を加えることで「小文字を大文字に変換する」処理を作っています。これはASCIIコード表を見て、変換するための数字を調べて記載してもよいのですが、この解答例では、ASCIIコード表を記憶していなくても、動作の仕組みを捉えることができる書き方にしてあります。わかりやすさを強く意識した記述例として学習してください。

```c
#include<stdio.h>

int main()
{
    char    line[81];
    int     lp;

    printf("input Alphabet String:");
```

408

第 9 章　練習問題の解説

```
    scanf("%s", line);

    lp = 0;
    while (line[lp] != '\0')
    {
        if (('a' <= line[lp]) && (line[lp] <= 'z'))
        {
            printf("%c", line[lp] - 'a' + 'A');
        }else
        {
            printf("%c", line[lp] - 'A' + 'a');
        }
        lp++;
    }
    printf("\n");

    return(0);
}
```

第9章 練習問題の解説

Lesson 9-1

　文字列を便利に使うための追加機能を使った問題です。2行目の記述がないと、str??? の記述が使えないので注意してください。

　今回は1回以上、条件を満たすまで繰り返しなので do while で記述しています。繰り返しの継続条件で、strcmp() を使い、"Yes" という文字列と入力文字列が等しいかどうかの判定をしています。非常によく利用する記述ですので覚えておきましょう。

```
#include <stdio.h>
#include <string.h>

int main()
{
    char    input[81];  /* 80文字に末尾\0を加えるて81文字まで記憶 */

    do
    {
        printf("Yesと入力してください\n");
        scanf("%s", input);
    } while (strcmp(input, "Yes") != 0);
    printf("Thank you.\n");

    return(0);
}
```

Lesson 9-2

　ファイルから文字列をすべて読み込み、文字数で集計するプログラムです。

409

章末練習問題の解説編

このプログラムを実行するためには、右記のような記述のinput3.txtをソースファイルや実行プログラムが置かれている場所と同じ場所に保存してください。

▼input3.txt

```
a a a
bb bb bb
ffff ffff ffff ffff ffff
kkkkkkkkkk kkkkkkkkkk kkkkkkkkkk
zzzzz
```

hindo[16]という配列が、この解答例を読み解く大切なポイントです。この配列は、hindo[number]のように記載して、numberの文字数の単語が何個あったのかを集計して記憶するために利用しています。ただしそのままでは、hindo[0]は0文字の単語という意味になってしまいますが、0文字の単語なんてありえません。せっかく配列で値を記憶できる場所がひとつあるので、hindo[0]には「単語総数」を記憶することにしました（一般的にというわけではなく、この場合はこのように使って無駄を省いたと考えてください）。

繰り返し処理の中で、strlen(input)という計算をすることで、いま読み込んだ単語が何文字であるかを求めることができます。「hindo[指定番号] += 1」と書くことで、hindo[指定番号]に格納されている値に1を足すことができます（ここでは「hindo[指定番号] = hindo[指定番号] +1」を省略した書き方として使っています）。また、hindo[0]は単語総数を記憶する場所なので、繰り返し単語を読み込むたびに1を加算しています。

最後のhindoを表示するブロックは、hindo[指定番号]の値が0ではないときだけ結果を表示するようにしています。出現していない単語の表示を省きたいという意図を持った記述です。

```c
#include <stdio.h>
#include <string.h>

int main()
{
    FILE*   FP;
    char    input[81];
    int     loop;
    int     hindo[16] = { 0,0,0,0,0,0,0,0,0,0,0,0,0,0,0,0 }; /* hindo[0]に総単語数を格納 */

    FP = fopen("input3.txt", "r");

    while (fscanf(FP, "%s", input) != EOF)
    {
        hindo[strlen(input)] += 1;
        hindo[0] += 1;
    }
    fclose(FP);

    /* hindoを表示して終了 */
    for (loop = 1; loop < 16; loop++)
    {
        if (hindo[loop] != 0)
        {
            printf("%d文字の単語：\t%d単語\n", loop, hindo[loop]);
        }
    }
```

410

```
    printf("全単語：\t%d単語\n", hindo[0]);

    return(0);
}
```

Lesson 9-3

　応用問題のため、ヒントのみを述べます。この問題は、かなりの規模のプログラムになります。問題に従って、段階を踏んで作成していきましょう。実行できる単位で少しずつ作成し、実際に動かして正しく動いているのか確認していくのが完成への近道です。

【STEP1】

　ここでは、文字列の入力（氏名の文字列・電話番号の文字列）とファイルの保存を行います。電話番号といっても、この問題では数値として計算するわけではありません。すべて文字として処理すれば簡単になるということに注意です。

　また、この問題ではどのようにファイルに記述するかについては言及されていません。しかし、あとでファイルを読み込むことを考慮して、読み込みやすい形で保存するのがよいでしょう。簡単に処理できる例としては、

　　　　奇数行：氏名の文字列

　　　　偶数行：電話番号の文字列

のように、改行でデータの区切りを作っておくことが考えられます。

【STEP2】

　この部分は、2つに分けてプログラムを考え、まとめるのがよいでしょう。

STEP2-1

　まずは、ファイルを読み込み、配列に格納する処理を作成します。STEP1で決めたファイルの記述規則にもとづいてデータを読み込むプログラムを作成します。

　この段階で、読み込んだデータを表示するプログラムを作ってテストすると、誤りがあったときに早く気がつくことができて便利です。

STEP2-2

　次に、読み込んだデータが格納されている配列を、氏名の文字列情報から検索し、該当するデータを表示する部分を作成します。ここでは、氏が一致した場合には、該当するすべてのデータを表示するようにしなければなりません。すなわち、データに「Nishi Kouichi」君「Nishimoto Hajime」君がいたときに、「Nishi」で検索したときには、「Nishimoto」君は表示されてはならないのです。

　これは普通に考えるとかなり面倒な処理です。手がつけられないと思うかもしれませんが、次のように考えると簡単になります。

1：入力された、探したい氏名の文字列の最後に空白をつけて処理する

　入力がNishiならば、次のようにして取り扱います。

N	i	s	h	i	

411

2：記憶しているデータにもすべて最後に空白を入れておく

このとき、文字列の最大の長さも余計に利用する必要があるので、配列の宣言も見直しましょう。

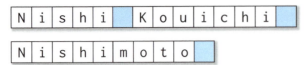

3：入力された文字の長さ＋1の文字列で、入力文字列と記憶データの一致を調べる

この場合、Nishiの5文字と空白1文字なので、6文字分で一致するデータを調べればよいでしょう。この方法で、氏の入力だけでなく、氏名の入力の場合でも正しく動くことを確認してみましょう。

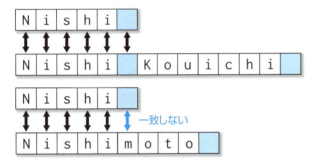

どうですか？ 空白を少し工夫して利用するだけで、簡単に条件を満たすアルゴリズムができました。このような考え方を身につけるには、訓練も当然必要ですが、普段から問題をいろいろな方向から柔軟に考えるようにすることが大事です。

【STEP3】

最後に、これまで作ってきたプログラムをまとめて、メニューの表示＋メニュー選択の入力＋入力値による分岐処理と組み合わせることで完成です。

第10章　練習問題の解説

Lesson 10-1

この問題は、すでにあるプログラムを、関数を使ったプログラムに書き換える問題です。このような関数を作るときに注意するのは、どんな変数をどのように渡すか？ということです。

配列ではない変数では、関数を記述するときに少し異なる取り扱いが必要となることをしっかり覚えましょう。さらに、値を受け渡す必要がない変数（loop）は、関数に受け渡す必要はないですが、関数のほうで変数宣言するのを忘れないでください。

また、ここでは関数の受け渡しでは、変数名に意味がないことを強調するため、num3をnum4としているので注意してください。

412

第 10 章 練習問題の解説

```c
#include <stdio.h>

int function(int *num1, int num2, int num4, int array[3])
{
    int loop;
    *num1 = 1;
    array[2] = 11;
    printf("%d-%d-%d\n", *num1,num2,num4);
    for (loop = 0; loop < 3; loop++)
    {
        printf("array[%d] = %d\n",loop,array[loop]);
    }

    return(0);
}

int main()
{
    int num1, num2, num3;
    int array[3];
    int loop;

    num1 = 10; num2 = 100; num3 = 1000;
    array[0] = 3; array[1] = 5; array[2] = 7;

    function(&num1, num2, num3, array);

    printf("--------------------------\n");
    printf("%d-%d-%d\n",num1,num2,num3);
    for (loop = 0; loop < 3; loop++)
    {
        printf("array[%d] = %d\n",loop,array[loop]);
    }

    return(0);
}
```

Lesson 10-2

　この問題では、ファイルからデータを読み込み、その中に一致する文字列があるかどうかを調べるプログラムを作ります。これだけであれば、前の章までの知識でできますが、機能別に関数にしてプログラムを組み立てることを考えます。

　それでは、どのような機能で関数に分けるのがよいでしょうか？ 問題を見てみると、処理は次のような流れで進むことがわかります。

- ファイルからデータを配列に読み込む
- 検索したい文字列を入力する
- 入力した文字列とファイルから読み込んだデーター致するデータがあるかを調べる
- 結果を表示する

　関数を作るときには、こうして処理の流れを書いた手順それぞれを関数とすればよいのです。そして、も

413

章末練習問題の解説編

しその中で共通する処理があるのであれば、それをさらに関数としてまとめていくのがよいでしょう。

また、関数のreturnの値を利用している部分に関しては、特に注意してください。

```c
#include <stdio.h>
#include <string.h> /* 文字列操作関数を利用できるようにする */

/* ファイルからのデータ読み出し */
int readdata_function(char data[20][10])
{
    FILE    *FP;
    int     loop;
    if ((FP = fopen("sample.txt","r")) == NULL)
    {
        return(1);
    }
    for (loop = 0; loop < 20; loop++)
    {
        fgets(data[loop], 10, FP);
        /* 改行削除 */
        data[loop][strlen(data[loop])-1] = NULL;
    }

    return(0);
}

/* 検索文字入力 */
int input_function(char input[10])
{
    printf("検索したい単語を入力してください ¥n");
    gets_s(input, 10);

    return(0);
}

/* 検索 */
int search_function(char data[20][10], char input[10])
{
    int loop;

    for (loop = 0; loop < 20; loop++)
    {
        if (strcmp(data[loop], input) == 0)
        {
            return(1);
        }
    }

    return(0);
}

/* 結果表示 */
int output_function(int kekka)
{
```

414

第11章　練習問題の解説

```c
        if (kekka == 1)
        {
            printf("その単語はファイルに存在します ¥n");
        }else
        {
            printf("その単語はファイルに存在しません ¥n");
        }

        return(0);
}

int main()
{
        char    data[20][10];   /* ファイルから読み込んだデータ */

        char    input[10];      /* 入力された文字列 */
        int     kekka;          /* 検索結果 1:存在した 0:存在しなかった */

        /* ファイルからのデータ読み込み */
        if (readdata_function(data) != 0)
        {
            printf("読み込みでエラーが起きたので中断します ¥n");
            return(1);
        }

        /* 検索文字入力 */
        input_function(input);

        /* 検索 */
        kekka = search_function(data,input);

        /* 結果表示 */
        output_function(kekka);

        return(0);
}
```

StepUp!　　この問題では、あらかじめファイルに書かれているデータ数は決まった数でしたが、これを任意の数に拡張してみましょう。さらに、検索した単語がファイルにない場合には、自動的にファイルに登録するようにしてみましょう。

　このように、いろいろな機能を追加してシステムを開発していくときには、関数を利用して機能別に開発していくと作業がわかりやすくなります。さまざまな改良を行い、経験を積んでいきましょう。

第11章　練習問題の解説

Lesson 11-1

　ctype.hを活用することで、文字処理の条件も極めて単純化することができます。

　islower()、isupper()を使った大文字小文字判断ができます。他のis????()の記述とあわせて覚えておきましょう。

章末練習問題の解説編

```c
#include <stdio.h>
#include <ctype.h>

int main()
{
    FILE*   FP;
    char    input;
    int     loop;
    int     ABCnum=0, abcnum=0;

    FP = fopen("input.txt", "r");

    while (fscanf(FP, "%c", &input) != EOF)
    {
        if (islower(input) != 0)
        {
            abcnum++;
        }
        if (isupper(input) != 0)
        {
            ABCnum++;
        }
    }
    fclose(FP);
    printf("大文字%d単語¥n小文字%d単語¥n", ABCnum, abcnum);

    return(0);
}
```

Lesson 11-2

　プログラムそのものは、これまでの学習内容の基礎を積み重ねることで完成できます。今回は単純な計算関数のため、改行を節約して関数を1行で記載しています。この問題で大切なことは、計算誤差に関してです。3.14とM_PIの誤差だけでなく、体積計算で3で割る処理を先頭で行うと誤差が大きくなる可能性があります。割り算をできるだけ最後に行うようにして誤差をおさえるように記述しているところに注目して読み解きましょう。

```c
#include <stdio.h>
#define _USE_MATH_DEFINES
#include <math.h>

double Sphere_vol1(double r) {      return(4 * r * r * r * 3.14 / 3);    }
double Sphere_vol2(double r) {      return(4 * r * r * r * M_PI / 3);    }

double Sphere_surface1(double r) {  return(4 * r * r * 3.14);    }
double Sphere_surface2(double r) {  return(4 * r * r * M_PI);    }

int main()
{
    printf("¥n【半径100の場合】¥n");
    printf("3.14での球体積:¥t%f¥n", Sphere_vol1(100.0));
```

416

第 12 章　練習問題の解説

```
    printf("M_PIでの球体積:¥t%f¥n", Sphere_vol2(100.0));
    printf("3.14での表面積:¥t%f¥n", Sphere_surface1(100.0));
    printf("M_PIでの表面積:¥t%f¥n", Sphere_surface2(100.0));

    printf("¥n【半径200の場合】¥n");
    printf("3.14での球体積:¥t%f¥n", Sphere_vol1(200.0));
    printf("M_PIでの球体積:¥t%f¥n", Sphere_vol2(200.0));
    printf("3.14での表面積:¥t%f¥n", Sphere_surface1(200.0));
    printf("M_PIでの表面積:¥t%f¥n", Sphere_surface2(200.0));

    printf("¥n【半径1000の場合】¥n");
    printf("3.14での球体積:¥t%f¥n", Sphere_vol1(1000.0));
    printf("M_PIでの球体積:¥t%f¥n", Sphere_vol2(1000.0));
    printf("3.14での表面積:¥t%f¥n", Sphere_surface1(1000.0));
    printf("M_PIでの表面積:¥t%f¥n", Sphere_surface2(1000.0));

    return(0);
}
```

Lesson 11-3

応用問題ですので、ヒントのみ示します。

乱数を用いて宝物の座標を決める場合、「rand()で発生させた整数 % 10」のように計算することで、0 〜 9 の整数乱数のように扱うことができます。

時間の処理は、ゲーム開始時点の時間と、ゲーム終了時点の時間を記憶して、それをスコアにして表示することになります。問題文にもあるように、どのようにスコア計算を定義するかは、クリエイターである皆さん？の発想次第です。

基本機能のみではゲーム性は高いとはいえません。プレイヤーの入力した座標がどの程度宝物に近いかを表示させたり、特別な機能を持ったマス目（プレイ経過時間の短縮や伸長）を作るなど、クリエイターセンスを発揮して拡張していきましょう。

第12章　練習問題の解説

Lesson 12-1

どのような構造体でデータをまとめて管理するのかが一番のキーポイントです。この問題では、男性・女性という性別の項目と予想結果の数値の項目からなるデータですので、次のような構造体にすることにしましょう。

```
struct datatype
{
    char    sex;    /* 性別をあらわす文字 */
    int     toto;   /* 予想結果を記憶する数値 */
};
```

このような構造体のデータを 10 人分利用するので、構造体の配列を利用することになります。

417

章末練習問題の解説編

また、この問題では、集計結果をグラフ化して表示します。グラフといっても、絵で表現するのではなく、文字を使って表現する方法をとります。関数を利用してグラフ表示をまとめてありますので、他の場面でも参考にしてください。

```c
#include <stdio.h>

struct datatype
{
    char    sex;
    int     toto;
};

/* データの入力 */
int data_input(struct datatype data[10])
{
    int     loop;
    int     num;

    for (loop = 0; loop < 10; loop++)
    {
        printf("%d人目の予想をする方の性別は？女性：0 男性：1\n", loop+1);
        scanf("%d", &num);
        if (num == 0)
        {
            data[loop].sex = 'F';
        }else
        {
            data[loop].sex = 'M';
        }
        printf("ホームチームの試合予想を入力してください。勝ち：1 引き分け：0 負け：2\n");
        scanf("%d", &data[loop].toto);
    }
    return(0);
}

/* データ集計 */
int calc_result(struct datatype data[10], int result[2][3])
{
    int     loop1, loop2;

    /* 初期化 */
    for (loop1 = 0; loop1 < 2; loop1++)
    {
        for (loop2 = 0; loop2 < 3; loop2++)
        {
            result[loop1][loop2] = 0;
        }
    }

    for (loop1 = 0; loop1 < 10; loop1++)
    {
        if (data[loop1].sex == 'F')
        {
```

418

第12章　練習問題の解説

```c
                result[0][data[loop1].toto] = result[0][data[loop1].toto] + 1;
            }else
            {
                result[1][data[loop1].toto] = result[1][data[loop1].toto] + 1;
            }
        }
    return(0);
}

/* 結果表示 */
int print_result(int result[2][3])
{
    printf("¥n##集計結果表示##¥n");
    printf("女性の予想は、[勝ち：%2d][引き分け：%2d][負け：%2d]¥n",
                        result[0][1], result[0][0], result[0][2]);
    printf("男性の予想は、[勝ち：%2d][引き分け：%2d][負け：%2d] ¥n",
                        result[1][1], result[1][0], result[1][2]);
    return(0);
}

int main()
    struct datatype data[10];
    int         result[2][3];

    /* データ入力 */
    data_input(data);

    /* データ集計 */
    calc_result(data, result);

    /* 結果表示 */
    print_result(result);

    return(0);
}
```

> **StepUp!**　この問題では、入力データも集計方法も単純でしたので構造体の価値はあまり感じられませんが、入力したデータ数を増やし、年齢・地域などさまざまなデータを付加していくと、構造体の利用価値はどんどん高くなっていきます。このようにいろいろなデータを管理できるようにプログラムを拡張し、さらに勝ちを予想した人の傾向（勝ちを予想した人は、20歳の人が多い）などを調べることができるようにシステムを拡張してみましょう。
>
> また、文字の入力と数値の入力が混在するプログラムは、改行の取り扱いが非常に複雑になります。この問題で性別の入力を「F：女性」、「M：男性」とするにはどのようにしたらよいか考えプログラミングしてみましょう。そのとき、入力を行ったあとすぐに入力値を表示してテストすると、正しく動いているかを検査することが容易にできます。

Lesson 12-2・12-3

応用問題のため、ヒントのみを解説します。

この問題は、データの複雑さを除けば、これまでにプログラミングしてきた「ファイルの書き出し」、「ファイルの読み込み」、「文字列の一致を利用したデータの検索」ということの応用です。

しかし、データは「プレイリスト番号」「プレイリストの名前」「アーティスト名」「曲名」（6曲）という複雑

章末練習問題の解説編

な構造になっています。こんなときには、これらのデータを構造体にまとめて、構造体の配列として取り扱うのが便利です。

また、この問題では空白を挟んだ文字列の入力があるので行単位で入出力できるとよいです。そのとき、ファイルへ情報を書き込むフォーマットもシンプルに考えるのがよいでしょう。例示されているように、「1プレイリストにつき9行、それが10回繰り返されている」とシンプルに設計するのがよいでしょう。

プログラムはかなり複雑になりますが、慎重に少しずつの機能を関数として作り、テストしながら全体を構築していきましょう。

第13章　練習問題の解説

●設問1　アドレス

変数がメモリのどこに記憶されているのかを示す情報が16進数で表現されています。

●設問2

Visual Studioの64ビット開発環境では、

「intが4バイト、doubleが8バイトでこの処理系は定義されており、配列の要素は連続したメモリ空間に配置されていることがわかる。」

●設問3

❶配列ddの0番目のアドレスをポインタ変数ptに代入している

❷ptのアドレスが示す場所に100を加算している

❸ptのアドレスをデータひとつ分先に進める

❹ptのアドレスが示す場所に1000を加算している

> **StepUp!**　ポインタの扱いは表示して確認しながら理解することで完全な理解に繋げられます。各自でも書き換えて、より深い理解に繋げていきましょう。

Lesson 13-2

応用問題ですので、ヒントのみ示します。

構造体定義が必ず必要です。そのうえで、構造体を関数の引数にして受け渡すことを求めている問題です。20個まとめた構造体配列で受け渡しをするプログラムは比較的容易に記述できます。一歩ずつ、基礎を確認しながら記載してみましょう。

さらにこの問題を発展させ難易度をあげるには、構造体配列ではなく、構造体1つを関数に受け渡せるようにします。ここまで記述できるようになれば、この範囲までの基礎は完全に理解できているといえます。

> **StepUp!**　ここまで構築できても、あくまで基礎。応用は、より複雑な実問題に取り組むことで学んでいきます。免許皆伝!? は書籍を超えた実問題適用の先にあるのです。

第14章 練習問題の解説

Lesson 14-1

応用問題のため、ヒントのみを解説します。

この問題では、家計簿システムを作ること、一月ごとに収支をまとめて月日の文字列を利用したファイル名で保存すること以外の機能については自由に設計し、プログラミングします。

とはいえ、どのような機能を考えていけばよいのでしょうか？ 参考になる機能の解説をしておきます。

● 操作をはじめるときに日付を入力させる

⇒日付を自動的にとることもできますが、ここまでの知識ではできません。興味があればtime()という関数について調べ、拡張してみてください。

⇒この日付をもとに、ファイルが存在すればそのファイルを開く、なければ前日のファイルから残金などの情報を読み込み、その日の記録ファイルを用意します。

● データ入力モードと閲覧モードを用意する
● 入力モードでは、その日の収支（用途・金額）などを入力する

⇒この入力したデータを変数（配列・構造体）を使って記憶しておく必要がありますが、簡単に作る場合には、一日に入力できるデータの上限を決めておくのがよいでしょう。

⇒入力したデータは、その通りに登録してよいのか確認できると便利です。

⇒入力が終了したときには、ファイルに記録するようにします。

● 表示モードの設計はいろいろなものが考えられる

⇒指定の日の収支データを読み込み一覧表示する。

⇒指定の月の収支データをすべて読み込み一覧表示する。

 ここであげたのは、家計簿として使うには最低限必要な機能といえるでしょう。さらに便利に使えるように拡張してみましょう。

Lesson 14-2

何を作るにしても、考え方次第で簡単にも難しくもなります。入力するのはどんなものなのか？ 何を出力すればよいのか？ というところから考え、少しずつ詳細化してプログラムを作っていきましょう。

索引 Index

記号・数字

->	357, 358
¥0	224
!=	111
==	100, 111
%d	74
%f	74
%lf	74
%p	347
%s	217
&	347, 353
*	190, 353
1次元配列	160
2次元配列	169
32ビット	347
64ビット	347

A・B・C・D・E

abs( )	308
AND演算子	112
atof( )	309
atoi( )	309
break	107
char	82, 213
cos( )	312
ctype.h	312
default	109
define	368
double	78, 82
do while	135, 138, 147
exit( )	308, 376

F・G・I

fabs( )	312
fclose( )	191, 204
fgets( )	233, 239
FILE	190
float	78, 82
fopen( )	190, 204
for	128, 136, 146
fprintf( )	196, 205, 236, 240
fscanf( )	191, 205, 238
gcc	36, 53, 374
getenv( )	309
gets_s( )	218, 233, 239
if	100
if else	98, 110
int	78, 82
log( )	312
long int	82
isalpha( )	314
isdigit( )	314
islower( )	314
isspace( )	314

M・N・O・P・R

M_E	311
M_PI	311
main( )	68
malloc( )	360
math.h	310
NULL	203
OR演算子	112
pow( )	312
printf( )	72, 235, 240
rand( )	309
RAND_MAX	309
return	69, 203

S

scanf( )	85, 218, 238, 352
short int	82
sin( )	312
sizeof( )	361
sprintf( )	262, 269
sqrt( )	312

srand( )	316
sscanf( )	262, 268
stdio.h	245
stdlib.h	306
strcat( )	250, 255, 267
strcmp( )	251, 255, 268
strcpy( )	247, 255, 267
string.h	246, 247
strlen( )	253, 256, 268
switch	107, 113

T・U・V・W

tan( )	312
time.h	315
typedef	369
unsigned int	82
unsigned long int	82
Visual Studio	36, 53, 56, 311, 348, 374
Visual Studio Code	34
while	133, 137, 146

ア行

アドレス	344, 347
アドレス演算子	353
アプリケーション	16
アルゴリズム	29
アロー演算子	357
入れ子	102
インクルード	68, 245
インクルードファイル	68
インデックス	159
インデント	50, 71
エラー	52
エラー処理	201
円周率	311
大文字・小文字変換	314
オブジェクトプログラム	36

索引

カ行

型	78
関数	70, 244, 272, 306
関数の定義	281
関数のプロトタイプ宣言	297
関節演算子	353
機械語	18
キャスト	144, 220
繰り返し処理	124
警告	52
コーディング	34
構造体	325, 357
構造体の定義	329, 341
構造体の変数宣言	330, 341
コメント	49, 50, 69
小文字を大文字に変換	229
コンパイラ	36
コンパイル	35

サ行

再帰関数	317
三角関数	312
時間を求める	316
実行ファイル	37, 38
実数の絶対値	312
数値を文字に変換	222
生成AI	36
ソースコード	34
ソースプログラム	34
添字	159
ソフトウェア	14

タ・ナ行

対数	312
多次元配列	171
データ型	78, 82
データ構造	325
定数の定義	368
テキストファイル	185

デバッガ	378
デバッグ	39, 373
流れ図	95
ヌル文字	223
ネイピア数	311

ハ行

バイナリファイル	185
配列	155, 213, 330
配列宣言	159, 171
配列のアドレス	349
配列の要素	159
ハノイの塔	45
標準入出力ライブラリ	244
標準ライブラリ	320
標準ライブラリ関数	244
ビルド	37
ファイルのオープン	190, 196
ファイルのオープンに失敗	202
ファイルのクローズ	191
ファイルの内容をコピー	260
ファイルポインタ	190
プログラミング言語	32
プログラム	15
プロトタイプ宣言	297
分割コンパイル	378
分岐処理	94
平方根	312
ヘッダーファイル	68, 245
変換仕様	75, 82, 217
変数	77
変数宣言	78
変数のアドレス	348
変数の初期化	132
ポインタ	344
ポインタの入れ替え	355
ポインタ変数	355

マ行

マシン語	18
メイク	37
メモリ	344
メモリの動的確保	359
文字	212
文字数を調べる	252
文字と数値の対応	222
文字の種類を判定	314
文字の比較	226
文字列	213
文字列のコピー	246
文字列の代入	214
文字列の比較	250
文字列をつなぐ	248
文字を数値に変換	220

ラ・ワ行

ライブラリ	37, 244, 246
乱数	309, 316
リンカ	37
リンク	35, 37
累乗	312
論理演算子	111
ワイド文字	264

■著者紹介

西村 広光（にしむら・ひろみつ）

1972年、石川県金沢市生まれ。信州大学卒・同大学院了。工学博士。
日本学生相談学会認定、学生支援士。神奈川工科大学情報学部情報メディア学科教授。大学のCSERTとして日々苦悩し戦う毎日。
さまざまなコンピュータ、プログラミングを経験してきたが、コンピュータのすべての動作を、頭の中でC言語レベルのコードに置き換えて理解、思考している変人である。
「コンピュータはあくまで道具！ 道具を好きになる必要はない！ 道具として使いこなすことが大切」。そんな思いでコンピュータを使い、教育・研究・業務に活用しています。

- ●装丁　　　　　　　　石間 淳
- ●カバーイラスト　　　花山由理
- ●本文デザイン／レイアウト　田中 望
- ●本文イラスト　　　　坂木浩子（株式会社ぼるか）
- ●編集　　　　　　　　熊谷裕美子

新・標準プログラマーズライブラリ
C言語プログラミングの初歩の初歩

2024年9月7日　初版　第1刷発行

著　者	西村　広光	
発行者	片岡　巌	
発行所	株式会社技術評論社	
	東京都新宿区市谷左内町 21-13	
	電話　03-3513-6150　販売促進部	
	03-3513-6166　書籍編集部	
印刷／製本	TOPPANクロレ株式会社	

定価はカバーに表示してあります。

本書の一部または全部を著作権法の定める範囲を超え、無断で複写、複製、転載、テープ化、ファイルに落とすことを禁じます。

ⓒ 2024　西村広光

造本には細心の注意を払っておりますが、万一、乱丁（ページの乱れ）や落丁（ページの抜け）がございましたら、小社販売促進部までお送りください。送料小社負担にてお取り替えいたします。

ISBN978-4-297-14333-6 C3055

Printed in Japan

本書の運用は、ご自身の判断でなさるようお願いいたします。本書の情報に基づいて被ったいかなる損害についても、筆者および技術評論社は一切の責任を負いません。
本書の内容に関するご質問は封書もしくはFAXでお願いいたします。弊社のウェブサイト上にも質問用のフォームを用意しております。ご質問は本書の内容に関するものに限らせていただきます。本書の内容を超えるご質問やプログラムの作成方法についてはお答えすることができません。あらかじめご了承ください。

〒162-0846
東京都新宿区市谷左内町21-13
（株）技術評論社　書籍編集部
『新・標準プログラマーズライブラリ
C言語プログラミングの初歩の初歩』質問係
FAX　03-3513-6183
Web　https://gihyo.jp/book/